华章图书

一本打开的书，一扇开启的门，
通向科学殿堂的阶梯，托起一流人才的基石。

深入理解
JVM字节码

Dive into JVM Bytecode

张亚 著

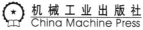

机械工业出版社
China Machine Press

图书在版编目（CIP）数据

深入理解 JVM 字节码 / 张亚著 . —北京：机械工业出版社，2020.5（2021.6 重印）
（Java 核心技术系列）

ISBN 978-7-111-65372-1

I. 深⋯ II. 张⋯ III. JAVA 语言－程序设计 IV. TP312.8

中国版本图书馆 CIP 数据核字（2020）第 062634 号

深入理解 JVM 字节码

出版发行：机械工业出版社（北京市西城区百万庄大街 22 号 邮政编码：100037）

责任编辑：朱 巍　　　　　　　　　　　　　责任校对：殷 虹

印　　刷：三河市宏图印务有限公司　　　　版　　次：2021 年 6 月第 1 版第 2 次印刷

开　　本：186mm×240mm　1/16　　　　　印　　张：19.5

书　　号：ISBN 978-7-111-65372-1　　　　定　　价：89.00 元

客服电话：（010）88361066　88379833　68326294　　投稿热线：（010）88379604

华章网站：www.hzbook.com　　　　　　　　　　读者信箱：hzit@hzbook.com

为什么要写这本书

大约四五年前，秉承"代码未动、监控先行"的理念，我开始在公司的平台部门做服务质量监控平台。最开始是使用人工埋点的方式来进行监控信息的上报，业务方的接入成本非常高，上线前需要花半天到一天的时间来进行埋点，苦不堪言。

后来公司大力推行 DevOps、容器化、微服务，提高了开发和运维效率，但分布式部署架构带来的问题也迅速显现出来，如服务拓扑不清、服务依赖关系复杂、日志散落在各个微服务中，等等。在出现问题时，开发人员不知道如何排查，无法快速定位问题。后来我了解到 javaagent + ASM 这样的技术能够自动注入埋点的代码，于是花了大概一个月的时间苦学字节码、ASM 相关的知识。ASM 官方的英文手册读了不下 5 遍，深知其中的难点。另外，APM 这一套性能监控工具需要极高的可靠性和极低的性能损耗，倒逼着我对字节码的执行原理、高性能 Java 等有了更深入的研究。

我花了大概 3 个月的时间从零到一实现了整套无侵入字节码注入 APM 系统，对整个后端微服务调用栈进行监控，实现了业务方零埋点、跨进程异构系统的调用链路追踪、性能问题代码级别定位、业务拓扑实时发现、SLA 实时统计等功能。该系统上线运行了几年，至今未出现问题。

我平时喜欢破解一些软件，一开始都是通过直接修改类文件的方式来进行的，比较烦琐。掌握了 javaagent、ASM、JVMTI 这些工具以后，对软件破解有了更深入的研究。

后来从平台部门去业务部门带领更大的团队，很早期的时候就引入了 Kotlin 来进行后端开发。为了避免基础较差的同事误解语法糖的意思，我对 Kotlin 中很多语法背后的实现做了详细的分析，让他们在使用的时候更加清楚语法糖的实现原理。

一路走来，觉得越底层的知识越有价值，所以想写一本这样的书，让更多的人能够对

JVM 字节码底层的细节多一些了解，在遇到问题时能自己分析、独立判断。

读者对象

希望你可以通过阅读本书知其然并知其所以然，理解炫酷语法糖和高级框架背后的实现原理，实现各种 JVM "黑科技"，真正搞懂反射、Lambda 表达式、AOP、热加载、软件破解等的实现细节。

本书适合以下读者阅读：

❑ 对 Java 有初步了解，想深入学习其内部运行细节的读者；

❑ 通过学习字节码改写技术实现高性能框架的读者；

❑ 对 APM 感兴趣，想了解 APM 实现原理的读者，以及准备搭建 APM 系统用来做分布式系统调用链跟踪的读者；

❑ 想学习 Java 软件常见的破解和防破解方法，提高软件逆向和破解水平的读者。

如何阅读这本书

本书一共 12 章，从逻辑上主要分为字节码原理篇和应用篇两大部分。

第 1 章详细剖析了 class 文件的内部结构，帮助读者理解本书后面介绍的字节码原理。

第 2 章首先介绍了什么是字节码，接下来介绍了 Java 虚拟机栈和栈帧的相关内容，然后通过 for 循环、switch-case、try-catch-finally 等语法讲解了字节码指令的用法。

第 3 章介绍了字节码的进阶知识，主要目的是让读者掌握方法调用指令、泛型擦除、synchronized 关键字、反射的底层实现原理。

第 4 章介绍了 javac 编译器的原理。编译原理是计算机科学皇冠上的明珠，只有弄懂了 javac 才能更好地理解字节码的生成原理。本章一开始介绍了 javac 源码的调试方法，随后详细介绍了 javac 编译的七大阶段和各阶段的作用。

第 5 章从字节码角度看 Kotlin 语言，介绍了常见语法糖和协程等的原理，希望读者在学习其他 JVM 系语言时可以举一反三，使用类似的思路。

第 6 章介绍了 ASM 和 Javassist 两个字节码操作工具。这两个工具非常重要，被广泛用于中间件框架中，后面关于 APM、软件破解的章节都涉及这两个工具的使用。

第 7 章介绍了 Java Instrumentation 的原理，分两种方式讲解了如何使用 Instrumentation，最后介绍了 Attach API 的底层 UNIX 域套接字的通信原理。

第 8 章介绍了 JSR 269 插件化注解处理的原理，希望读者可以通过本章掌握编译期间生成、修改代码的方法，理解 Lombok、ButterKnife 工具的实现原理。

第 9 章主要介绍了字节码在 cglib、Fastjson、Dubbo、JaCoCo、Mock 这些框架上的应用，可以让读者接触到更多字节码的使用场景。

第 10 章主要介绍了反编译、破解、防破解和逆向工程的相关内容。了解常见的破解和逆向方法能更好地保护自己的软件产品。

第 11 章介绍了 APM 的概况、分布式跟踪的基本原理、OpenTracing 的基本概念和无埋点字节码插桩的代码实现。如果对 APM 有兴趣，可以将本章作为入门指导，实现自己的 APM 产品。

第 12 章详细介绍了 Android dex 文件的组成结构，以及 Android 字节码指令与 Java 字节码指令的区别，最后介绍了 Gradle 字节码改写实现无侵入插桩的方法。

JVM 字节码技术的内容非常庞大，本书只是揭开了冰山一角，希望可以达到授之以渔的目的。读者如果可以通过阅读本书掌握一些工具和方法，举一反三地解决开发过程中的实际问题，那我就非常满足了。

勘误与支持

由于水平有限，书中难免存在一些错误或表述不严谨的地方，希望细心的读者发现问题后能及时批评和指正。如有任何问题，可以发送邮件到 happyzhangya@gmail.com。期待看到你的宝贵意见。

致谢

本书得以面世，首先要感谢机械工业出版社华章公司的杨福川老师，让我有信心和勇气去完成本书的全部内容，给了我很多宝贵的意见，使我受益匪浅。还要感谢出版社的李艺老师，在半年多的时间里花费了很多时间和精力阅读、审校我的文稿，指出了很多隐藏的问题，非常专业。

在这大半年的时间里，在工作繁忙的同时要抽出时间来写作，压力非常大。感谢我的妻子在这段时间里对我的体谅和支持，让我可以全身心地投入写作中。

目　录 *Contents*

深入剖析 class 文件结构

深入剖析 class 文件的内部结构是学习字节码的第一步，本章首先会介绍 class 文件的基本概念，随后使用图解的方式讲解 class 文件的组成结构，最后介绍 javap 工具的用法。如果你对 class 文件的内部结构比较了解，可以跳过本章直接阅读后面的内容。

通过阅读本章，你会学到以下知识：

❑ Java 平台无关性

❑ 如何通过顺口溜记住 class 文件的十个组成部分

❑ 图解 class 文件每部分的内部组成细节

❑ UTF8 编码与 modified UTF-8 编码的区别

❑ 类、字段、方法的访问标记

❑ 字段、方法描述符的表示方法

❑ javap 工具各个参数的含义和用法

1.1 初探 class 文件

在计算机科学领域有一句名言，"计算机科学领域的任何问题都可以通过增加一个间接的中间层来解决"，JVM 就是在这样的背景下应运而生的。Java 在设计之初就提出一个非常著名的口号："一次编写，到处运行。"即 Java 编译生成的二进制文件能够在不做任何改变的情况下运行于多个平台。为了实现跨平台的目标，Oracle 公司和其他虚拟机开发商为不同平台提供了不同的虚拟机运行环境。以 JDK8 为例，Oracle 提供的不同操作系统的 JDK 实现如图 1-1 所示。

Java SE Development Kit 8u231		
You must accept the Oracle Technology Network License Agreement for Oracle Java SE to download this software.		
○ Accept License Agreement ● Decline License Agreement		
Product / File Description	**File Size**	**Download**
Linux ARM 32 Hard Float ABI	72.9 MB	⬇jdk-8u231-linux-arm32-vfp-hflt.tar.gz
Linux ARM 64 Hard Float ABI	69.8 MB	⬇jdk-8u231-linux-arm64-vfp-hflt.tar.gz
Linux x86	170.93 MB	⬇jdk-8u231-linux-i586.rpm
Linux x86	185.75 MB	⬇jdk-8u231-linux-i586.tar.gz
Linux x64	170.32 MB	⬇jdk-8u231-linux-x64.rpm
Linux x64	185.16 MB	⬇jdk-8u231-linux-x64.tar.gz
Mac OS X x64	253.4 MB	⬇jdk-8u231-macosx-x64.dmg
Solaris SPARC 64-bit (SVR4 package)	132.98 MB	⬇jdk-8u231-solaris-sparcv9.tar.Z
Solaris SPARC 64-bit	94.16 MB	⬇jdk-8u231-solaris-sparcv9.tar.gz
Solaris x64 (SVR4 package)	133.73 MB	⬇jdk-8u231-solaris-x64.tar.Z
Solaris x64	91.96 MB	⬇jdk-8u231-solaris-x64.tar.gz
Windows x86	200.22 MB	⬇jdk-8u231-windows-i586.exe
Windows x64	210.18 MB	⬇jdk-8u231-windows-x64.exe

图 1-1　不同操作系统 JDK 实现

　　Java 是平台无关的语言，但 JVM 却不是跨平台的，不同平台的 JVM 帮我们屏蔽了平台的差异。通过这些虚拟机加载和执行同一种平台无关的字节码，我们的源代码就不用根据不同平台编译成不同的二进制可执行文件，Java 平台无关性如图 1-2 所示。

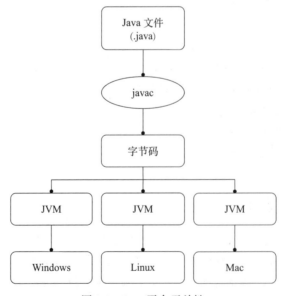

图 1-2　Java 平台无关性

　　下面我们以输出 "Hello, World" 为例来开始 class 文件的探索之旅。新建一个 Hello. java 文件，如代码清单 1-1 所示。

代码清单 1-1　Hello 类源代码

```
public class Hello {
    public static void main(String[] args) {
        System.out.println("Hello, World");
    }
}
```

JDK 中自带的 javac 命令可以将源文件编译成 .class 文件，在命令行中执行 javac Hello.
java 命令，就可以生成 Hello.class 文件了。使用十六进制工具查看这个 class 文件，如图
1-3 所示。

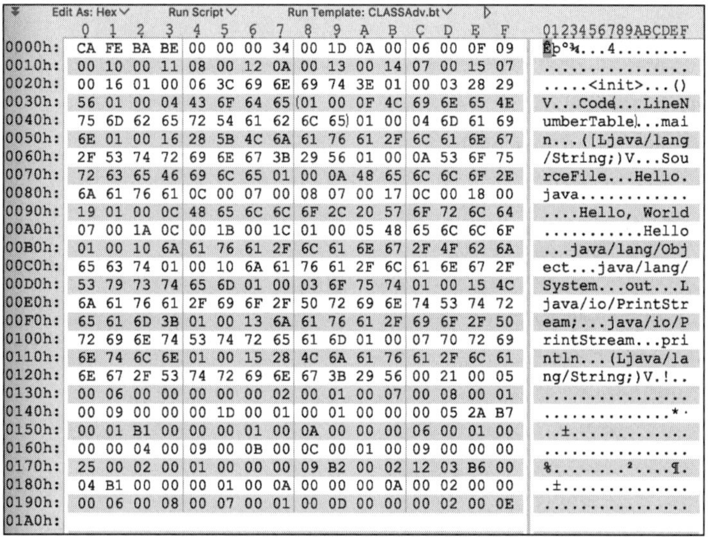

图 1-3　使用十六进制查看 class 文件

接下来会用大量的篇幅对 class 文件的结构进行详细剖析。

1.2　class 文件结构剖析

Java 虚拟机规定用 u1、u2、u4 三种数据结构来表示 1、2、4 字节无符号整数，相同类
型的若干条数据集合用表（table）的形式来存储。表是一个变长的结构，由代表长度的表头
n 和紧随着的 n 个数据项组成。class 文件采用类似 C 语言的结构体来存储数据，如下所示。

```
classFile {
    u4              magic;
    u2              minor_version;
    u2              major_version;
    u2              constant_pool_count;
    cp_info         constant_pool[constant_pool_count-1];
```

```
    u2              access_flags;
    u2              this_class;
    u2              super_class;
    u2              interfaces_count;
    u2              interfaces[interfaces_count];
    u2              fields_count;
    field_info      fields[fields_count];
    u2              methods_count;
    method_info     methods[methods_count];
    u2              attributes_count;
    attribute_info  attributes[attributes_count];
}
```

class 文件由下面十个部分组成：

❑ 魔数（Magic Number）

❑ 版本号（Minor&Major Version）

❑ 常量池（Constant Pool）

❑ 类访问标记（Access Flag）

❑ 类索引（This Class）

❑ 超类索引（Super Class）

❑ 接口表索引（Interface）

❑ 字段表（Field）

❑ 方法表（Method）

❑ 属性表（Attribute）

Optimizing Java 的作者编了一句顺口溜帮忙记住上面这十部分：My Very Cute Animal Turns Savage In Full Moon Areas。如图 1-4 所示。

My	Very	Cute	Animal	Turns	Savage	In	Full	Moon	Areas
M	V	C	A	T	S	I	F	M	A
Magic Number	Version	Constant Pool	Access Flag	This Class	Super Class	Interface	Field	Method	Attribute

图 1-4　class 文件结构顺口溜

1.2.1　魔数

人们经常通过文件名后缀来识别文件类型，比如看到一个 .jpg 后缀的文件，我们就知道这是一个 jpg 图片文件。但使用文件名后缀来区分文件类型很不靠谱，后缀可以被随便修改，那如何根据文件内容本身来标识文件的类型呢？可以用魔数（Magic Number）实现。

很多文件都以固定的几字节开头作为魔数，比如 PDF 文件的魔数是 %PDF-（十六进制 0x255044462D），png 文件的魔数是 \x89PNG（十六进制 0x89504E47）。文件格式的制定者可以自由地选择魔数值，只要魔数值还没有被广泛采用过且不会引起混淆即可。

使用十六进制工具打开 class 文件，首先看到的是充满浪漫气息的魔数 0xCAFEBABE(咖啡宝贝)，从 Java 的图标也可以看出，Java 从诞生之初就和咖啡这个词有千丝万缕的关系。class 文件的魔数如图 1-5 所示。

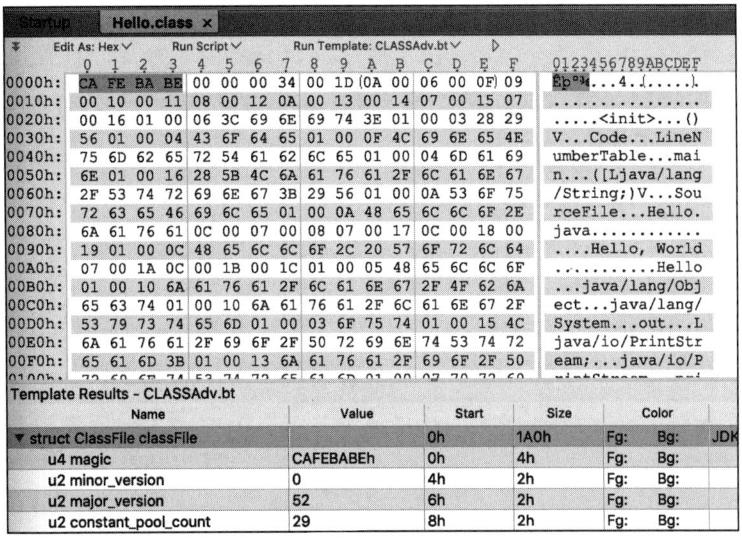

图 1-5　class 文件魔数

魔数 0xCAFEBABE 是 JVM 识别 .class 文件的标志，虚拟机在加载类文件之前会先检查这 4 个字节，如果不是 0xCAFEBABE，则会抛出 java.lang.ClassFormatError 异常。我们可以把 class 文件的前 4 个字节改为 0xCAFEBABA 来模拟这种情况，使用 Java 运行这个修改过的 class 文件，会出现预期的异常，如图 1-6 所示。

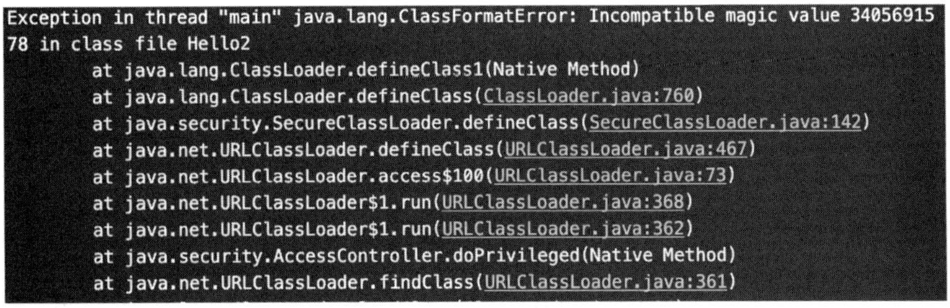

图 1-6　执行非法魔数的 class 文件效果

关于 Java 魔数的由来有这样一段故事，Java 之父 James Gosling 曾经写过一篇文章，大意是他之前常去的一家饭店有一个叫 Grateful Dead 的乐队出名前在此演出，后来乐队的主唱不幸去世，他们就将这个地方称为 CAFEDEAD。当时 Gosling 正好在设计一些文件的编码格式，需要两个魔数，一个用于对象持久化，一个用于 class 文件，这两个魔数有着共同的前缀 CAFE，他选择了 CAFEDEAD 作为对象持久化文件的魔数，选择了 CAFEBABE 作为 class 文件的魔数。

1.2.2 版本号

在魔数之后的四个字节分别表示副版本号（Minor Version）和主版本号（Major Version），如图 1-7 所示。

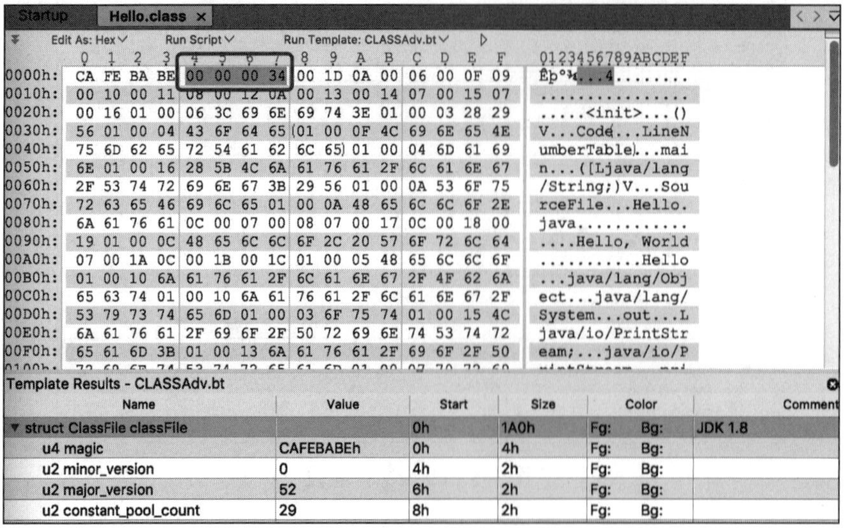

图 1-7 class 文件版本号

这里的主版本号是 52（0x34），虚拟机解析这个类时就知道这是一个 Java 8 编译出的类，如果类文件的版本号高于 JVM 自身的版本号，加载该类会被直接抛出 java.lang.UnsupportedClassVersionError 异常，如图 1-8 所示。

```
Exception in thread "main" java.lang.UnsupportedClassVersionError: HelloWorld : Unsupported major.minor version 52.0
	at java.lang.ClassLoader.defineClass1(Native Method)
	at java.lang.ClassLoader.defineClass(ClassLoader.java:800)
	at java.security.SecureClassLoader.defineClass(SecureClassLoader.java:142)
	at java.net.URLClassLoader.defineClass(URLClassLoader.java:449)
	at java.net.URLClassLoader.access$100(URLClassLoader.java:71)
	at java.net.URLClassLoader$1.run(URLClassLoader.java:361)
	at java.net.URLClassLoader$1.run(URLClassLoader.java:355)
	at java.security.AccessController.doPrivileged(Native Method)
	at java.net.URLClassLoader.findClass(URLClassLoader.java:354)
	at java.lang.ClassLoader.loadClass(ClassLoader.java:425)
	at sun.misc.Launcher$AppClassLoader.loadClass(Launcher.java:308)
	at java.lang.ClassLoader.loadClass(ClassLoader.java:358)
	at sun.launcher.LauncherHelper.checkAndLoadMain(LauncherHelper.java:482)
```

图 1-8 加载高版本 class 文件异常

每次 Java 发布大版本，主版本会加 1，目前常用的 Java 主版本号对应的关系如表 1-1 所示。

表 1-1　Java 版本与 Major Version 的关系

Java 版本	Major Version
Java 1.4	48
Java 5	49
Java 6	50
Java 7	51
Java 8	52
Java 9	53

1.2.3　常量池

紧随版本号之后的是常量池数据区域，常量池是类文件中最复杂的数据结构。对于 JVM 字节码来说，如果操作数是很常用的数字，比如 0，这些操作数是内嵌到字节码中的。如果是字符串常量和较大的整数等，class 文件则会把这些操作数存储在常量池（Constant Pool）中，当使用这些操作数时，会根据常量池的索引位置来查找。

常量池的作用类似于 C 语言中的符号表（Symbol Table），但是比符号表要强大很多。常量池结构如下面的代码所示。

```
struct {
    u2              constant_pool_count;
    cp_info         constant_pool[constant_pool_count-1];
}
```

由上面的伪代码可知，常量池分为两部分。

1）常量池大小（constant_pool_count）：常量池是 class 文件中第一个出现的变长结构。既然是池，就有大小，常量池大小由两个字节表示。假设常量池大小为 n，常量池真正有效的索引是 1 ～ $n-1$。也就是说，如果 constant_pool_count 等于 10，constant_pool 数组的有效索引值是 1 ～ 9。0 属于保留索引，可供特殊情况使用。

2）常量池项（cp_info）集合：最多包含 $n-1$ 个元素。为什么是最多呢？long 和 double 类型的常量会占用两个索引位置，如果常量池包含了这两种类型的元素，实际的常量池项的元素个数比 $n-1$ 要小。

常量池组成结构如图 1-9 所示。

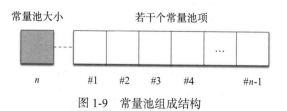

图 1-9　常量池组成结构

常量池中的每个常量项 cp_info 的数据结构如下面的伪代码所示。

```
cp_info {
    u1 tag;
    u1 info[];
}
```

每个 cp_info 的第一个字节表示常量项的类型（tag），接下来的几个字节表示常量项的具体内容。

Java 虚拟机目前一共定义了 14 种常量项 tag 类型，这些常量名都以 CONSTANT 开头，以 info 结尾，如表 1-2 所示。

表 1-2　常量池类型

类型	tag 值
CONSTANT_Utf8_info	1
CONSTANT_Integer_info	3
CONSTANT_Float_info	4
CONSTANT_Long_info	5
CONSTANT_Double_info	6
CONSTANT_Class_info	7
CONSTANT_String_info	8
CONSTANT_Fieldref_info	9
CONSTANT_Methodref_info	10
CONSTANT_InterfaceMethodref_info	11
CONSTANT_NameAndType_info	12
CONSTANT_MethodHandle_info	15
CONSTANT_MethodType_info	16
CONSTANT_InvokeDynamic_info	18

如果想查看类文件的常量池，可以在 javap 命令中加上 -v 选项，如下所示。

```
javap -v HelloWorld

Constant pool:
   #1 = Methodref      #6.#15      // java/lang/Object."<init>":()V
   #2 = Fieldref       #16.#17     // java/lang/System.out:Ljava/io/PrintStream;
   #3 = String         #18         // Hello, World
   ...
  #27 = Utf8           println
  #28 = Utf8           (Ljava/lang/String;)V
```

接下来将逐一介绍上面的 14 种常量池类型。

1. CONSTANT_Integer_info 和 CONSTANT_Float_info

CONSTANT_Integer_info 和 CONSTANT_Float_info 这两种结构分别用来表示 int 和 float 类型的常量，两者的结构很类似，都用 4 个字节来表示具体的数值常量，它们的结构定义如下所示。

```
CONSTANT_Integer_info {
    u1 tag;
    u4 bytes;
}

CONSTANT_Float_info {
    u1 tag;
    u4 bytes;
}
```

以整型常量 18（0x12）为例，它在常量池中的布局结构为如图 1-10 所示。

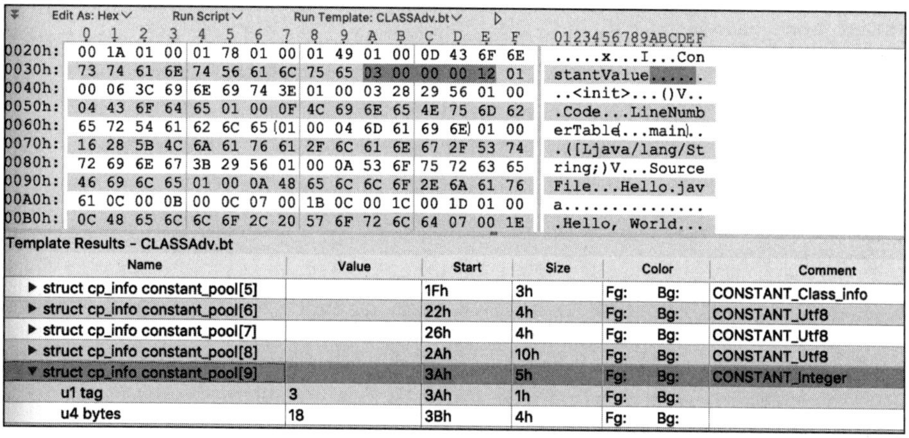

图 1-10　整型常量项结构

其中第一个字节 0x03 表示常量的类型为 CONSTANT_Integer_info，接下来的四个字节是整型常量的值 0x12。

Java 语言规范还定义了 boolean、byte、short 和 char 类型的变量，在常量池中都会被当作 int 来处理，以下面的代码清单 1-2 为例。

代码清单 1-2　int 整型常量表示

```
public class MyConstantTest {
    public final boolean bool = true; //  1(0x01)
    public final char c = 'A';        // 65(0x41)
    public final byte b = 66;         // 66(0x42)
    public final short s = 67;        // 67(0x43)
    public final int i = 68;          // 68(0x44)
}
```

编译生成的整型常量在 class 文件中的位置如图 1-11 所示。

2. CONSTANT_Long_info 和 CONSTANT_Double_info

CONSTANT_Long_info 和 CONSTANT_Double_info 这两种结构分别用来表示 long 和 double 类型的常量，二者都用 8 个字节表示具体的常量数值，它们的结构如下面的代码所示。

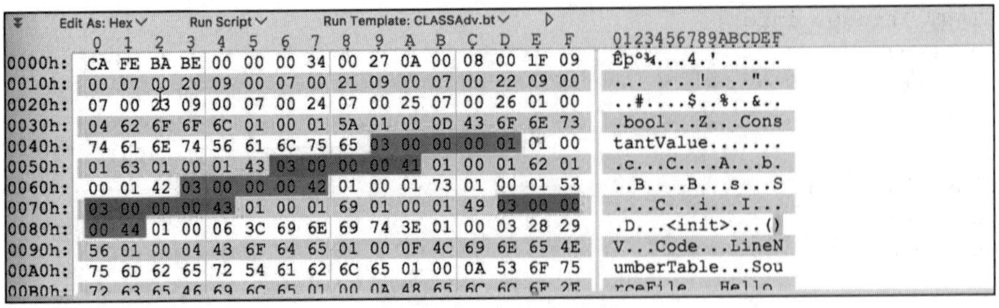

图 1-11　整型常量项的表示

```
CONSTANT_Long_info {
    u1 tag;
    u4 high_bytes;
    u4 low_bytes;
}

CONSTANT_Double_info {
    u1 tag;
    u4 high_bytes;
    u4 low_bytes;
}
```

以下面代码中的 long 型常量 a 为例。

```
public class HelloWorldMain {
    public final long a = Long.MAX_VALUE;
}
```

对应的结构如图 1-12 所示。

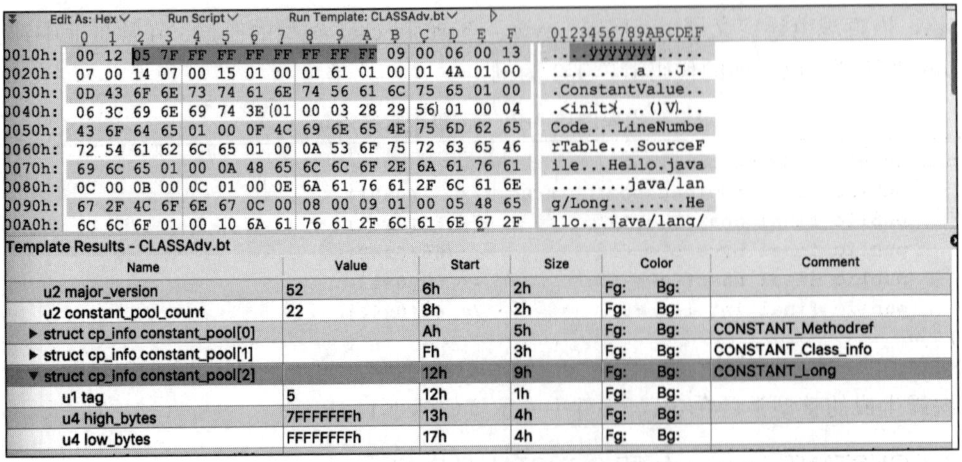

图 1-12　long 型常量项结构

其中第 1 个字节 0x05 表示常量的类型为 CONSTANT_Long_info，接下来的 8 个字节是 long 型常量的值 Long.MAX_VALUE。

使用 javap 输出的常量池信息如下所示。

```
Constant pool:
   #1 = Methodref           #7.#17           // java/lang/Object."<init>":()V
   #2 = Class               #18              // java/lang/Long
   #3 = Long                9223372036854775807l
   #5 = Fieldref            #6.#19           // Hello.a:J
   // ... 省略部分常量项
  #21 = Utf8                     java/lang/Object
```

前面提到过，CONSTANT_Long_info 和 CONSTANT_Double_info 占用两个常量池位置，可以看到常量池大小为 22，常量 a 占用了 #3 和 #4 两个位置，下一个常量项 Fieldref 从索引值 5 开始，如图 1-13 所示。

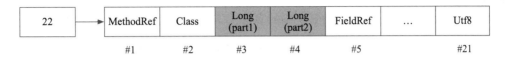

图 1-13　long 型常量在常量池的位置

3. CONSTANT_Utf8_info

CONSTANT_Utf8_info 存储了字符串的内容，结构如下所示。

```
CONSTANT_Utf8_info {
    u1 tag;
    u2 length;
    u1 bytes[length];
}
```

它由三部分构成：第一个字节是 tag，值为固定值 1；tag 之后的两个字节 length 并不是表示字符串有多少个字符，而是表示第三部分 byte 数组的长度；第三部分是采用 MUTF-8 编码的长度为 length 的字节数组。

如果要存储的字符串是 "hello"，存储结构如图 1-14 所示。

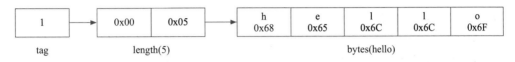

图 1-14　UTF8 类型常量项的结构

MUTF-8 编码与标准的 UTF-8 编码在大部分情况下是相同的，但也有一些细微的区别，为了能搞清楚 MUTF-8，需要知道 UTF-8 编码是如何实现的。UTF-8 是一种变长编码方式，使用 1 ～ 4 个字节表示一个字符，规则如下。

1）对于传统的 ASCII 编码字符（0x0001~0x007F），UTF-8 用一个字节来表示，如下所示。

```
0000 0001 ~ 0000 007F -> 0xxxxxxx
```

因此英文字母的 ASCII 编码和 UTF-8 编码的结果一样。

2）对于 0080 ~ 07FF 范围的字符，UTF-8 用 2 个字节来表示，如下所示。

```
0000 0080 ~ 0000 07FF -> 110xxxxx 10xxxxxx
```

程序在遇到这种字符的时候，会把第一个字节的 110 和第二个字节的 10 去掉，再把剩下的 bit 组成新的两字节数据。

3）对于 0000 0800 ~ 0000 FFFF 范围的字符，UTF-8 用 3 个字节表示，如下所示。

```
0000 0800 ~ 0000 FFFF -> 1110xxxx 10xxxxxx 10xxxxxx
```

程序在遇到这种字符的时候，会把第一个字节的 1110、第二和第三个字节的 10 去掉，再把剩下的 bit 组成新的 3 字节数据。

4）对于 0001 0000 ~ 0010 FFFF 范围的字符，UTF-8 用 4 个字节表示，如下所示。

```
0001 0000-0010 FFFF -> 11110xxx 10xxxxxx 10xxxxxx 10xxxxxx
```

程序在遇到这种字符的时候，会把第一个字节的 11110 以及第二、第三、第四个字节中的 10 去掉，再把剩下的位组成新的 4 字节数据。

以机械工业出版社的"机"字为例，它的 unicode 编码为 0x673A (0110 0111 0011 1010)，在 0000 0800 ~ 0000 FFFF 范围内，根据上面的规则应该用 3 个字节表示，将对应的位填到空缺的 x 中，得到对应的 UTF8 编码为 0xE69CBA，如图 1-15 所示。

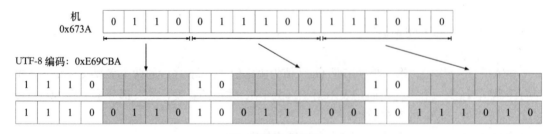

图 1-15　utf8 编码

那 MUTF-8 有什么不一样呢？它们之间的区别如下。

1）MUTF-8 里用两个字节表示空字符 ("\0")，把前面介绍的双字节表示格式 110xxxxx 10xxxxxx 中的 x 全部填 0，也即 0xC080，而在标准 UTF-8 编码中只用一个字节 0x00 表示。这样做的原因是在其他语言中（比如 C 语言）会把空字符当作字符串的结束，而 MUTF-8 这种处理空字符的方式保证字符串中不会出现空字符，在 C 语言处理时不会意外截断。

2）MUTF-8 只用到了标准 UTF-8 编码中的单字节、双字节、三字节表示方式，没有用到 4 字节表示方式。编码在 U+FFFF 之上的字符，Java 使用"代理对"（surrogate pair）通过 2 个字符表示，比如 emoji 表情"😂"的代理对为 \ud83d\ude02。

下面用一个实际例子来看 MUTF-8 编码，代码如下所示。

```
public final String x = "\0";
public final String y = "\uD83D\uDE02"; // emoji 表情
```

上面代码中常量 x 的值为空字符，常量 y 的值为 emoji 表情"😂"。编译上面的代码，使用十六进制工具查看，如图 1-16 所示。

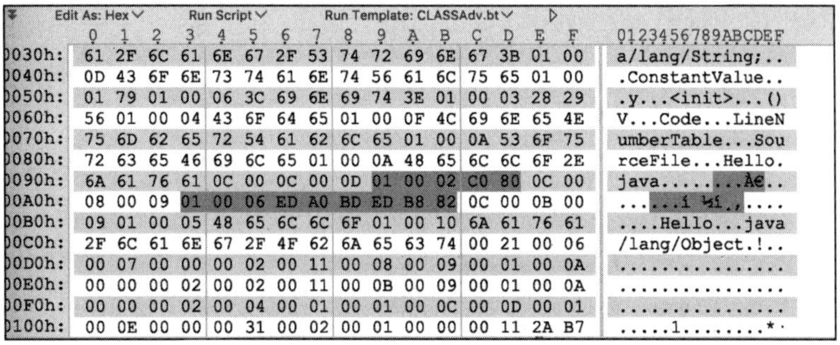

图 1-16　MUTF-8　编码示例

可以看到 x 对应的空字符表示为 01 00 02 C0 80，其中第一个字节 01 表示 CONSTANT_Utf8_info 类型，紧随其后的两个字节 0x0002 表示 byte 数组的长度，最后的两个字节 0xC080 印证了之前的描述。

y 对应的 emoji 字符在 class 文件中表示为 01 00 06 ED A0 BD ED B8 82，第一个字节 0x01 表示常量项 tag，紧随其后的两个字节表示 byte 数组的长度，这里为 6，表示使用六个字节来表示这个 emoji 字符，接下来的 6 个字节是使用两个 3 字节表示的 UTF-8 编码，它的解码过程如下。

前三个字节 ED A0 BD 对应的二进制为 11101101 10100000 10111101，根据 UTF-8 三字节表示方式，去掉第一个字节的 1110、第二和第三个字节的 10，剩下的位是 11011000 00111101，也即 0xD83D，同理可得剩下的 3 字节对应 0xDE02，得到这个 emoji 的编码为 4 字节"0xD83D DE02"，对应的 MUTF-8 解码过程如下所示。

```
1110 xxxx 10xx xxxx 10xx xxxx
1110 1101 1010 0000 1011 1101  -> 1101 10 0000 11 1101 -> D83D
1110 1101 1011 1000 1000 0010  -> 1101 11 1000 00 0010 -> DE02
```

4. CONSTANT_String_info

CONSTANT_String_info 用来表示 java.lang.String 类型的常量对象。它与 CONSTANT_Utf8_info 的区别是 CONSTANT_Utf8_info 存储了字符串真正的内容，而 CONSTANT_String_info 并不包含字符串的内容，仅仅包含一个指向常量池中 CONSTANT_Utf8_info 常量类型的索引。

CONSTANT_String_info 的结构由两部分构成，第一个字节是 tag，值为 8，tag 后面的两个字节是一个名为 string_index 的索引值，指向常量池中的 CONSTANT_Utf8_info，这个 CONSTANT_Utf8_info 中存储的才是真正的字符串常量内容，如下所示。

```
CONSTANT_String_info {
    u1 tag;
    u2 string_index;
}
```

以下面代码中的字符串 a 为例。

```
public class Hello {
    private String a = "hello";
}
```

这一部分在 class 文件中对应的区域如图 1-17 所示。

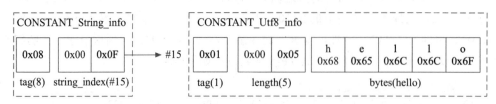

图 1-17　CONSTANT_String_info 示例

对应的 CONSTANT_String_info 的存储布局方式如图 1-18 所示。

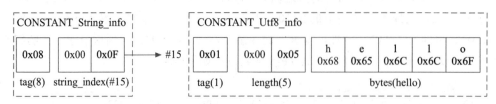

图 1-18　string 类型常量项结构

5. CONSTANT_Class_info

CONSTANT_Class_info 结构用来表示类或接口，它的结构与 CONSTANT_String_info 非常类似，可用下面的伪代码表示。

```
CONSTANT_Class_info {
    u1 tag;
```

```
    u2 name_index;
}
```

它由两部分组成，第一个字节是 tag，值固定为 7，tag 后面的两个字节 name_index 是一个常量池索引，指向 CONSTANT_Utf8_info 常量，这个字符串存储的是类或接口的全限定名，如图 1-19 所示。

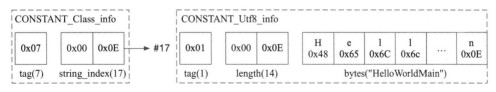

图 1-19　class 类型常量项的结构

6. CONSTANT_NameAndType_info

CONSTANT_NameAndType_info 结构用来表示字段或者方法，可以用下面的伪代码表示。

```
CONSTANT_NameAndType_info{
    u1 tag;
    u2 name_index;
    u2 descriptor_index;
}
```

CONSTANT_NameAndType_info 结构由三部分组成，第一部分 tag 值固定为 12，后面的两个部分 name_index 和 descriptor_index 都指向常量池中的 CONSTANT_Utf8_info 的索引，name_index 表示字段或方法的名字，descriptor_index 是字段或方法的描述符，用来表示一个字段或方法的类型，字段和方法描述符在本章后面会有详细介绍。

以下面代码中的 testMethod 为例。

```
public void testMethod(int id, String name) {
}
```

对应的 CONSTANT_NameAndType_info 的结构布局示意图如图 1-20 所示。

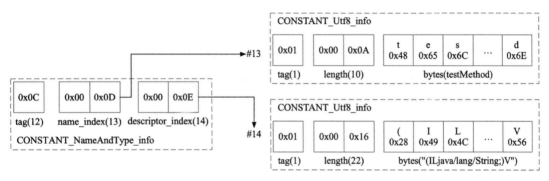

图 1-20　NameAndType 类型常量项结构

7. CONSTANT_Fieldref_info、CONSTANT_Methodref_info 和 CONSTANT_InterfaceMethodref_info

这三种常量类型结构比较类似，结构用伪代码表示如下。

```
CONSTANT_Fieldref_info {
    u1 tag;
    u2 class_index;
    u2 name_and_type_index;
}

CONSTANT_Methodref_info {
    u1 tag;
    u2 class_index;
    u2 name_and_type_index;
}

CONSTANT_InterfaceMethodref_info {
    u1 tag;
    u2 class_index;
    u2 name_and_type_index;
}
```

下面以 CONSTANT_Methodref_info 为例来进行讲解，它用来描述一个方法。它由三部分组成：第一部分是 tag 值，固定为 10；第二部分是 class_index，是一个指向 CONSTANT_Class_info 的常量池索引值，表示方法所在的类信息；第三部分是 name_and_type_index，是一个指向 CONSTANT_NameAndType_info 的常量池索引值，表示方法的方法名、参数和返回值类型。以下面的代码清单 1-3 为例。

代码清单 1-3　CONSTANT_Methodref_info 代码示例

```
public class HelloWorldMain {
    public static void main(String[] args) {
        new HelloWorldMain().testMethod(1, "hi");
    }
    public void testMethod(int id, String name) {
    }
}

Constant pool:
    #2 = Class          #18        // HelloWorldMain
    #5 = Methodref      #2.#20     // HelloWorldMain.testMethod:(ILjava/lang/String;)V
    #20 = NameAndType   #13:#14    // testMethod:(ILjava/lang/String;)V
```

testMethod 对应的 Methodref 的 class_index 为 2，指向类名为 "HelloWorldMain" 的类，name_and_type_index 为 20，指向常量池中下标为 20 的 NameAndType 索引项，对应的方法名为 "testMethod"，方法类型为 "(ILjava/lang/String;)V"。

testMethod 的 Methodref 信息可以用图 1-21 表示。

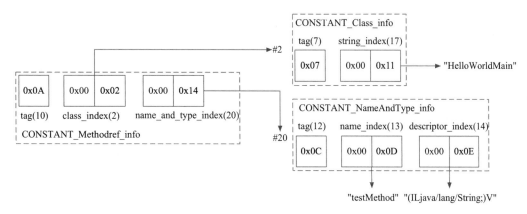

图 1-21　Methodref 类型常量项结构

8. CONSTANT_MethodType_info、CONSTANT_MethodHandle_info 和 CONSTANT_InvokeDynamic_info

从 JDK1.7 开始，为了更好地支持动态语言调用，新增了 3 种常量池类型（CONSTANT_MethodType_info、CONSTANT_MethodHandle_info 和 CONSTANT_InvokeDynamic_info）。以 CONSTANT_InvokeDynamic_info 为例，CONSTANT_InvokeDynamic_info 的主要作用是为 invokedynamic 指令提供启动引导方法，它的结构如下所示。

```
CONSTANT_InvokeDynamic_info {
    u1 tag;
    u2 bootstrap_method_attr_index;
    u2 name_and_type_index;
}
```

第一部分为 tag，值固定为 18；第二部分为 bootstrap_method_attr_index，是指向引导方法表 bootstrap_methods[] 数组的索引。第三部分为 name_and_type_index，是指向索引类常量池里的 CONSTANT_NameAndType_info 的索引，表示方法描述符。以下面的代码清单 1-4 为例。

代码清单 1-4　CONSTANT_InvokeDynamic_info 代码示例

```
public void foo() {
    new Thread ((()-> {
        System.out.println("hello");
    }).start();
}

javap 输出的常量池的部分如下：

Constant pool:
    #3 = InvokeDynamic      #0:#25        // #0:run:()Ljava/lang/Runnable;
    ...
```

```
  #25 = NameAndType        #37:#38           // run:()Ljava/lang/Runnable;

BootstrapMethods:
  0: #22 invokestatic java/lang/invoke/LambdaMetafactory.metafactory:(Ljava/lang/
invoke/MethodHandles$Lookup;Ljava/lang/String;Ljava/lang/invoke/MethodType;Ljava/
lang/invoke/MethodType;Ljava/lang/invoke/MethodHandle;Ljava/lang/invoke/MethodType;)
Ljava/lang/invoke/CallSite;
    Method arguments:
      #23 ()V
      #24 invokestatic HelloWorldMain.lambda$foo$0:()V
      #23 ()V
```

整体的结构如图 1-22 所示。

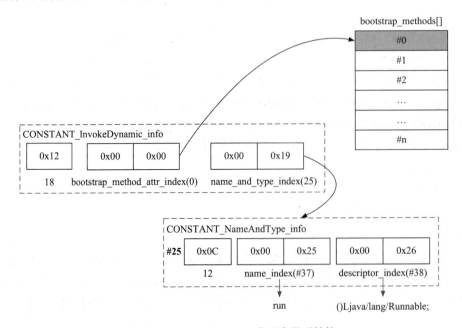

图 1-22　InvokeDynamic 类型常量项结构

至此，关于 class 文件最复杂的常量池部分的介绍就告一段落，接下来我们将继续讲解 class 文件剩下的几个部分。

1.2.4　Access flags

紧随常量池之后的区域是访问标记（Access flags），用来标识一个类为 final、abstract 等，由两个字节表示，总共有 16 个标记位可供使用，目前只使用了其中的 8 个，如图 1-23 所示。

完整的访问标记含义如表 1-3 所示。

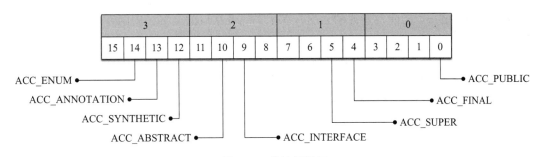

图 1-23 类访问标记

表 1-3 类访问标记

访问标记名	十六进制值	描述
ACC_PUBLIC	1	标识是否是 public
ACC_FINAL	10	标识是否是 final
ACC_SUPER	20	不再使用
ACC_INTERFACE	200	标识是类还是接口
ACC_ABSTRACT	400	标识是否是 abstract
ACC_SYNTHETIC	1000	编译器自动生成，不是用户源代码编译生成
ACC_ANNOTATION	2000	标识是否是注解类
ACC_ENUM	4000	标识是否是枚举类

　　本例中类的访问标记为 0x0021（ACC_SUPER | ACC_PUBLIC），表示是一个 public 的类，如图 1-24 所示。

```
0070h:  6C 0C 0F 2E 0A 01 70 01 0C 00 06 00 09 01 00 05   l...ava.......
0080h:  68 65 6C 6C 6F 0C 00 06 00 07 01 00 05 48 65 6C   hello........Hel
0090h:  6C 6F 01 00 10 6A 61 76 61 2F 6C 61 6E 67 2F 4F   lo...java/lang/O
00A0h:  62 6A 65 63 74 00 21 00 04 00 05 00 00 00 01 00   bject.!..)......
00B0h:  02 00 06 00 07 00 00 00 08 00 09 00                ............
00C0h:  01 00 0A 00 00 00 27 00 02 00 01 00 00 00 0B 2A   ......'........*
00D0h:  B7 00 01 2A 12 02 B5 00 03 B1 00 00 00 01 00 0B   . .*...........
```

Template Results - CLASSAdv.bt						
Name	Value	Start	Size	Color		Comment
▶ struct cp_info constant_pool[16]		8Ah	8h	Fg:	Bg:	CONSTANT_Utf8
▶ struct cp_info constant_pool[17]		92h	13h	Fg:	Bg:	CONSTANT_Utf8
u2 access_flags	33	A5h	2h	Fg:	Bg:	public superclass

图 1-24 类访问标记

　　这些访问标记并不是可以随意组合的，比如 ACC_PUBLIC、ACC_PRIVATE、ACC_PROTECTED 不能同时设置，ACC_FINAL 和 ACC_ABSTRACT 也不能同时设置，否则会违背语义。更多的规则可以在 javac 源码的 com.sun.tools.javac.comp.Check.java 文件中找到。

1.2.5　this_class、super_name、interfaces

　　这三部分用来确定类的继承关系，this_class 表示类索引，super_name 表示直接父类的索引，interfaces 表示类或者接口的直接父接口。

this_class 是一个指向常量池的索引，表示类或者接口的名字，用两字节表示，以下面的代码清单 1-5 为例。

代码清单 1-5   this_class 代码示例

```
public class Hello {
    public static void main(String[] args) {
    }
}

Constant pool:
  // ...
  #2 = Class              #13             // Hello
  // ...
  #13 = Utf8              Hello
```

本例中 this_class 为 0x0002，指向常量池中下标为 2 的元素，这个元素是 CONSTANT_Class_info 类型，它的 name_index 指向常量池中下标为 13、类型为 CONSTANT_Utf8_info 的元素，表示类名为 "Hello"，如图 1-25 所示。

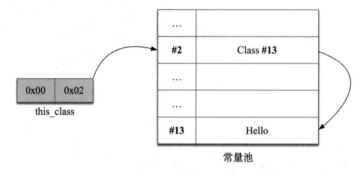

图 1-25   this_class 分析

super_class 和 interfaces 的原理与之类似，不再赘述。接下来开始介绍字段表。

1.2.6   字段表

紧随接口索引表之后的是字段表（fields），类中定义的字段会被存储到这个集合中，包括静态和非静态的字段，它的结构可以用下面的伪代码表示。

```
{
    u2              fields_count;
    field_info      fields[fields_count];
}
```

字段表也是一个变长的结构，fields_count 表示 field 的数量，接下来的 fields 表示字段集合，共有 fields_count 个，每一个字段用 field_info 结构表示，稍后会进行介绍。

1. 字段 field_info 结构

每个字段 field_info 的格式如下所示。

```
field_info {
    u2              access_flags;
    u2              name_index;
    u2              descriptor_index;
    u2              attributes_count;
    attribute_info attributes[attributes_count];
}
```

字段结构分为 4 个部分：第一部分 access_flags 表示字段的访问标记，用来标识是 public、private 还是 protected，是否是 static，是否是 final 等；第二部分 name_index 用来表示字段名，指向常量池的字符串常量；第三部分 descriptor_index 是字段描述符的索引，指向常量池的字符串常量；最后的 attributes_count、attribute_info 表示属性的个数和属性集合。如图 1-26 所示。

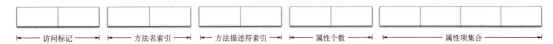

图 1-26　field_info 组成结构示意

接下来会详细介绍这些组成部分。

2. 字段访问标记

与类一样，字段也拥有自己的字段访问标记，但字段的访问标记更丰富，共有 9 种，详细的列表如表 1-4 所示。

表 1-4　字段访问标记

访问标记名	十六进制值	描述
ACC_PUBLIC	0x0001	声明为 public
ACC_PRIVATE	0x0002	声明为 private
ACC_PROTECTED	0x0004	声明为 protected
ACC_STATIC	0x0008	声明为 static
ACC_FINAL	0x0010	声明为 final
ACC_VOLATILE	0x0040	声明为 volatile，解决内存可见性的问题
ACC_TRANSIENT	0x0080	声明为 transient，被 transient 修饰的字段默认不会被序列化
ACC_SYNTHETIC	0x1000	表示这个字段是由编译器自动生成，而不是用户代码编译产生
ACC_ENUM	0x4000	表示这是一个枚举类型的变量

如果在类中定义了字段 public static final int DEFAULT_SIZE = 128，编译后 DEFAULT_SIZE 字段在类文件中存储的访问标记值为 0x0019，则它的访问标记为 ACC_PUBLIC | ACC_STATIC | ACC_FINAL，表示它是一个 public static final 类型的变量，如图 1-27 所示。

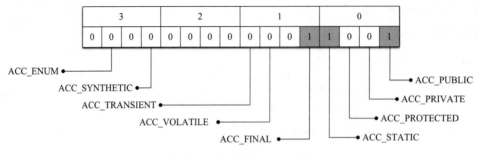

图 1-27　字段访问标记示例

同之前介绍的类访问标记一样，字段访问标记并不是可以随意组合的，比如 ACC_FINAL 和 ACC_VOLATILE 也不能同时设置，否则会违背语义。

3. 字段描述符

字段描述符（field descriptor）用来表示某个 field 的类型，在 JVM 中定义一个 int 类型的字段时，类文件中存储的类型并不是字符串 int，而是更精简的字母 I。

根据类型的不同，字段描述符分为三大类。

1）原始类型，byte、int、char、float 等这些简单类型使用一个字符来表示，比如 J 对应 long 类型，B 对应 byte 类型。

2）引用类型使用 L; 的方式来表示，为了防止多个连续的引用类型描述符出现混淆，引用类型描述符最后都加了一个 "；" 作为结束，比如字符串类型 String 的描述符为 "Ljava/lang/String;"。

3）JVM 使用一个前置的 "[" 来表示数组类型，如 int[] 类型的描述符为 "[I"，字符串数组 String[] 的描述符为 "[Ljava/lang/String;"。而多维数组描述符只是多加了几个 "[" 而已，比如 Object[][][] 类型的描述符为 "[[[Ljava/lang/Object;"。

完整的字段类型描述符映射表如表 1-5 所示。

表 1-5　字段类型描述符映射表

描述符	类型
B	byte 类型
C	char 类型
D	double 类型
F	float 类型
I	int 类型
J	long 类型
S	short 类型
Z	boolean 类型
L ClassName ;	引用类型，"L" + 对象类型的全限定名 + "；"
[	一维数组

4. 字段属性

与字段相关的属性包括 ConstantValue、Synthetic 、Signature、Deprecated、Runtime-VisibleAnnotations 和 RuntimeInvisibleAnnotations 这 6 个，比较常见的是 ConstantValue 属性，用来表示一个常量字段的值，具体将在 1.2.8 节展开介绍。

1.2.7　方法表

方法表的作用与前面介绍的字段表非常类似，类中定义的方法会被存储在这里，方法表也是一个变长结构，如下所示。

```
{
    u2              methods_count;
    method_info     methods[methods_count];
}
```

其中 methods_count 表示方法的数量，接下来的 methods 表示方法的集合，共有 methods_count 个，每一个方法用 method_info 结构表示。

1. 方法 method_info 结构

对于每个方法 method_info 而言，它的结构如下所示。

```
method_info {
    u2              access_flags;
    u2              name_index;
    u2              descriptor_index;
    u2              attributes_count;
    attribute_info  attributes[attributes_count];
}
```

方法 method_info 结构分为四部分：第一部分 access_flags 表示方法的访问标记，用来标记是 public、private 还是 protected，是否是 static，是否是 final 等；接下来的 name_index、descriptor_index 分别表示方法名和方法描述符的索引值，指向常量池的字符串常量；attributes_count 和 attribute_info 表示方法相关属性的个数和属性集合，包含了很多有用的信息，比如方法内部的字节码就存放在 Code 属性中。

field_info 的结构如图 1-28 所示。

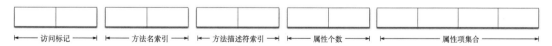

图 1-28　field_info 结构

2. 方法访问标记

方法的访问标记比类和字段的访问标记类型更丰富，一共有 12 种，完整的映射表如表 1-6 所示。

表 1-6　方法访问标记映射表

方法访问标记	值	描述
ACC_PUBLIC	0x0001	声明为 public
ACC_PRIVATE	0x0002	声明为 private
ACC_PROTECTED	0x0004	声明为 protected
ACC_STATIC	0x0008	声明为 static
ACC_FINAL	0x0010	声明为 final
ACC_SYNCHRONIZED	0x0020	声明为 synchronized
ACC_BRIDGE	0x0040	bridge 方法，由编译器生成
ACC_VARARGS	0x0080	方法包含可变长度参数，比如 String... args
ACC_NATIVE	0x0100	声明为 native
ACC_ABSTRACT	0x0400	声明为 abstract
ACC_STRICT	0x0800	声明为 strictfp，表示使用 IEEE-754 规范的精确浮点数，极少使用
ACC_SYNTHETIC	0x1000	表示这个方法由编译器自动生成，而不是用户代码编译产生

以下面的代码为例：

```
private static synchronized void foo() {
}
```

生成的类文件中，foo 方法的访问标记等于 0x002a（ACC_PRIVATE | ACC_STATIC| ACC_SYNCHRONIZED），表示这是一个 private static synchronized 的方法，如图 1-29 所示。

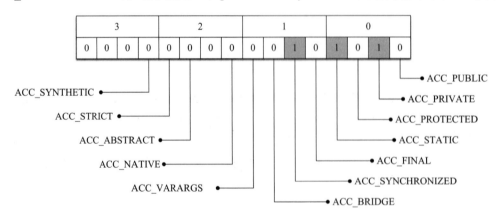

图 1-29　方法访问标记

同前面的字段访问标记一样，不是所有的方法访问标记都可以随意组合设置，比如 ACC_ABSTRACT、ACC_FINAL 在方法描述符中不能同时设置，ACC_ABSTRACT 和 ACC_SYNCHRONIZED 也不能同时设置。

3. 方法名与描述符

紧随方法访问标记的是方法名索引 name_index，指向常量池中 CONSTANT_Utf8_info

类型的字符串常量，比如有这样一个方法定义 private void foo()，编译器会生成一个类型为 CONSTANT_Utf8_info 的字符串常量项，里面存储了"foo"，方法名索引 name_index 指向了这个常量项。

方法描述符索引 descriptor_index 也是指向常量池中类型为 CONSTANT_Utf8_info 的字符串常量项。方法描述符用来表示一个方法所需的参数和返回值，格式如下：

(参数 1 类型　参数 2 类型　参数 3 类型　...) 返回值类型

比如，方法 Object foo(int i, double d, Thread t) 的描述符为"(IDLjava/lang/Thread;)Ljava/lang/Object;"，其中"I"表示第一个参数 i 的参数类型 int，"D"表示第二个参数 d 的类型 double，"Ljava/lang/Thread;"表示第三个参数 t 的类型 Thread，"Ljava/lang/Object;"表示返回值类型 Object，如图 1-30 所示。

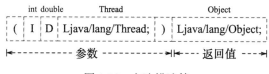

图 1-30　方法描述符

4. 方法属性表

方法属性表是 method_info 结构的最后一部分。前面介绍了方法的访问标记和方法签名，还有一些重要的信息没有出现，如方法声明抛出的异常，方法的字节码，方法是否被标记为 deprecated 等，属性表就是用来存储这些信息的。与方法相关的属性有很多，其中比较重要的是 Code 和 Exceptions 属性，其中 Code 属性存放方法体的字节码指令，Exceptions 属性用于存储方法声明抛出的异常。属性的细节我们将在 1.2.8 节中进行介绍。

1.2.8　属性表

在方法表之后的结构是 class 文件的最后一部分——属性表。属性出现的地方比较广泛，不只出现在字段和方法中，在顶层的 class 文件中也会出现。相比于常量池只有 14 种固定的类型，属性表的类型更加灵活，不同的虚拟机实现厂商可以自定义属性，属性表的结构如下所示。

```
{
    u2              attributes_count;
    attribute_info attributes[attributes_count];
}
```

与其他结构类似，属性表使用两个字节表示属性的个数 attributes_count，接下来是若干个属性项的集合，可以看作是一个数组，数组的每一项都是一个属性项 attribute_info，数组的大小为 attributes_count。每个属性项的 attribute_info 的结构如下所示。

```
attribute_info{
    u2 attribute_name_index;
    u4 attribute_length;
    u1 info[attribute_length];
}
```

attribute_name_index 是指向常量池的索引，根据这个索引可以得到 attribute 的名字，接下来的两部分表示 info 数组的长度和具体 byte 数组的内容。

虚拟机预定义了 20 多种属性，下面我们挑选字段表相关的 ConstantValue 属性和方法表相关的 Code 属性进行介绍。

1. ConstantValue 属性

ConstantValue 属性出现在字段 field_info 中，用来表示静态变量的初始值，它的结构如下所示。

```
ConstantValue_attribute {
    u2 attribute_name_index;
    u4 attribute_length;
    u2 constantvalue_index;
}
```

其中 attribute_name_index 是指向常量池中值为 “ConstantValue” 的字符串常量项，attribute_length 值固定为 2，因为接下来的具体内容只会有两个字节大小。constantvalue_index 指向常量池中具体的常量值索引，根据变量的类型不同，constantvalue_index 指向不同的常量项。如果变量为 long 类型，则 constantvalue_index 指向 CONSTANT_Long_info 类型的常量项。

以代码 public static final int DEFAULT_SIZE = 128 为例，字段对应的 class 文件如图 1-31 高亮部分所示。

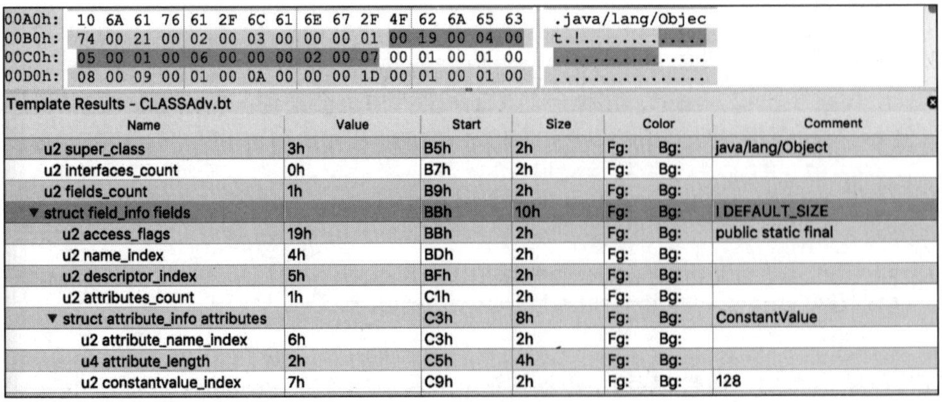

Name	Value	Start	Size	Color	Comment
u2 super_class	3h	B5h	2h	Fg: Bg:	java/lang/Object
u2 interfaces_count	0h	B7h	2h	Fg: Bg:	
u2 fields_count	1h	B9h	2h	Fg: Bg:	
▼ struct field_info fields		BBh	10h	Fg: Bg:	I DEFAULT_SIZE
u2 access_flags	19h	BBh	2h	Fg: Bg:	public static final
u2 name_index	4h	BDh	2h	Fg: Bg:	
u2 descriptor_index	5h	BFh	2h	Fg: Bg:	
u2 attributes_count	1h	C1h	2h	Fg: Bg:	
▼ struct attribute_info attributes		C3h	8h	Fg: Bg:	ConstantValue
u2 attribute_name_index	6h	C3h	2h	Fg: Bg:	
u4 attribute_length	2h	C5h	4h	Fg: Bg:	
u2 constantvalue_index	7h	C9h	2h	Fg: Bg:	128

图 1-31　字段 DEFAULT_SIZE 在 class 文件中的表示

它对应的字段结构如图 1-32 所示。

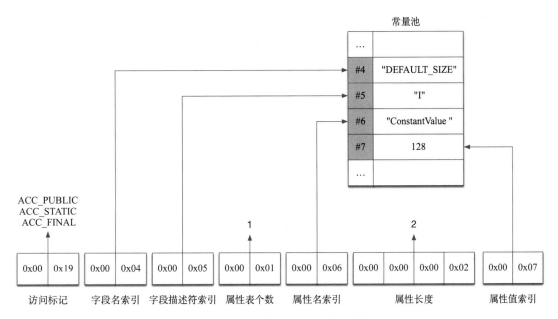

图 1-32　完整的 field_info 字段结构

2. Code 属性

Code 属性是类文件中最重要的组成部分，它包含方法的字节码，除 native 和 abstract 方法以外，每个 method 都有且仅有一个 Code 属性，它的结构如下。

```
Code_attribute {
    u2 attribute_name_index;
    u4 attribute_length;
    u2 max_stack;
    u2 max_locals;
    u4 code_length;
    u1 code[code_length];
    u2 exception_table_length;
    {   u2 start_pc;
        u2 end_pc;
        u2 handler_pc;
        u2 catch_type;
    } exception_table[exception_table_length];
    u2 attributes_count;
    attribute_info attributes[attributes_count];
}
```

下面开始介绍 Code 属性表的各个字段含义。

1）属性名索引（attribute_name_index）占 2 个字节，指向常量池中 CONSTANT_Utf8_info 常量，表示属性的名字，比如这里对应的常量池的字符串常量 "Code"。

2）属性长度（attribute_length）占用 4 个字节，表示属性值长度大小。

3）max_stack 表示操作数栈的最大深度，方法执行的任意期间操作数栈的深度都不会超过这个值。它的计算规则是：有入栈的指令 stack 增加，有出栈的指令 stack 减少，在整个过程中 stack 的最大值就是 max_stack 的值，增加和减少的值一般都是 1，但也有例外：LONG 和 DOUBLE 相关的指令入栈 stack 会增加 2，VOID 相关的指令则为 0。

4）max_locals 表示局部变量表的大小，它的值并不等于方法中所有局部变量的数量之和。当一个局部作用域结束，它内部的局部变量占用的位置就可以被接下来的局部变量复用了。

5）code_length 和 code 用来表示字节码相关的信息。其中，code_length 表示字节码指令的长度，占用 4 个字节；code 是一个长度为 code_length 的字节数组，存储真正的字节码指令。

6）exception_table_length 和 exception_table 用来表示代码内部的异常表信息，如我们熟知的 try-catch 语法就会生成对应的异常表。exception_table_length 表示接下来 exception_table 数组的长度，每个异常项包含四个部分，可以用下面的结构表示。

```
{
    u2 start_pc;
    u2 end_pc;
    u2 handler_pc;
    u2 catch_type;
}
```

其中 start_pc、end_pc、handler_pc 都是指向 code 字节数组的索引值，start_pc 和 end_pc 表示异常处理器覆盖的字节码开始和结束的位置，是左闭右开区间 [start_pc, end_pc)，包含 start_pc，不包含 end_pc。handler_pc 表示异常处理 handler 在 code 字节数组的起始位置，异常被捕获以后该跳转到何处继续执行。

catch_type 表示需要处理的 catch 的异常类型是什么，它用两个字节表示，指向常量池中类型为 CONSTANT_Class_info 的常量项。如果 catch_type 等于 0，则表示可处理任意异常，可用来实现 finally 语义。

当 JVM 执行到这个方法 [start_pc, end_pc) 范围内的字节码发生异常时，如果发生的异常是这个 catch_type 对应的异常类或者它的子类，则跳转到 code 字节数组 handler_pc 处继续处理。

7）attributes_count 和 attributes[] 用来表示 Code 属性相关的附属属性，Java 虚拟机规定 Code 属性只能包含这四种可选属性：LineNumberTable、LocalVariableTable、LocalVariableTypeTable、StackMapTable。以 LineNumberTable 为例，LineNumberTable 用来存放源码行号和字节码偏移量之间的对应关系，属于调试信息，不是类文件运行的必需属性，默认情况下都会生成。如果没有这个属性，那么在调试时就没有办法在源码中设置断点，也没有办法在代码抛出异常时在错误堆栈中显示出错的行号信息。

接下来以代码清单 1-6 为例来看 Code 属性。

代码清单 1-6　Code 属性代码示例

```
public class HelloWorldMain {
    public static void main(String[] args) {
        try {
            foo();
        } catch (NullPointerException e) {
            System.out.println(e);
        } catch (IOException e) {
            System.out.println(e);
        }

        try {
            foo();
        } catch (Exception e) {
            System.out.println(e);
        }
    }
    public static void foo() throws IOException {
    }
}
```

编译后使用十六进制工具查看 Code 区域，如图 1-33 所示。

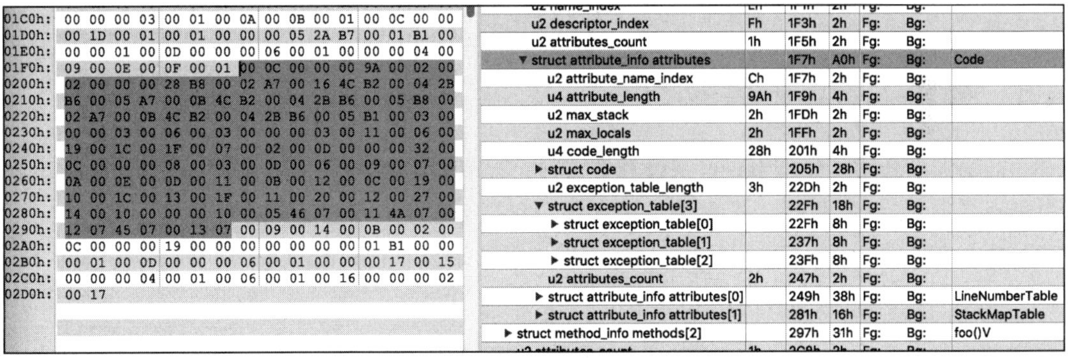

图 1-33　Code 属性布局

其中 attribute_name_index 为 0x0C，指向常量池中下标为 12 的字符串 "Code"。attribute_length 等于 154(0x9A)，表示属性值的长度大小。max_stack 和 max_locals 都等于 2，表示最大栈深度和局部变量表的大小都等于 2，code_length 等于 40(0x28)，表示接下来 code 字节数组的长度为 40。exception_table_length 等于 3(0x03)，表示接下来会有 3 个异常表项目。最后的 attributes_count 为 2，表示接下来会有 2 个相关的属性项，这里是 LineNumberTable 和 StackMapTable。根据前面的介绍，可以画出的 Code 属性结构如图 1-34 所示。

至此，类文件的基本结构就介绍得差不多了，在结束本章之前，我们来看看 javap 工具的使用。

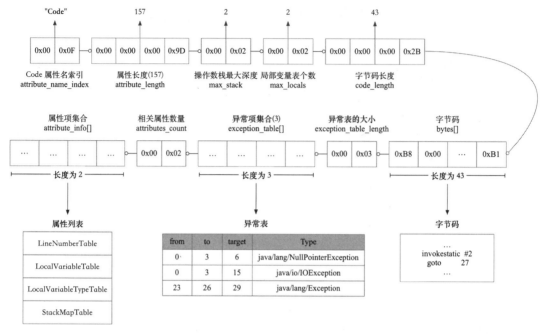

图 1-34　Code 属性结构

1.3　使用 javap 查看类文件

前面零星介绍了使用 javap 来查看类文件，本节将详细介绍 javap 命令。由前面的小节也可以看出 class 文件是二进制块，想直接与它打交道比较艰难，好在 JDK 提供了专门用来分析类文件的工具 javap 以窥探 class 文件内部的细节。它的使用方式如下：

```
javap [options]  <classes>
```

不加任何参数运行 javap 的输出如下所示。

```
javap HelloWorld
```

```
Compiled from "HelloWorld.java"
public class HelloWorld {
  public HelloWorld();
  public static void main(java.lang.String[]);
}
```

默认情况下，javap 会显示访问权限为 public、protected 和默认级别的方法。如果想要显示 private 方法和字段，就需要加上 -p 选项。

javap 还有一个好用的选项 -s，可以输出类型描述符签名信息，HelloWorld.java 所有的方法签名如下所示。

```
javap -s HelloWorld

Compiled from "HelloWorld.java"
public class HelloWorld {
  public HelloWorld();
    descriptor: ()V

public static void main(java.lang.String[]);
    descriptor: ([Ljava/lang/String;)V
}
```

加上 -c 选项可以对类文件进行反编译，可以显示出方法内的字节码，加上 -c 选项以后的输出如下所示。

```
javap -c HelloWorld

public static void main(java.lang.String[]);
Code:
    0: getstatic     #2        // Field java/lang/System.out:Ljava/io/PrintStream;
    3: ldc           #3        // String hello, world
    5: invokevirtual #4        // Method java/io/PrintStream.println:(Ljava/lang/
String;)V
    8: return
```

加上 -v 选项可以显示更加详细的内容，比如版本号、类访问权限、常量池相关的信息，是一个非常有用的参数，如下所示。

```
javap -v HelloWorld

public class HelloWorld
  minor version: 0
  major version: 52
  flags: ACC_PUBLIC, ACC_SUPER
Constant pool:
  #1 = Methodref      #6.#15      // java/lang/Object."<init>":()V
  #2 = Fieldref       #16.#17     // java/lang/System.out:Ljava/io/PrintStream;
  ...
```

还有一个比较少用的 -l 选项，可以用来显示行号表和局部变量表，实测并没有输出局部变量表，只显示了行号表，如下所示。

```
javap -l HelloWorld

public static void main(java.lang.String[]);
LineNumberTable:
  line 3: 0
  line 4: 8
```

原因是要想显示局部变量表，需要在 javac 编译的时候加 -g 选项，生成所有的调试信息选项，加上 -g 选项编译 javac -g HelloWorld.java 以后重新执行 javap -l 命令就可以看到局部变量表（LocalVariableTable）了，如下所示。

```
javap -l HelloWorld
public static void main(java.lang.String[]);
LineNumberTable:
  line 3: 0
  line 4: 8
LocalVariableTable:
  Start   Length   Slot   Name   Signature
      0        9      0   args   [Ljava/lang/String;
```

1.4 小结

在本章中，我们首先尽可能详细地介绍了 class 文件的内部结构，随后介绍了 javap 工具的使用，为理解后面章节的字节码知识打下基础。如果你还有不太清楚的地方，可以尝试用自己熟悉的语言实现一个最简单的 class 文件解析程序加深印象。

接下来我们会介绍字节码执行的细节，通过阅读下一章，你会了解字节码是如何运行的，以及各种语法糖背后的字节码指令究竟是什么样的。

第 2 章 *Chapter 2*

字节码基础

从这章开始，我们将介绍字节码相关的基础知识。首先会介绍字节码是什么，然后介绍 Java 虚拟机栈和栈帧相关的内容，为理解字节码的执行打下基础，最后通过案例讲解常用的字节码指令。

通过阅读本章，你会学到以下知识。

- ❏ 基于寄存器和基于栈虚拟机实现的优缺点
- ❏ 字节码的分类
- ❏ 类型转换指令
- ❏ for 循环的字节码实现
- ❏ switch-case 的 tableswitch 和 lookupswitch 两种实现
- ❏ String 的 switch 实现原理
- ❏ ++i 与 i++ 的字节码原理
- ❏ Java 异常处理原理
- ❏ finally 语句块一定会执行的原因
- ❏ try-with-resources 语法糖背后的原理
- ❏ 对象创建、类初始化相关的字节码指令

下面开始本章的第一部分——字节码概述，详细介绍字节码的组成结构、字节码的分类。

2.1 字节码概述

Java 虚拟机的指令由一个字节长度的操作码（opcode）和紧随其后的可选的操作数

（operand）构成，如下所示。

```
<opcode> [<operand1>, <operand2>]
```

比如将整型常量 100 压栈到栈顶的指令是 bipush 100，其中 bipush 是操作码，100 是操作数。字节码（bytecode）名字的由来是操作码的长度用一个字节表示。因为操作码长度只有一个字节长度，这使得编译后的字节码文件非常小巧紧凑，但也直接限制整个 JVM 操作码指令集的数量最多只能有 256 个，目前已经使用超过了 200 个。

大部分字节码指令是与类型相关的，比如 ireturn 指令用于返回一个 int 类型的数据，dreturn 指令用于返回一个 double 类型的数据，freturn 指令用于返回一个 float 类型的数据，这也使得字节码实际的指令类型远小于 200 个。

字节码使用大端序（Big-Endian）表示，即高位在前，低位在后的方式，比如字节码 getfield 00 02，表示的是 getfiled 0x00<<8 | 0x02（getfield #2）。

字节码并不是某种虚拟 CPU 的机器码，而是一种介于源码和机器码中间的一种抽象表示方法，不过字节码通过 JIT（Just In Time）技术可以被进一步编译成机器码。

根据字节码的不同用途，字节码指令可以大概分为如下几类：

❑ 加载和存储指令，比如 iload 将一个整型值从局部变量表加载到操作数栈；
❑ 控制转移指令，比如条件分支 ifeq；
❑ 对象操作，比如创建类实例的指令 new；
❑ 方法调用，比如 invokevirtual 指令用于调用对象的实例方法；
❑ 运算指令和类型转换，比如加法指令 iadd；
❑ 线程同步，比如 monitorenter 和 monitorexit 这两条指令用于支持 synchronized 关键字的语义；
❑ 异常处理，比如 athrow 显式抛出异常。

字节码是运行在 JVM 上的，为了能弄懂字节码，需要对 JVM 的运行原理有所了解。接下来以 Java 虚拟机栈为切入点讲解字节码在 JVM 上执行的细节。

2.2 Java 虚拟机栈和栈帧

虚拟机常见的实现方式有两种：基于栈（Stack based）和基于寄存器（Register based）。典型的基于栈的虚拟机有 Hotspot JVM、.net CLR，而典型的基于寄存器的虚拟机有 Lua 语言虚拟机 LuaVM 和 Google 开发的 Android 虚拟机 DalvikVM。

两者有什么不同呢？举一个计算两数相加的例子：c = a + b，Java 源码如下所示。

```
int my_add(int a, int b) {
    return a + b;
}
```

使用 javap 查看对应的字节，如下所示。

```
0: iload_1 // 将 a 压入操作数栈
1: iload_2 // 将 b 压入操作数栈
2: iadd    // 将栈顶两个值出栈相加，然后将结果放回栈顶
3: ireturn // 将栈顶值返回
```

实现相同功能对应的 lua 代码如下。

```lua
local function my_add(a, b)
    return a + b;
end
```

使用 luac -l -l -v -s test.lua 命令查看 lua 的字节码，如下所示。

```
[1] ADD       R2 R0 R1       ; R2 := R0 + R1
[2] RETURN    R2 2           ; return R2
[3] RETURN    R0 1           ; return
```

第 1 行调用 ADD 指令将 R0 寄存器和 R1 寄存器中的值相加存储到寄存器 R2 中。第 2 行返回 R2 寄存器的值。第 3 行是 lua 的一个特殊处理，为了防止有分支漏掉了 return 语句，lua 始终在最后插入一行 return 语句。

以 7 + 20 为例，基于栈和基于寄存器的执行过程对比如图 2-1 所示。

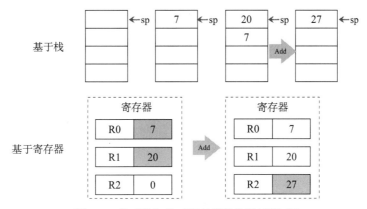

图 2-1　基于栈和基于寄存器的执行过程对比

基于栈和基于寄存器的指令集架构各有优缺点，具体如下所示。

❑ 基于栈的指令集架构的优点是移植性更好、指令更短、实现简单，但是不能随机访问堆栈中的元素，完成相同功能所需的指令数一般比寄存器架构多，需要频繁地入栈出栈，不利于代码优化。

❑ 基于寄存器的指令集架构的优点是速度快，可以充分利用寄存器，有利于程序做运行速度优化，但操作数需要显式指定，指令较长。

栈帧

在写递归的程序时如果忘记写递归退出的条件，则会报 java.lang.StackOverflowError

异常。比如计算斐波拉契数列，它的计算公式为 $f(n) = f(n-1) + f(n-2)$，假设从 0 开始，它的序列如下所示。

```
0, 1, 1, 2, 3, 5, 8, 13, 21,...
```

在没有递归退出条件的情况下，很容易写出下面的代码。

```java
public static int fibonacci(int n) {
    return fibonacci(n - 1) + fibonacci(n - 2);
}
```

运行上面的代码马上会报 java.lang.StackOverflowError 异常。为什么会抛这个异常呢？这就要从栈帧（Stack Frame）讲起。

Hotspot JVM 是一个基于栈的虚拟机，每个线程都有一个虚拟机栈用来存储栈帧，每次方法调用都伴随着栈帧的创建、销毁。Java 虚拟机栈的释义如图 2-2 所示。

当线程请求分配的栈容量超过 Java 虚拟机栈允许的最大容量时，Java 虚拟机将会抛出 StackOverflowError 异常，可以用 JVM 命令行参数 -Xss 来指定线程栈的大小，比如 -Xss256k 用于将栈的大小设置为 256 KB。

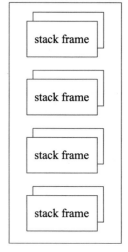

图 2-2　Java 虚拟机栈

每个线程都拥有自己的 Java 虚拟机栈，一个多线程的应用会拥有多个 Java 虚拟机栈，每个栈拥有自己的栈帧，如图 2-3 所示。

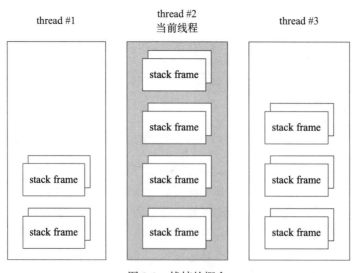

图 2-3　栈帧的概念

栈帧是用于支持虚拟机进行方法调用和方法执行的数据结构，随着方法调用而创建，随着方法结束而销毁。栈帧的存储空间分配在 Java 虚拟机栈中，每个栈帧拥有自己的局部变量表（Local Variablc）、操作数栈（Operand Stack）和指向常量池的引用，如图 2-4 所示。

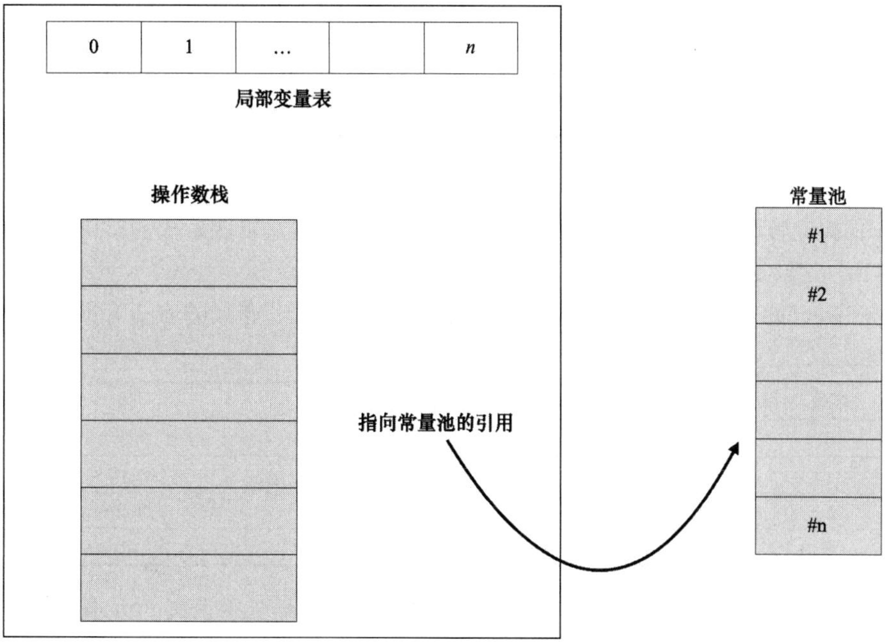

图 2-4　栈帧的组成

常量池在第 1 章已经有详细的介绍，接下来重点介绍局部变量表和操作数栈的相关内容。

1. 局部变量表

每个栈帧内部都包含一组称为局部变量表的变量列表，局部变量表的大小在编译期间就已经确定，对应 class 文件中方法 Code 属性的 max_locals 字段，Java 虚拟机会根据 max_locals 字段来分配方法执行过程中需要分配的最大的局部变量表容量。代码示例如下。

```
public class MyJVMTest {
    public void foo(int id, String name) {
        String tmp = "A";
    }
}
```

使用 javac -g MyJVMTest.java 进行编译，然后执行 javap -c -v -l MyJVMTest 查看字节码，结果如下。

```
public void foo(int, java.lang.String);
Code:
  stack=1, locals=4, args_size=3
     0: ldc           #2                  // String A
     2: astore_3
```

```
      3: return
LocalVariableTable:
    Start  Length  Slot  Name  Signature
        0       4     0  this  LMyJVMTest;
        0       4     1    id  I
        0       4     2  name  Ljava/lang/String;
        3       1     3   tmp  Ljava/lang/String;
```

可以看到 foo 方法只有两个参数，args_size 却等于 3。当一个实例方法（非静态方法）被调用时，第 0 个局部变量是调用这个实例方法的对象的引用，也就是我们所说的 this。调用方法 foo(2019, "hello") 实际上是调用 foo(this, 2019, "hello")。

LocalVariableTable 输出显示了局部变量表的 4 个槽（slot），布局如表 2-1 所示。

表 2-1　局部变量表

序号	变量名	值
0	this	this
1	id	2019
2	name	"hello"
3	tmp	"A"

javap 输出中的 locals=4 表示局部变量表的大小等于 4。局部变量表的大小并不是方法中所有局部变量的数量之和，它与变量的类型和变量作用域有关。当一个局部作用域结束，它内部的局部变量占用的位置就可以被接下来的局部变量复用了，以下面的静态 foo 方法为例。

```java
public static void foo() {
    // locals=0, max_locals=0
    if (true) {
        // locals=1, max_locals=1
        String a = "a";
    }
    // locals=0, max_locals=1
    if (true) {
        // locals=1, max_locals=1
        String b = "b";
    }
    // locals=0, max_locals=1
}
```

foo 方法对应的局部变量表的大小等于 1，因为是静态方法，局部变量表不用自动添加 this 为局部变量表的第一个元素，a 和 b 共用同一个 slot 等于 0 的局部变量表位置。

当包含 long 和 double 类型的变量时，这些变量会占用两个局部变量表的 slot，以下面的代码为例。

```java
public void foo() {
    double a = 1L;
```

```
    int b = 10;
}
```

对应的局部变量表如图 2-5 所示。

slot	0	1	2	3
local variable	this	a (double)		b (int)

图 2-5 包含 double 和 long 类型的局部变量表

2. 操作数栈

每个栈帧内部都包含一个称为操作数栈的后进先出（LIFO）栈，栈的大小同样也是在编译期间确定。Java 虚拟机提供的很多字节码指令用于从局部变量表或者对象实例的字段中复制常量或者变量到操作数栈，也有一些指令用于从操作数栈取走数据、操作数据和把操作结果重新入栈。在方法调用时，操作数栈也用于准备调用方法的参数和接收方法返回的结果。

比如 iadd 指令用于将两个 int 型的数值相加，它要求执行之前操作数栈已经存在两个 int 型数值，在 iadd 指令执行时，两个 int 型数值从操作数栈中出栈，相加求和，然后将求和的结果重新入栈。1 + 2 对应的指令执行过程，如图 2-6 所示。

整个 JVM 指令执行的过程就是局部变量表与操作数栈之间不断加载、存储的过程，如图 2-7 所示。

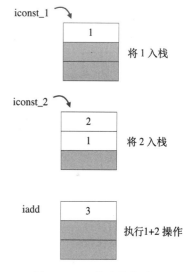

图 2-6 1+2 指令执行过程

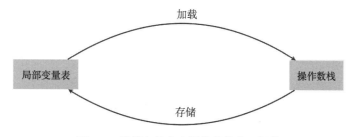

图 2-7 局部变量表和操作数栈的互操作

那么，如何计算操作数栈的最大值？操作数栈容量最大值对应方法 Code 属性的 max_stack，表示当前方法的操作数栈在执行过程中任何时间点的最大深度。调用一个成员方法会将 this 和所有参数入栈，调用完毕 this 和参数都会出栈。如果方法有返回值，会将返回值入栈。代码示例如下。

```
public void foo() {
    bar(1, 1, 2);
}

public void bar(int a, int b, int c) {
}
```

foo 方法的 max_stack 等于 4，因为调用 bar 方法会将 this、1、1、2 这四个变量压栈到栈上，栈的深度为 4，调用完后全部出栈。

如果 bar 方法后面再调用一个参数个数小于 3 的方法，比如下面代码中的 bar1，foo 方法的 max_stack 还是等于 4，因为方法调用过程中，操作数栈的最大深度还是调用 bar 方法产生的。

```
public void foo() {
    // stack=4, max_stack=4
    bar(1, 1, 2);
    // stack=2, max_stack=4
    bar1(1);
}

public void bar(int a, int b, int c) {
}
public void bar1(int a) {
}
```

如果 bar 方法后面再调用一个参数个数大于 3 的方法，比如下面代码中的 bar2，会将 this、1、2、3、4、5 入栈，max_stack 变为 6。

```
public void foo() {
    // stack=4, max_stack=4
    bar(1, 1, 2);
    // stack=2, max_stack=4
    bar1(1);
    // stack=6, max_stack=6
    bar2(1, 2, 3, 4, 5);
}
public void bar(int a, int b, int c) {
}
public void bar1(int a) {
}
public void bar2(int a, int b, int c ,int d, int e) {
}
```

计算 stack 的方式如下：遇到入栈的字节码指令，stack+=1 或者 stack+=2（根据不同的指令类型），遇到出栈的字节码指令，stack 则相应减少，这个过程中 stack 的最大值就是 max_stack，也就是 javap 输出的 stack 的值，计算过程的伪代码如下所示。

```
push(Type t) {
```

```
        stack = stack + width(t);
        if (stack > max_stack) max_stack = stack;
}

pop(Type t) {
        stack = stack - width(t);
}
```

有了栈帧的概念，接下来理解字节码指令就容易很多了，从下一节开始，我们将分类型讲解字节码指令。

2.3　字节码指令

本节首先介绍加载、存储指令，这一部分知识是后面章节的基础，随后介绍条件跳转、for 循环、switch-case、try-catch-finally 底层实现原理，最后介绍对象相关的字节码指令。

2.3.1　加载和存储指令

加载（load）和存储（store）相关的指令是使用得最频繁的指令，分为 load 类、store 类、常量加载这三种。

1）load 类指令是将局部变量表中的变量加载到操作数栈，比如 iload_0 将局部变量表中下标为 0 的 int 型变量加载到操作数栈上，根据不同的数据变量类型还有 lload、fload、dload、aload 这些指令，分别表示加载局部变量表中 long、float、double、引用类型的变量。

2）store 类指令是将栈顶的数据存储到局部变量表中，比如 istore_0 将操作数栈顶的元素存储到局部变量表中下标为 0 的位置，这个位置的元素类型为 int，根据不同的数据变量类型还有 lstore、fstore、dstore、astore 这些指令。

3）常量加载相关的指令，常见的有 const 类、push 类、ldc 类。const、push 类指令是将常量值直接加载到操作数栈顶，比如 iconst_0 是将整数 0 加载到操作数栈上，bipush 100 是将 int 型常量 100 加载到操作数栈上。ldc 指令是从常量池加载对应的常量到操作数栈顶，比如 ldc #10 是将常量池中下标为 10 的常量数据加载到操作数栈上。

为什么同是 int 型常量，加载需要分这么多类型呢？这是为了使字节码更加紧凑，int 型常量值根据值 n 的范围，使用的指令按照如下的规则。

❑ 若 n 在 [-1, 5] 范围内，使用 iconst_n 的方式，操作数和操作码加一起只占一个字节。比如 iconst_2 对应的十六进制为 0x05。-1 比较特殊，对应的指令是 iconst_m1(0x02)。

❑ 若 n 在 [-128, 127] 范围内，使用 bipush n 的方式，操作数和操作码一起只占两个字节。比如 n 值为 100(0x64) 时，bipush 100 对应十六进制为 0x1064。

❑ 若 n 在 [-32768, 32767] 范围内，使用 sipush n 的方式，操作数和操作码一起只占三个字节，比如 n 值为 1024(0x0400) 时，对应的字节码为 sipush 1024(0x110400)。

❑ 若 n 在其他范围内，则使用 ldc 的方式，这个范围的整数值被放在常量池中，比如 n 值为 40000 时，40000 被存储到常量池中，加载的指令为 ldc #i，i 为常量池的索引值。完整的加载存储指令见表 2-2 所示。

表 2-2　存储指令列表

指令名	描　　述
aconst_null	将 null 入栈到栈顶
iconst_m1	将 int 类型值 −1 压栈到栈顶
iconst_<n>	将 int 类型值 n(0~5) 压栈到栈顶
lconst_<n>	将 long 类型值 n(0~1) 压栈到栈顶
fconst_<n>	将 float 类型值 n(0~2) 压栈到栈顶
dconst_<n>	将 double 类型值 n(0~1) 压栈到栈顶
bipush	将范围在 −128~127 的整型值压栈到栈顶
sipush	将范围在 −32768~32767 的整型值压栈到栈顶
ldc	将 int、float、String 类型的常量值从常量池压栈到栈顶
ldc_w	作用同 ldc，不同的是 ldc 的操作码是一个字节，ldc_w 的操作码是两个字节，即 ldc 只能寻址 255 个常量池的索引值，ldc_w 则能寻址 2 个字节长度，可以覆盖常量池所有的值
ldc2_w	ldc2_w 将 long 或 double 类型常量值从常量池压栈到栈顶，它的寻址范围也是两个字节
<T>load	将局部变量表中指定位置的类型为 T 的变量加载到栈上，T 可以为 i、l、f、d、a，分别表示 int、long、float、double、引用类型
<T>load_<n>	将局部变量表中下标为 n(0~3) 的类型为 T 的变量加载到栈上，T 可以为 i、l、f、d、a
<T>aload	将指定数组中特定位置的类型为 T 的变量加载到栈上，T 可以为 i、l、f、d、a、b、c、s 分别表示 int、long、float、double、引用类型、boolean 或者 byte、char、short 类型
<T>store	将栈顶类型为 T 的数据存储到局部变量表的指定位置，T 可以为 i、l、f、d、a
<T>store_<n>	将栈顶类型为 T 的数据存储到局部变量表下标为 n(0~3) 的位置，T 可以为 i、l、f、d、a
<T>astore	将栈顶类型为 T 的数据存储到数组的指定位置，T 可以为 i、l、f、d、a、b、c、s 分别表示 int、long、float、double、引用类型、boolean 或者 byte、char、short 类型

字节码指令的别名很多是使用简写的方式，比如 ldc 是 load constant 的简写，bipush 对应 byte immediate push，sipush 对应 short immediate push。

2.3.2　操作数栈指令

常见的操作数栈指令有 pop、dup 和 swap。pop 指令用于将栈顶的值出栈，一个常见的场景是调用了有返回值的方法，但是没有使用这个返回值，比如下面的代码。

```
public String foo() {
    return "";
}
public void bar() {
    foo();
}
```

对应字节码如下所示。

```
0: aload_0
1: invokevirtual #13                    // Method foo:()Ljava/lang/String;
4: pop
5: return
```

第 4 行有一个 pop 指令用于弹出调用 bar 方法的返回值。

dup 指令用来复制栈顶的元素并压入栈顶，后面讲到创建对象的时候会用到 dup 指令。swap 用于交换栈顶的两个元素，如图 2-8 所示。

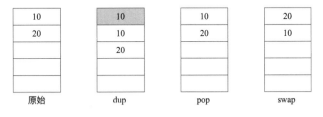

图 2-8　dup、pop、swap 指令

还有几个稍微复杂一点的栈操作指令：dup_x1、dup2_x1 和 dup2_x2。下面以 dup_x1 为例来讲解。dup_x1 是复制操作数栈栈顶的值，并插入栈顶以下 2 个值，看起来很绕，把它拆开来看其实分了五步，如图 2-9 所示。

```
v1 = stack.pop(); // 弹出栈顶的元素，记为 v1
v2 = stack.pop(); // 再次弹出栈顶的元素，记为 v2
state.push(v1);   // 将 v1 入栈
state.push(v2);   // 将 v2 入栈
state.push(v1);   // 再次将 v1 入栈
```

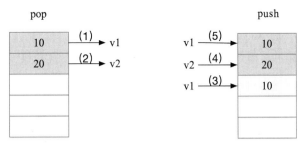

图 2-9　dup_x1 示意

接下来看一个 dup_x1 指令的实际例子，代码如下。

```
public class Hello {
    private int id;
    public int incAndGetId() {
        return ++id;
```

```
        }
    }
```

incAndGetId 方法对应的字节码如下。

```
public int incAndGetId();
    0: aload_0
    1: dup
    2: getfield      #2                  // Field id:I
    5: iconst_1
    6: iadd
    7: dup_x1
    8: putfield      #2                  // Field id:I
   11: ireturn
```

假如 id 的初始值为 42，调用 incAndGetId 方法执行过程中操作数栈的变化如图 2-10 所示。

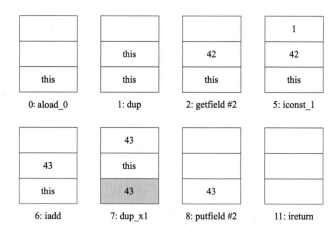

图 2-10　调用 incAndGetId 方法示例操作数栈变化过程

第 0 行：aload_0 将 this 加载到操作数栈上。

第 1 行：dup 指令将复制栈顶的 this，现在操作数栈上有两个 this，栈上的元素是 [this, this]。

第 2 行：getfield #2 指令将 42 加载到栈上，同时将一个 this 出栈，栈上的元素变为 [this, 42]。第 5 行：iconst_1 将常量 1 加载到栈上，栈中元素变为 [this, 42, 1]。

第 6 行：iadd 将栈顶的两个值出栈相加，并将结果 43 放回栈上，现在栈中的元素是 [this, 43]。

第 7 行：dup_x1 将栈顶的元素 43 插入 this 之下，栈中元素变为 [43, this, 43]。

第 8 行：putfield #2 将栈顶的两个元素 this 和 43 出栈，现在栈中元素只剩下栈顶的 [43]，最后的 ireturn 指令将栈顶的 43 出栈返回。

完整的操作数栈指令介绍如表 2-3 所示。

表 2-3　操作数栈指令

指令名	字节码	描　　述
pop	0x57	将栈顶数据（非 long 和 double）出栈
pop2	0x58	弹出栈顶一个 long 或 double 类型的数据或者两个其他类型的数据
dup	0x59	复制栈顶数据并将复制的数据入栈
dup_x1	0x5A	复制栈顶数据并将复制的数据插入到栈顶第二个元素之下
dup_x2	0x5B	复制栈顶数据并将复制的数据插入到栈顶第三个元素之下
dup2	0x5C	复制栈顶两个数据并将复制的数据入栈
dup2_x1	0x5D	复制栈顶两个数据并将复制的数据插入到栈第二个元素之下
dup2_x2	0x5E	复制栈顶两个数据并将复制的数据插入到栈第三个元素之下
swap	0x5F	交换栈顶两个元素

2.3.3　运算和类型转换指令

Java 中有加减乘除等相关的语法，针对字节码也有对应的运算指令，如表 2-4 所示。

表 2-4　运算指令

Operator	int	long	float	double
+	iadd	ladd	fadd	dadd
−	isub	lsub	fsub	dsub
/	idiv	ldiv	fdiv	ddiv
*	imul	lmul	fmul	dmul
%	irem	lrem	frem	drem
negate(-)	ineg	lneg	fneg	dneg
&	iand	land	—	—
		ior	lor	—	—
^	ixor	lxor	—	—

如果需要进行运算的数据类型不一样，会涉及类型转换（cast），比如下面的浮点数 1.0 与整数 1 相加的运算。

```
1.0 + 1
```

按照直观的想法，加法操作对应的字节码指令如下所示。

```
fconst_1 // 将 1.0 入栈
iconst_1 // 将 1 入栈
fadd
```

但 fadd 指令值只支持对两个 float 类型的数据做相加操作，为了支持这种运算，JVM 会先把两个数据类型转换为一样，但精度可能出问题。为了能将 1.0 和 1 相加，int 型数据需要转为 float 型数据，然后调用 fadd 指令进行相加，如下面的代码所示。

```
fconst_1 // 将 1.0 入栈
iconst_1 // 将 1 入栈
i2f      // 将栈顶的 1 的 int 转为 float
fadd     // 两个 float 值相加
```

虽然在 Java 语言层面，boolean、char、byte、short 是不同的数据类型，但是在 JVM 层面它们都被当作 int 来处理，不需要显式转为 int，字节码指令上也没有对应转换的指令。

有多种类型数据混合运算时，系统会自动将数据转为范围更大的数据类型，这种转换被称为宽化类型转换（widening）或自动类型转换，如图 2-11 所示。

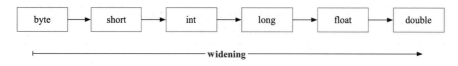

图 2-11　宽化类型转换

自动类型转换并不意味着不丢失精度，比如下面代码中将 int 值 "123456789" 转为 float 就出现了精度丢失的情况。

```
int n = 123456789;
float f = n; // f = 1.23456792E8
```

相对的，如果把大范围数据类型的数据强制转换为小范围数据类型，这种转换称为窄化类型转换（narrowing），比如把 long 转为 int，double 转为 float，如图 2-12 所示。

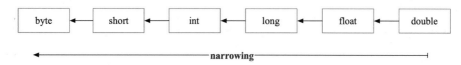

图 2-12　窄化类型转换

可想而知，这种强制类型转换的数值如果超过了目标类型的表示范围，可能会截断成完全不同的数值，比如 300 (byte) 等于 44。数值类型转换指令的完整列表如表 2-5 所示。

表 2-5　数值类型转换指令

type	int	long	float	double	byte	char	short
int	—	i2l	i2f	i2d	i2b	i2c	i2s
long	l2i	—	l2f	l2d	—	—	—
float	f2i	f2l	—	f2d	—	—	—
double	d2i	d2l	d2f	—	—	—	—

2.3.4　控制转移指令

控制转移指令用于有条件和无条件的分支跳转，常见的 if-then-else、三目表达式、for 循环、异常处理等都属于这个范畴。对应的指令集包括：

❑ 条件转移：ifeq、iflt、ifle、ifne、ifgt、ifgc、ifnull、ifnonnull、if_icmpeq、if_icmpne、if_icmplt, if_icmpgt、if_icmple、if_icmpge、if_acmpeq 和 if_acmpne。

❑ 复合条件转移：tableswitch、lookupswitch。

❑ 无条件转移：goto、goto_w、jsr、jsr_w、ret。

以下面代码中的 isPositive 方法为例，它的作用是判断一个整数是否为正数。

```java
public int isPositive(int n) {
    if (n > 0) {
        return 1;
    } else {
        return 0;
    }
}
```

对应的字节码如下所示。

```
0: iload_1
1: ifle 6
4: iconst_1
5: ireturn
6: iconst_0
7: ireturn
```

根据我们之前的分析，isPositive 方法局部变量表的大小为 2，第一个元素是 this，第二个元素是参数 n，接下来逐行解释上面的字节码。

第 0 行：iload_1 的作用是将局部变量表中下标为 1 的整型变量加载到操作数栈上，也就是加载参数 n。其中 iload_1 中的 i 表示要加载的变量是一个 int 类型。同时注意到 iload_1 后面跟了一个数字 1，它的作用是把局部变量表中下标为 1 的元素加载到栈顶，它属于 iload_<i> 指令组，其中 i 只能是 0、1、2、3。其实把 iload_1 写成 iload 1 也能获取正确的结果，但是编译的字节码会变长，在字节码执行时也需要获取和解析 1 这个额外的操作数。

第 1 行：ifle 指令的作用是将操作数栈顶元素出栈跟 0 进行比较，如果小于等于 0 则跳转到特定的字节码处，如果大于 0 则继续执行接下来的字节码。ifle 可以看作 "if less or equal" 的缩写，比较的值是 0。如果想要比较的值不是 0，需要用新的指令 if_icmple 表示 "if int compare less or equal xx"。

第 4 ~ 5 行：对应代码 "return 1;"，iconst_1 指令的作用是把常量 1 加载到操作数栈上，ireturn 指令的作用是将栈顶的整数 1 出栈返回，方法调用结束。

第 6 ~ 7 行：对应代码 " return 0;"，第 6 行 iconst_0 指令的作用是将常量 0 加载到操作数栈上，ireturn 指令的作用是将栈顶的整数 1 出栈返回，方法调用结束。

假设 n 等于 20，调用 isPositive 方法操作数栈的变化情况如图 2-13 所示。

控制转移指令完整的列表如表 2-6 所示。

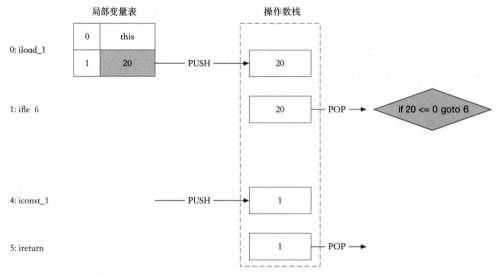

图 2-13　if 语句操作数栈变化过程

表 2-6　控制转移指令

指令名	字节码	描述
ifeq	0x99	如果栈顶 int 型变量等于 0，则跳转
ifne	0x9A	如果栈顶 int 型变量不等于 0，则跳转
iflt	0x9B	如果栈顶 int 型变量小于 0，则跳转
ifge	0x9C	如果栈顶 int 型变量大于等于 0，则跳转
ifgt	0x9D	如果栈顶 int 型变量大于 0，则跳转
ifle	0x9E	如果栈顶 int 型变量小于等于 0，则跳转
if_icmpeq	0x9F	比较栈顶两个 int 型变量，如果相等则跳转
if_icmpne	0xA0	比较栈顶两个 int 型变量，如果不相等则跳转
if_icmplt	0xA1	比较栈顶两个 int 型变量，如果小于则跳转
if_icmpge	0xA2	比较栈顶两个 int 型变量，如果大于等于则跳转
if_icmpgt	0xA3	比较栈顶两个 int 型变量，如果大于则跳转
if_icmple	0xA4	比较栈顶两个 int 型变量，如果小于等于则跳转
if_acmpeq	0xA5	比较栈顶两个引用类型变量，如果相等则跳转
if_acmpne	0xA6	比较栈顶两个引用类型变量，如果不相等则跳转
goto	0xA7	无条件跳转
tableswitch	0xAA	switch 条件跳转，case 值紧凑的情况下使用
lookupswitch	0xAB	switch 条件跳转，case 值稀疏的情况下使用

2.3.5　for 语句的字节码原理

纵观所有的字节码指令，并没有与 for 名字相关的指令，那 for 循环是如何实现的呢？

接下来以 sum 相加求和的例子来看 for 循环的实现细节，代码如下所示。

```
public int sum(int[] numbers) {
    int sum = 0;
    for (int number : numbers) {
        sum += number;
    }
    return sum;
}
```

上面代码对应的字节码如下。

```
 0: iconst_0
 1: istore_2
 2: aload_1
 3: astore_3
 4: aload_3
 5: arraylength
 6: istore        4
 8: iconst_0
 9: istore        5
11: iload         5
13: iload         4
15: if_icmpge     35
18: aload_3
19: iload         5
21: iaload
22: istore        6
24: iload_2
25: iload         6
27: iadd
28: istore_2
29: iinc          5, 1
32: goto          11
35: iload_2
36: ireturn
```

为了方便理解，这里先把对应的局部变量表的示意图画出来，如图 2-14 所示。

0	1	2	3	4	5	6
this	numbers	sum	$array	$len	$i	number ($array[$i])

图 2-14　for 循环局部变量表示意图

下面以 numbers 数组内容 [10, 20, 30] 为例来讲解上述的字节码的执行过程。

第 0 ~ 1 行：把常量 0 加载到操作数栈上，随后通过 istore_2 指令将 0 出栈赋值给局部变量表下标为 2 的元素，也就是给局部变量 sum 赋值为 0，如图 2-15 所示。

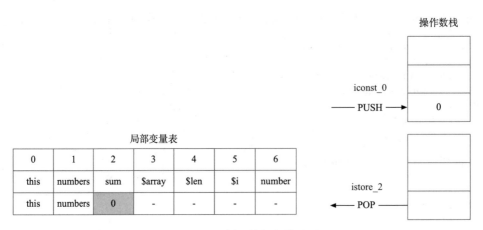

图 2-15　for 循环执行细节（1）

第 2 ～ 9 行用来初始化循环控制变量，其伪代码如下所示。

```
$array = numbers;
$len = $array.arraylength
$i = 0
```

第 2 ～ 3 行：aload_1 指令的作用是加载局部变量表中下标为 1 的变量（参数 numbers），astore_3 指令的作用是将栈顶元素存储到局部变量下标为 3 的位置上，记为 $array，如图 2-16 所示。

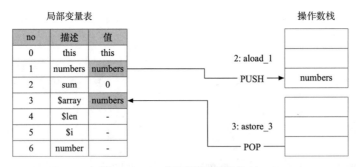

图 2-16　for 循环执行细节（2）

第 4 ～ 6 行：计算数组的长度，aload_3 加载 $array 到栈顶，调用 arraylength 指令获取数组长度存储到栈顶，随后调用 istore 4 将数组长度存储到局部变量表的第 4 个位置，这个变量是表示数组的长度值，记为 $len，过程如图 2-17 所示。

第 8 ～ 9 行：初始化数组遍历的下标初始值。iconst_0 将 0 加载到操作数栈上，随后 istore 5 将栈顶的 0 存储到局部变量表中的第 5 个位置，这个局部变量是数组遍历的下标初始值，记为 $i，如图 2-18 所示。

11 ～ 32 行是真正的循环体，详细介绍如下。

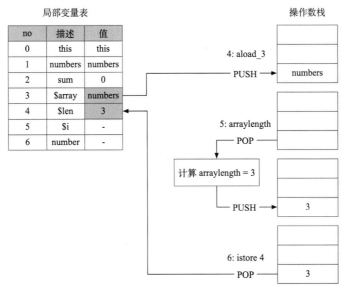

图 2-17　for 循环执行细节（3）

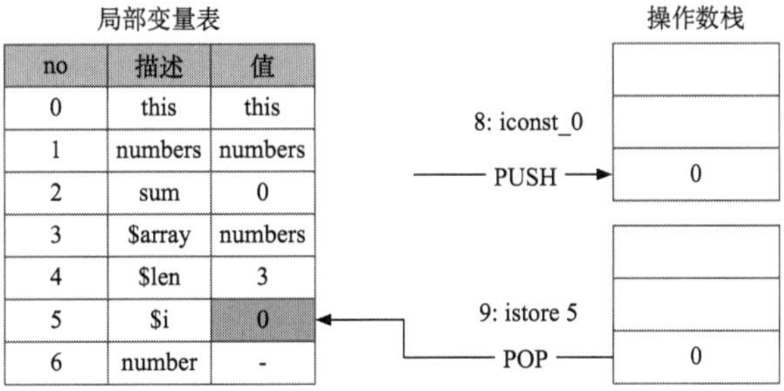

图 2-18　for 循环执行细节（4）

第 11 ～ 15 行的作用是判断循环能否继续。这部分的字节码如下所示。

```
11: iload      5
13: iload      4
15: if_icmpge  35
```

首先通过 iload 5 和 iload 4 指令加载 $i 和 $len 到栈顶，然后调用 if_icmpge 进行比较，如果 $i >= $len，直接跳转到第 35 行指令处，for 循环结束；如果 $i < $len 则继续往下执行循环体，可以用如下伪代码表示。

```
if ($i >= $len) goto 35;
```

过程如图 2-19 所示。

第 18 ～ 22 行的作用是把 $array[$i] 赋值给 number。aload_3 加载 $array 到栈上，iload

5 加载 $i 到栈上，然后 iaload 指令把下标为 $i 的数组元素加载到操作数栈上，随后 istore 6 将栈顶元素存储到局部变量表下标为 6 的位置上，过程如图 2-20 所示。

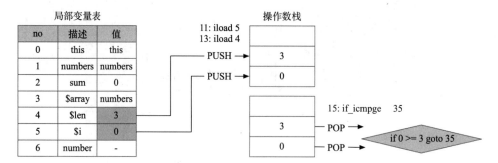

图 2-19　for 循环执行细节（5）

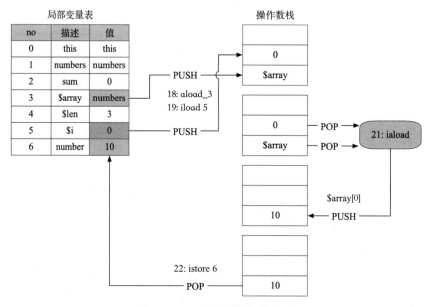

图 2-20　for 循环执行细节（6）

第 24 ～ 28 行：iload_2 和 iload 6 指令把 sum 和 number 值加载到操作数栈上，然后执行 iadd 指令进行整数相加，过程如图 2-21 所示。

第 29 行："iinc 5, 1"指令对执行循环后的 $i 加一。iinc 指令比较特殊，之前介绍的指令都是基于操作数栈来实现功能，它则是直接对局部变量进行自增，不用先入栈、执行加一操作，再将结果出栈存储到局部变量表，因此效率非常高，适合循环结构，如图 2-22 所示。

第 32 行：goto 11 指令的作用是跳转到第 11 行继续进行循环条件的判断。

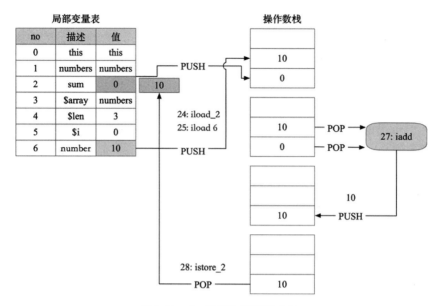

图 2-21　for 循环执行细节（7）

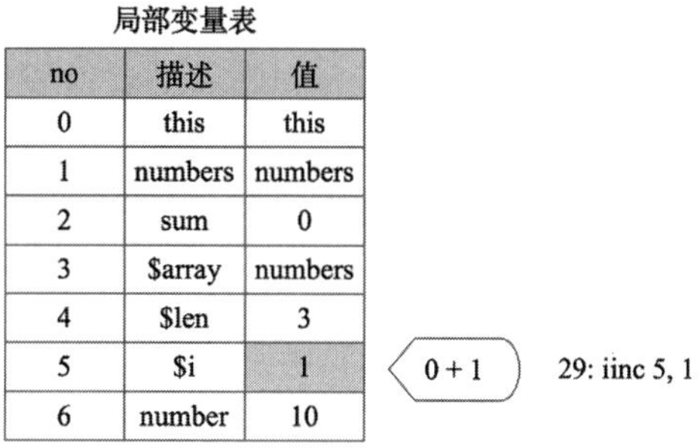

图 2-22　for 循环执行细节（8）

上述字节码用伪代码表示就是：

```
@start: if ($i >= $len) return;
$item = $array[$i];
sum += $item;
++ $i
goto @start
```

整段代码的逻辑看起来非常熟悉，可以用下面的 Java 代码表示。

```
int sum = 0;
for (int i = 0; i < numbers.length; i++) {
    sum += numbers[i];
}
return sum;
```

由此可见，for(item : array) 就是一个语法糖，字节码会让它现出原形，回归它的本质。

2.3.6 switch-case 底层实现原理

如果让我们来实现一个 switch-case 语法，会如何做呢？是通过一个个 if-else 语句来判断吗？这样明显效率非常低。通过分析 switch-case 的字节码，可以知道编译器使用了 tableswitch 和 lookupswitch 两条指令来生成 switch 语句的编译代码。为什么会有两条指令呢？这是基于效率的考量，接下来进行详细分析。代码示例如下。

```
int chooseNear(int i) {
    switch (i) {
        case 100: return 0;
        case 101: return 1;
        case 104: return 4;
        default: return -1;
    }
}
```

对应的字节码如下所示。

```
0: iload_1
1: tableswitch    { // 100 to 104
           100: 36
           101: 38
           102: 42
           103: 42
           104: 40
       default: 42
}

42: iconst_m1
43: ireturn
```

细心的同学会发现，代码的 case 中并没有出现 102、103，但字节码中却出现了。原因是编译器会对 case 的值做分析，如果 case 的值比较"紧凑"，中间有少量断层或者没有断层，会采用 tableswitch 来实现 switch-case；如果 case 值有少量断层，会生成一些虚假的 case 帮忙补齐，这样可以实现 O(1) 时间复杂度的查找。case 值已经被补齐为连续的值，通过下标就可以一次找到，这部分伪代码如下所示。

```
int val = pop();              // pop an int from the stack
if (val < low || val > high) {  // if its less than <low> or greater than <high>,
    pc += default;            // branch to default
} else {                      // otherwise
    pc += table[val - low];   // branch to entry in table
}
```

再来看一个 case 值断层严重的例子，代码如下所示。

```
int chooseFar(int i) {
    switch (i) {
        case 1: return 1;
        case 10: return 10;
        case 100: return 100;
        default: return -1;
    }
}
```

对应字节码如下所示。

```
0: iload_1
1: lookupswitch  { // 3
            1: 36
           10: 38
          100: 41
      default: 44
}
```

如果还是采用前面 tableswitch 补齐的方式，就会生成上百个假 case 项，class 文件会爆炸式增长，这种做法显然不合理。为了解决这个问题，可以使用 lookupswitch 指令，它的键值都是经过排序的，在查找上可以采用二分查找的方式，时间复杂度为 O(log n)。

从上面的介绍可以知道，switch-case 语句 在 case 比较"稀疏"的情况下，编译器会使用 lookupswitch 指令来实现，反之，编译器会使用 tableswitch 来实现。我们在第 4 章会介绍编译器是如何来判断 case 值的稀疏程度的。

2.3.7　String 的 switch-case 实现的字节码原理

前面我们已经知道 switch-case 依据 case 值的稀疏程度，分别由两个指令——tableswitch 和 lookupswitch 实现，但这两个指令都只支持整型值，那编译器是如何让 String 类型的值也支持 switch-case 的呢？本节我们将介绍这背后的实现细节，以下面的代码为例。

```
public int test(String name) {
    switch (name) {
        case "Java":
            return 100;
        case "Kotlin":
            return 200;
        default:
            return -1;
    }
}
```

对应的字节码如下所示。

```
 0: aload_1
 1: astore_2
```

```
  2: iconst_m1
  3: istore_3

  4: aload_2
  5: invokevirtual #2                   // Method java/lang/String.hashCode:()I
  8: lookupswitch { // 2
     -2041707231: 50 // 对应 "Kotlin".hashCode()
         2301506: 36 // 对应 "Java".hashCode()
         default: 61
     }

 36: aload_2
 37: ldc           #3                   // String Java
 39: invokevirtual #4                   // Method java/lang/String.equals:(Ljava/
lang/Object;)Z
 42: ifeq          61
 45: iconst_0
 46: istore_3
 47: goto          61

 50: aload_2
 51: ldc           #5                   // String Kotlin
 53: invokevirtual #4                   // Method java/lang/String.equals:(Ljava/
lang/Object;)Z
 56: ifeq          61
 59: iconst_1
 60: istore_3

 61: iload_3
 62: lookupswitch  { // 2
               0: 88
               1: 91
         default: 95
     }

// 88 ~ 90
 88: bipush        100
 90: ireturn

 91: sipush        200
 94: ireturn

 95: iconst_m1
 96: ireturn
```

为了方便理解，这里先画出了局部变量表的布局图，如图 2-23 所示。

第 0 ～ 3 行：做初始化操作，把入参 name 赋值给局部变量表下标为 2 的变量，记为 tmpName，初始化局部变量表中位置为 3 的变量为 −1，记为 matchIndex。

0	1	2	3
this	name	tmpName	matchIndex

图 2-23　switch-case 局部变量表

第 4 ~ 8 行：调用 tmpName 的 hashCode 方法，得到一个整型值。因为哈希值一般都比较离散，所以没有选用 tableswitch 而是用 lookupswitch 来作为 switch-case 的实现。

第 36 ~ 47 行：如果 hashCode 等于字符串 "Java" 的 hashCode 会跳转到第 36 行继续执行。首先调用字符串的 equals 方法进行比较，看是否相等。判断是否相等使用的指令是 ifeq，它的含义是如果等于 0 则跳转到对应字节码行处，实际上是等于 false 时跳转。这里如果相等则把 matchIndex 赋值为 0。

第 61 ~ 96 行：进行最后的 case 分支执行。这一段比较好理解，不再继续分析。

结合上面的字节码解读，可以推演出对应的 Java 代码实现，如代码清单 2-1 所示。

代码清单 2-1　String 的 switch-case 等价实现代码

```java
public int test_translate(String name) {
    String tmpName = name;
    int matchIndex = -1;
    switch (tmpName.hashCode()) {
        case -2041707231:
            if (tmpName.equals("Kotlin")) {
                matchIndex = 1;
            }
            break;
        case 2301506:
            if (tmpName.equals("Java")) {
                matchIndex = 0;
            }
            break;
        default:
            break;
    }
    switch (matchIndex) {
        case 0:
            return 100;
        case 1:
            return 200;
        default:
            return -1;
    }
}
```

看到这里细心的读者可能会问，字符串的 hashCode 冲突时要怎样处理，比如 "Aa" 和 "BB" 的 hashCode 都是 2112。以下面的代码为例，学习 case 值 hashCode 相同时编译器是如何处理的。

```
public int testSameHash(String name) {
    switch (name) {
        case "Aa":
            return 100;
        case "BB":
            return 200;
        default:
            return -1;
    }
}
```

对应的字节码如代码清单 2-2 所示。

代码清单 2-2　相同 hashCode 值的 String switch-case 字节码

```
public int testSameHash(java.lang.String);
descriptor: (Ljava/lang/String;)I
flags: ACC_PUBLIC
Code:
  stack=2, locals=4, args_size=2
     0: aload_1
     1: astore_2
     2: iconst_m1
     3: istore_3

     4: aload_2
     5: invokevirtual #2          // Method java/lang/String.hashCode:()I
     8: lookupswitch   { // 1
                 2112: 28
              default: 53
         }

    28: aload_2
    29: ldc            #3         // String BB
    31: invokevirtual #4          // Method java/lang/String.equals:(Ljava/lang/
Object;)Z
    34: ifeq           42
    37: iconst_1
    38: istore_3
    39: goto           53

    42: aload_2
    43: ldc            #5         // String Aa
    45: invokevirtual #4          // Method java/lang/String.equals:(Ljava/lang/
Object;)Z
    48: ifeq           53
    51: iconst_0
    52: istore_3

    53: iload_3
    54: lookupswitch   { // 2
                    0: 80
```

```
                     1: 83
              default: 87
      }
 80: bipush        100
 82: ireturn
 83: sipush        200
 86: ireturn
 87: iconst_m1
 88: ireturn
```

可以看到 34 行 在 hashCode 冲突的情况下，编译器的处理不过是多一次调用字符串 equals 判断相等的比较。与 BB 不相等的情况，会继续判断是否等于 Aa，翻译为 Java 源代码如代码清单 2-3 所示。

代码清单 2-3　相同 hashCode 值的 String switch-case 等价实现

```java
public int testSameHash_translate(String name) {
    String tmpName = name;
    int matchIndex = -1;

    switch (tmpName.hashCode()) {
        case 2112:
            if (tmpName.equals("BB")) {
                matchIndex = 1;
            } else if (tmpName.equals("Aa")) {
                matchIndex = 0;
            }
            break;
        default:
            break;
    }

    switch (matchIndex) {
        case 0:
            return 100;
        case 1:
            return 200;
        default:
            return -1;
    }
}
```

前面介绍了 String 的 swich-case 实现，里面用到了字符串的 hashCode 方法，那如何快速构造两个 hashCode 相同的字符串呢？这要从 hashCode 的源码说起，String 类 hashCode 的代码如代码清单 2-4 所示。

代码清单 2-4　String 的 hashCode 源码

```java
public int hashCode() {
    int h = hash;
```

```
        if (h == 0 && value.length > 0) {
            char val[] = value;

            for (int i = 0; i < value.length; i++) {
                h = 31 * h + val[i];
            }
            hash = h;
        }
        return h;
    }
```

假设要构造的字符串只有两个字符，用"ab"和"cd"，上面的代码就变成了如果两个 hashCode 相等，则满足下面的公式。

```
a * 31 + b = c * 31 + d
31*(a-c)=d-b
```

其中一个特殊解是 a−c=1, d−b=31，也就是只有两个字符的字符串"ab"与"cd"满足 a−c=1, d−b=31，这两个字符串的 hashCode 就一定相等，比如"Aa"和"BB"，"Ba"和"CB"，"Ca"和"DB"，依次类推。

2.3.8 ++i 和 i++ 的字节码原理

在面试中经常会被问到 ++i 与 i++ 相关的陷阱题，关于 i++ 和 ++i 的区别，我自己在刚学编程时是比较困惑的，下面我们从字节码的角度来看 ++i 与 i++ 到底是如何实现的。

首先来看一段 i++ 的陷阱题，如代码清单 2-5 所示。

代码清单 2-5　i++ 代码示例

```
public static void foo() {
    int i = 0;
    for (int j = 0; j < 50; j++) {
        i = i++;
    }
    System.out.println(i);
}
```

执行上述代码输出结果是 0，而不是 50，源码"i = i++;"对应的字节码如下所示。

```
...
10: iload_0
11: iinc          0, 1
14: istore_0
...
```

接下来逐行解释上面的字节码。

第 10 行：iload_0 把局部变量表 slot = 0 的变量 (i) 加载到操作数栈上。

第 11 行："iinc 0, 1"对局部变量表 slot = 0 的变量 (i) 直接加 1，但是这时候栈顶的元素没有变化，还是 0。

第 14 行：istore_0 将栈顶元素出栈赋值给局部变量表 slot = 0 的变量，也就是 i。此时，局部变量 i 又被赋值为 0，前面的 iinc 指令对 i 的加一操作被覆盖，如图 2-24 所示。

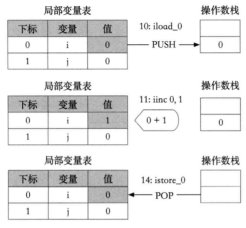

图 2-24　i=i++ 执行过程

可以用下面的伪代码来表示 i = i++ 的执行过程。

```
tmp = i;
i = i + 1;
i = tmp;
```

因此可以得知，"i = i++;"在字节码层面是先把 i 的值加载到操作数栈上，随后才对局部变量 i 执行加一操作，留在操作数栈顶的还是 i 的旧值。如果把栈顶值赋值给 i，则这个变量得到的是 i 加一之前的值。

把上面的代码稍作修改，将 i++ 改为 ++i，如代码清单 2-6 所示。

代码清单 2-6　++i 代码示例

```
public static void foo() {
    int i = 0;
    for (int j = 0; j < 50; j++)
        i = ++i;
    System.out.println(i);
}
```

代码对应的字节码如下所示。

```
...
10: iinc          0, 1
13: iload_0
14: istore_0
...
```

i = ++i 对应的字节码还是第 10 ～ 14 行,可以看出"i = ++i;"先对局部变量表下标为 0 的变量加 1,然后才把它加载到操作数栈上,随后又从操作数栈上出栈赋值给局部变量表中下标为 0 的变量。

整个过程的局部变量表和操作数栈的变化如图 2-25 所示。

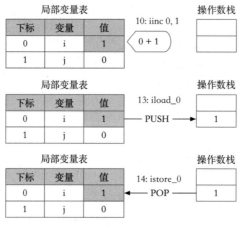

图 2-25 ++i 字节码

i = ++i 可以用下面的伪代码来表示。

```
i = i + 1;
tmp = i;
i = tmp;
```

因此可以得知,"j=++i;"实际上是对局部变量 i 做了加一操作,然后才把最新的 i 值加载到操作数上,随后赋值给变量 j。

再来看一道难一点的题目,完整的代码如下所示。

```
public static void bar() {
    int i = 0;
    i = i++ + ++i;
    System.out.println("i=" + i);
}
```

对应的字节码如下。

```
 0: iconst_0
 1: istore_0

 2: iload_0
 3: iinc          0, 1

 6: iinc          0, 1
 9: iload_0
```

```
10: iadd
11: istore_0
```

从第 2 行开始每一步操作数栈和局部变量表的变化过程见图 2-26 所示。

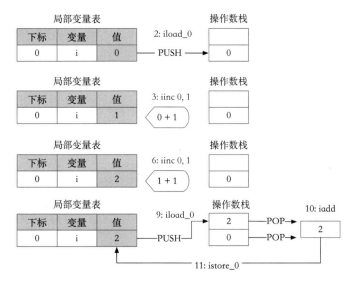

图 2-26   iinc 字节码

整个过程可以用下面的伪代码来表示。

```
i = 0;

tmp1 = i;
i = i + 1;

i = i + 1
tmp2 = i;

tmpSum = tmp1 + tmp2;

i = tmpSum;
```

2.3.9   try-catch-finally 的字节码原理

Java 中有一个非常重要的内容是 try-catch-finally 的执行顺序和返回值问题，大部分书里说过 finally 一定会执行，但是为什么是这样？下面来看看 try-catch-finally 这个语法糖背后的实现原理。

1. try-catch 字节码分析

下面是一个简单的 try-catch 的例子。

```java
public class TryCatchFinallyDemo {
    public void foo() {
        try {
            tryItOut1();
        } catch (MyException1 e) {
            handleException(e);
        }
    }
}
```

对应的字节码如下所示。

```
 0: aload_0
 1: invokevirtual #2          // Method tryItOut1:()V
 4: goto          13
 7: astore_1
 8: aload_0
 9: aload_1
10: invokevirtual #4          // Method handleException:(Ljava/lang/Exception;)V
13: return
Exception table:
 from    to  target type
    0     4       7   Class MyException1
```

第 0 ～ 1 行：aload_0 指令加载 this，随后使用 invokevirtual 指令调用 tryItOut1 方法，关于 invokevirtual 的详细用法在第 3 章会介绍，这里只需要知道 invokevirtual 是方法调用指令即可。

第 4 行：goto 语句是如果 tryItOut1 方法不抛出异常就会跳转到第 13 行继续执行 return 指令，方法调用结束。如果有异常抛出，将如何处理呢？

从第 1 章的内容可以知道，当方法包含 try-catch 语句时，在编译单元生成的方法的 Code 属性中会生成一个异常表（Exception table），每个异常表项表示一个异常处理器，由 from 指针、to 指针、target 指针、所捕获的异常类型 type 四部分组成。这些指针的值是字节码索引，用于定位字节码。其含义是在 [from, to) 字节码范围内，如果抛出了异常类型为 type 的异常，就会跳转到 target 指针表示的字节码处继续执行。

上面例子中的 Exception table 表示，在 0 到 4 之间（不包含 4）如果抛出了类型为 MyException1 或其子类异常，就跳转到 7 继续执行。

值得注意的是，当抛出异常时，Java 虚拟机会自动将异常对象加载到操作数栈栈顶。

第 7 行：astore_1 将栈顶的异常对象存储到局部变量表中下标为 1 的位置。

第 8 ～ 10 行：aload_0 和 aload_1 分别加载 this 和异常对象到栈上，最后执行 invokevirtual #4 指令调用 handleException 方法。

异常处理逻辑的操作数栈和局部变量表变化过程如图 2-27 所示。

下面我们来看在有多个 catch 语句的情况下，虚拟机是如何处理的，以代码清单 2-7 为例。

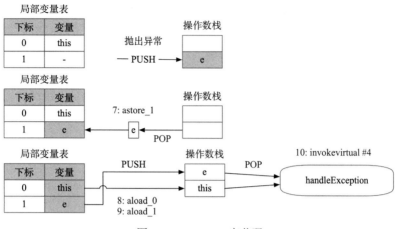

图 2-27   try-catch 字节码

代码清单 2-7   多 catch 语句

```
public void foo() {
    try {
        tryItOut2();
    } catch (MyException1 e) {
        handleException1(e);
    } catch (MyException2 e) {
        handleException2(e);
    }
}
```

对应字节码如下。

```
 0: aload_0
 1: invokevirtual #5 // Method tryItOut2:()V
 4: goto          22
// 第一个 catch 部分内容
 7: astore_1
 8: aload_0
 9: aload_1
10: invokevirtual #6 // Method handleException1:(Ljava/lang/Exception;)V
13: goto          22
// 第二个 catch 部分内容
16: astore_1
17: aload_0
18: aload_1
19: invokevirtual #8 // Method handleException2:(Ljava/lang/Exception;)V
22: return

Exception table:
from    to  target type
   0     4      7  Class MyException1
   0     4     16  Class MyException2
```

可以看到，多一个 catch 语句处理分支，异常表里面就会多一条记录，当程序出现异常时，Java 虚拟机会从上至下遍历异常表中所有的条目。当触发异常的字节码索引值在某个异常条目的 [from, to) 范围内，则会判断抛出的异常是否是想捕获的异常或其子类。

如果异常匹配，Java 虚拟机会将控制流跳转到 target 指向的字节码继续执行；如果不匹配，则继续遍历异常表。如果遍历完所有的异常表还未找到匹配的异常处理器，那么该异常将继续抛到调用方（caller）中重复上述的操作。

2. finally 字节码分析

很多 Java 学习资料中都有写：finally 语句块保证一定会执行。这一句简单的规则背后却不简单，之前我一直以为 finally 的实现是用简单的跳转来实现的，实际上并非如此。接下来我们一步步分析 finally 语句的底层原理，以代码清单 2-8 为例。

代码清单 2-8　finally 语句示例

```java
public void foo() {
    try {
        tryItOut1();
    } catch (MyException1 e) {
        handleException(e);
    } finally {
        handleFinally();
    }
}
```

对应的字节码如下所示。

```
 0: aload_0
 1: invokevirtual #2 // Method tryItOut1:()V
 //  添加 finally 语句块
 4: aload_0
 5: invokevirtual #9 // Method handleFinally:()V
 8: goto          31
 ---
11: astore_1
12: aload_0
13: aload_1
14: invokevirtual #4 // Method handleException:(Ljava/lang/Exception;)V
 //  添加 finally 语句块
17: aload_0
18: invokevirtual #9 // Method handleFinally:()V
21: goto          31
 ---
24: astore_2
25: aload_0
26: invokevirtual #9 // Method handleFinally:()V
29: aload_2
30: athrow
```

```
31: return
Exception table:
  from    to  target type
     0     4     11  Class MyException1
     0     4     24  any
    11    17     24  any
```

可以看到字节码中出现了三次调用 handleFinally 方法的 invokevirtual #9，都是在程序正常 return 和异常 throw 之前，其中两处在 try-catch 语句调用 return 之前，一处是在异常抛出 throw 之前。

第 0 ~ 3 行：执行 tryItOut1 方法。如果没有异常，就继续执行 handleFinally 方法；如果有异常，则根据异常表的映射关系跳转到对应的字节码处执行。

第 11 ~ 14 行：执行 catch 语句块中的 handleException 方法，如果没有异常就继续执行 handleFinally 方法，如果有异常则跳转到第 24 行继续执行。

第 24 ~ 30 行：负责处理 tryItOut1 方法抛出的非 MyException1 异常和 handleException 方法抛出的异常。

不用 finally 语句，只用 try-catch 语句实现的语义上近似（不完全等价）的代码如代码清单 2-9 所示。

代码清单 2-9　finally 语句等价实现

```java
public void foo() {
    try {
        tryItOut1();
        handleFinally();
    } catch (MyException1 e) {
        try {
            handleException(e);
            handleFinally();
        } catch (Throwable e2) {
            handleFinally();
            throw e2;
        }
    } catch (Throwable e) {
        handleFinally();
        throw e;
    }
}
```

由代码可知，现在的 Java 编译器采用复制 finally 代码块的方式，并将其内容插入到 try 和 catch 代码块中所有正常退出和异常退出之前。这样就解释了我们一直以来被灌输的观点，finally 语句块一定会执行。

有了上面的基础，就很容易理解在 finally 语句块中有 return 语句会发生什么。因为 finally 语句块插入在 try 和 catch 返回指令之前，finally 语句块中的 return 语句会"覆盖"其他的返回（包括异常），以代码清单 2-10 为例。

代码清单 2-10　finally 语句块中有 return 语句的情况

```
public int foo() {
    try {
        int a = 1 / 0;
        return 0;
    } catch (Exception e) {
        int b = 1 / 0;
        return 1;
    } finally {
        return 2;
    }
}
```

catch 语句对应的字节码如下所示。

```
...
 8: astore_1
 9: iconst_1
10: iconst_0
11: idiv
12: istore_2
13: iconst_1
14: istore_3
15: iconst_2
16: ireturn
...

Exception table:
 from    to  target type
    0     6       8  Class java/lang/Exception
    0     6      17  any
    8    15      17  any
   17    19      17  any
```

第 8 ～ 12 行字节码相当于源码中的 "int b = 1 / 0;"，第 13 行字节码 iconst_1 将整型常量值 1 加载到栈上，第 14 行字节码 istore_3 将栈顶的数值 1 暂存到局部变量中下标为 3 的元素中，第 15 行字节码 iconst_2 将整型常量 2 加载到栈上，第 16 行随后调用 ireturn 将其出栈值返回，方法调用结束。

可以看到，受 finally 语句 return 的影响，虽然 catch 语句中有 "return 1;"，在字节码层面只是将 1 暂存到临时变量中，没有机会执行返回，本例中 foo 方法的返回值为 2。

上面的代码在语义上与下面的代码清单 2-11 等价。

代码清单 2-11　finally 语句包含 return 的等价实现

```
public int foo() {
    try {
        int a = 1 / 0;
        int tmp = 0;
```

```
        return 2;
    } catch (Exception e) {
        try {
            int b = 1 / 0;
            int tmp = 1;
            return 2;
        } catch (Throwable e1) {
            return 2;
        }
    } catch (Throwable e) {
        return 2;
    }
}
```

接下来看看，在 finally 语句中修改 return 的值会发生什么，可以想想代码清单 2-12 中
foo 方法返回值是 100 还是 101。

代码清单 2-12　finally 语句修改了 return 值

```
public int foo() {
    int i = 100;
    try {
        return i;
    } finally {
        ++i;
    }
}
```

前面介绍过，在 finally 语句中包含 return 语句时，会将返回值暂存到临时变量中，这
个 finally 语句中的 ++i 操作只会影响 i 的值，不会影响已经暂存的临时变量的值。foo 返回
值为 100。foo 方法对应的字节码如下所示。

```
 0: bipush        100
 2: istore_1
 3: iload_1
 4: istore_2
 5: iinc          1, 1
 8: iload_2
 9: ireturn
10: astore_3
11: iinc          1, 1
14: aload_3
15: athrow

Exception table:
   from    to  target type
      3     5     10    any
```

第 0 ~ 2 行的作用是初始化 i 值为 100，bipush 100 的作用是将整数 100 加载到操作数栈上。第 3 ~ 4 行的作用是加载 i 值并将其存储到局部变量表中位置为 2 的变量中，这个变量在源代码中是没有出现的，是 return 之前的暂存值，记为 tmpReturn，此时 tmpReturn 的值为 100。第 5 行的作用是对局部变量表中 i 直接自增加一，这次自增并不会影响局部变量 tmpReturn 的值。第 8 ~ 9 行加载 tmpReturn 的值并返回，方法调用结束。第 10 ~ 15 行是第 3 ~ 4 行抛出异常时执行的分支。

整个过程如图 2-28 所示。

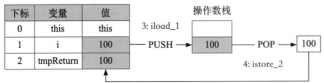

图 2-28　finally 中修改 return 值（1）

类似的陷阱题如代码清单 2-13 所示。

代码清单 2-13　finally 陷阱题

```
public String foo() {
    String s = "hello";
    try {
        return s;
    } finally {
        s = "xyz";
    }
}
```

对应的字节码如下所示。

```
0: ldc          #2              // String hello
2: astore_1
3: aload_1
```

```
 4: astore_2
 5: ldc              #3                    // String xyz
 7: astore_1
 8: aload_2
 9: areturn
10: astore_3
11: ldc              #3                    // String xyz
13: astore_1
14: aload_3
15: athrow
```

可以看到，第 0 ～ 2 行字节码加载字符串常量 "hello" 的引用赋值给局部变量 s。第 3 ～ 4 行将局部变量 s 的引用加载到栈上，随后赋值给局部变量表中位置为 2 的元素，这个变量在代码中并不存在，是一个临时变量，这里记为 tmp。第 5 ～ 7 行将字符串常量 "xyz" 的引用加载到栈上，随后赋值给局部变量 s。第 8~9 行加载局部变量 tmp 到栈顶，tmp 指向的依旧是字符串 "hello"，随后 areturn 将栈顶元素返回。上述过程如图 2-29 所示。

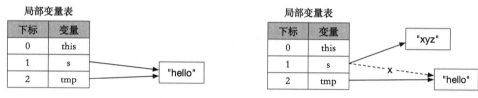

图 2-29　finally 中修改 return 值（2）

这个过程类似于下面的代码。

```
public String foo() {
    String s = "hello";
    String tmp = s;
    s = "xyz";
    return tmp;
}
```

到这里 try-catch-finally 语法背后的实现细节就介绍完了，接下来我们学习与之很相似的 try-with-resources 语法的底层原理。

2.3.10　try-with-resources 的字节码原理

try-with-resources 是 Java7 Project Coin 提案中引入的新的资源释放机制，Project Coin 的提交者声称 JDK 源码中 close 用法在释放资源时存在 bug。try-with-resources 的出现既可以减少代码出错的概率，也可以使代码更加简洁。下面以代码清单 2-14 为例开始介绍这一小节的内容。

代码清单 2-14　try-with-resources 代码示例

```
public static void foo() throws IOException {
```

```
try (FileOutputStream in = new FileOutputStream("test.txt")) {
    in.write(1);
}
}
```

在不用 try-with-resources 的情况下，我们很容易写出下面这种 try-finally 包裹起来的看似等价的代码。

```
public static void foo() throws IOException {
    FileOutputStream in = null;
    try {
        in = new FileOutputStream("test.txt");
        in.write(1);
    } finally {
        if (in != null) {
            in.close();
        }
    }
}
```

看起来好像没有什么问题，但是仔细想一下，如果 in.write() 抛出了异常，in.close() 也抛出了异常，调用者会收到哪个呢？我们回顾一下 Java 基础中 try-catch-finally 的内容，以代码清单 2-15 中的 bar 方法为例。

代码清单 2-15　finally 中有异常抛出的情况

```
public static void bar() {
    try {
        throw new RuntimeException("in try");
    } finally {
        throw new RuntimeException("in finally");
    }
}
```

调用 bar() 方法会抛出的异常如下所示。

```
Exception in thread "main" java.lang.RuntimeException: in finally
```

也就是说，try 中抛出的异常被 finally 抛出的异常淹没了，这也很好理解，从上一节介绍的内容可知 finally 中的代码块会在 try 抛出异常之前插入，即 try 抛出的异常被 finally 抛出的异常捷足先登先返回了。

因此在上面 foo 方法中 in.write() 和 in.close() 都抛出异常的情况下，调用方收到的是 in.close() 抛出的异常，in.write() 抛出的重要异常消失了，这往往不是我们想要的，那么怎样在抛出 try 中的异常同时又不丢掉 finally 中的异常呢？

接下来，我们来学习 try-with-resources 是怎么解决这个问题的。使用 javap 查看 foo 方法的字节码，部分输出如代码清单 2-16 所示。

代码清单 2-16　try-with-resources 字节码

```
...
17: aload_0
18: invokeinterface #4,  1   // InterfaceMethod java/lang/AutoCloseable.close:()V
23: goto          86
...
26: astore_2
27: aload_1
28: aload_2
29: invokevirtual #6         // Method java/lang/Throwable.addSuppressed:(Ljava/
lang/Throwable;)V
32: goto          86
...
86: return
Exception table:
     from    to  target  type
       17    23      26  Class java/lang/Throwable
        6     9      44  Class java/lang/Throwable
        6     9      49  any
       58    64      67  Class java/lang/Throwable
       44    50      49  any
```

可以看到，第 29 行出现了一个源代码中并没有出现的 Throwable.addSuppressed 方法调用，接下来我们来看这里面的玄机。

Java 7 中为 Throwable 类增加了 addSuppressed 方法。当一个异常被抛出的时候，可能有其他异常因为该异常而被抑制，从而无法正常抛出，这时可以通过 addSuppressed 方法把被抑制的异常记录下来，这些异常会出现在抛出的异常的堆栈信息中；也可以通过 getSuppressed 方法来获取这些异常。这样做的好处是不会丢失任何异常，方便开发人员进行调试。

根据上述概念，对代码进行再次改写，如代码清单 2-17 所示。

代码清单 2-17　try-with-resource 代码改写

```java
public static void foo() throws Exception {
    FileOutputStream in = null;
    Exception tmpException = null;
    try {
        in = new FileOutputStream("test.txt");
        in.write(1);
    } catch (Exception e) {
        tmpException = e;
        throw e;
    } finally {
        if (in != null) {
            if (tmpException != null) {
                try {
                    in.close();
```

```
        } catch (Exception e) {
            tmpException.addSuppressed(e);
        }
    } else {
        in.close();
    }
  }
 }
}
```

上面的代码中如果 in.close() 发生异常，这个异常不会覆盖原来的异常，只是放到原异常的 Suppressed 异常中。

本节介绍了 try-with-resources 语句块的底层字节码实现，一起来回顾一下要点：第一，try-with-resources 语法并不是简单地在 finally 中加入 closable.close() 方法，因为 finally 中的 close 方法如果抛出了异常会淹没真正的异常；第二，引入了 Suppressed 异常，既可以抛出真正的异常又可以调用 addSuppressed 附带上 suppressed 的异常。

接下来我们将介绍对象相关的字节码指令。

2.3.11　对象相关的字节码指令

本节我们将介绍 <init> 对象初始化方法、对象创建的三条相关指令、<clinit> 类初始化方法以及对象初始化顺序。

1. <init> 方法

<init> 方法是对象初始化方法，类的构造方法、非静态变量的初始化、对象初始化代码块都会被编译进这个方法中。比如：

```
public class Initializer {
    // 初始化变量
    private int a = 10;
    // 构造器方法
    public Initializer() {
        int c = 30;
    }
    // 对象初始化代码块
    {
        int b = 20;
    }
}
```

对应的字节码为：

```
public Initializer();
descriptor: ()V
flags: ACC_PUBLIC
Code:
```

```
stack=2, locals=2, args_size=1
   0: aload_0
   1: invokespecial #1              // Method java/lang/Object."<init>":()V
   4: aload_0
   5: bipush        10
   7: putfield      #2              // Field a:I
  10: bipush        20
  12: istore_1
  13: bipush        30
  15: istore_1
  16: return
```

javap 输出的字节码中 Initializer() 方法对应 <init> 对象初始化方法，其中 5 ～ 7 行将成员变量 a 赋值为 10，10 ～ 12 行将 b 赋值为 20，13 ～ 15 行将 c 赋值为 30。

可以看到，虽然 Java 语法上允许我们把成员变量初始化和初始化语句块写在构造器方法之外，最终在编译以后都会统一编译进 <init> 方法。为了加深印象，可以来看一个在变量初始化可能抛出异常的情况，如下面的代码所示。

```java
public class Hello {
    private FileOutputStream outputStream = new FileOutputStream("test.txt");

    public Hello()  {
    }
}
```

编译上面的代码会报如下的错误。

```
javac Hello.java
Hello.java:8: error: unreported exception FileNotFoundException; must be caught
or declared to be thrown
    private FileOutputStream outputStream = new FileOutputStream("test.txt");
                                            ^
```

为了能使上面的代码编译通过，需要在默认构造器方法抛出 FileNotFoundException 异常，如下面的代码所示。

```java
public class Hello {
    private FileOutputStream outputStream = new FileOutputStream("test.txt");

    public Hello() throws FileNotFoundException {
    }
}
```

这个例子可以从侧面印证我们前面介绍的观点，接下来我们来看对象创建相关的三条指令。

2. new、dup、invokespecial 对象创建三条指令

在 Java 中 new 是一个关键字，在字节码中也有一个叫 new 的指令，但是两者不是一回

事。当我们创建一个对象时，背后发生了哪些事情呢？以下面的代码为例。

```
ScoreCalculator calculator = new ScoreCalculator();
```

对应的字节码如下所示。

```
0: new           #2                    // class ScoreCalculator
3: dup
4: invokespecial #3                    // Method ScoreCalculator."<init>":()V
7: astore_1
```

一个对象创建需要三条指令，new、dup、\<init\> 方法的 invokespecial 调用。在 JVM 中，类的实例初始化方法是 \<init\>，调用 new 指令时，只是创建了一个类实例引用，将这个引用压入操作数栈顶，此时还没有调用初始化方法。使用 invokespecial 调用 \<init\> 方法后才真正调用了构造器方法，那中间的 dup 指令的作用是什么？

invokespecial 会消耗操作数栈顶的类实例引用，如果想要在 invokespecial 调用以后栈顶还有指向新建类对象实例的引用，就需要在调用 invokespecial 之前复制一份类对象实例的引用，否则调用完 \<init\> 方法以后，类实例引用出栈以后，就再也找不回刚刚创建的对象引用了。有了栈顶的新建对象的引用，就可以使用 astore 指令将对象引用存储到局部变量表，如图 2-30 所示。

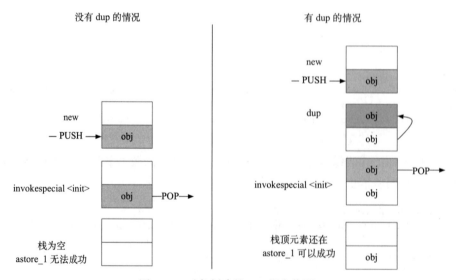

图 2-30　对象创建的 dup 指令作用

从本质上来理解导致必须要有 dup 指令的原因是 \<init\> 方法没有返回值，如果 \<init\> 方法把新建的引用对象作为返回值，也不会存在这个问题。

3. \<clinit\> 方法

\<clinit\> 是类的静态初始化方法，类静态初始化块、静态变量初始化都会被编译进这个方法中。以下面的代码清单 2-18 为例。

代码清单 2-18　静态初始化代码示例

```
public class Initializer {
    private static int a = 0;

    static {
        System.out.println("static");
    }
}
```

对应的字节码如下所示。

```
static {};
descriptor: ()V
flags: ACC_STATIC
Code:
  stack=2, locals=0, args_size=0
     0: iconst_0
     1: putstatic     #2      // Field a:I
     4: getstatic     #3      // Field java/lang/System.out:Ljava/io/PrintStream;
     7: ldc           #4      // String static
     9: invokevirtual #5      // Method java/io/PrintStream.println:(Ljava/lang/
String;)V
    12: return
```

javap 输出字节码中的 static {} 表示 <clinit> 方法。<clinit> 不会直接被调用，它在四个指令触发时被调用（new、getstatic、putstatic 和 invokestatic），比如下面的场景：

❑ 创建类对象的实例，比如 new、反射、反序列化等；
❑ 访问类的静态变量或者静态方法；
❑ 访问类的静态字段或者对静态字段赋值（final 的字段除外）；
❑ 初始化某个类的子类。

2.4　小结

字节码的指令条数有两百多条，本书不会一一介绍，本章主要介绍了常用的字节码指令，从几个实际的语法糖出发介绍了字节码的使用。关于指令更加详细的资料可以查询官方的文档，相信有了本章的基础阅读那些文档会轻松很多。从下一章开始我们会介绍字节码的进阶知识，主要会介绍方法调用、反射、invokedynamic、线程同步等知识。

Chapter 3 第 3 章

字节码进阶

上一章我们介绍了常见的字节码指令，这一章我们来探究字节码的进阶知识，通过阅读本章你会学到以下内容。

❑ 5 条方法调用指令的联系和区别

❑ JVM 方法分派机制与 vtable、itable 原理

❑ 通过 HSDB 来查看 JVM 运行时数据

❑ invokedynamic 指令的介绍及在 Lambda 表达式中的作用

❑ 从字节码角度理解泛型擦除

❑ synchronized 关键字的字节码原理

❑ 反射的底层实现原理

前几章的内容中我们已经接触过几条方法调用的指令，比如对象实例初始化 <init> 方法由 invokespecial 调用，接下来我们开始介绍方法调用的 5 条指令的详细内容。

3.1 方法调用指令

JVM 的方法调用指令都以 invoke 开头，这 5 条指令如下所示。

❑ invokestatic：用于调用静态方法。

❑ invokespecial：用于调用私有实例方法、构造器方法以及使用 super 关键字调用父类的实例方法等。

❑ invokevirtual：用于调用非私有实例方法。

❑ invokeinterface：用于调用接口方法。

❏ invokedynamic：用于调用动态方法。

3.1.1　invokestatic 指令

invokestatic 用来调用静态方法，也就是使用 static 关键字修饰的方法。它要调用的方法在编译期间确定，且运行期不会修改，属于静态绑定。调用 invokestatic 不需要将对象加载到操作数栈，只需要将所需要的参数入栈就可以执行 invokestatic 指令了。例如 Integer.valueOf("42") 对应字节码如下所示。

```
0: ldc            #2        // String 42
2: invokestatic   #3        // Method java/lang/Integer.valueOf:(Ljava/lang/String;)
Ljava/lang/Integer;
```

3.1.2　invokevirtual 指令

invokevirtual 指令用于调用普通实例方法，它调用的目标方法在运行时才能根据对象实际的类型确定，在编译期无法知道，类似于 C++ 中的虚方法。

在调用 invokevirtual 指令之前，需要将对象引用、方法参数入栈，调用结束对象引用、方法参数都会出栈，如果方法有返回值，返回值会入栈到栈顶。比如 file.toString() 对应的字节码如下所示。

```
10: aload_1
11: invokevirtual #5      // Method java/io/File.toString:()Ljava/lang/String;
```

下面以一个实际的例子来讲解 invokevirtual 指令的用法，如代码清单 3-1 所示。

代码清单 3-1　invokevirtual 示例

```
package invoketest;
class Color {
    public void printColorName()  {
        System.out.println("Color name from parent");
    }
}
class Red extends Color {
    @Override
    public void printColorName() {
        System.out.println("Color name is Red");
    }
}
class Yellow extends Color {
    @Override
    public void printColorName() {
        System.out.println("Color name is Yellow");
    }
}
public class InvokeVirtualTest {
```

```
public static void main(String[] args) {
    Color yellowColor = new Yellow();
    Color redColor = new Red();
    printColorName(yellowColor);
    printColorName(redColor);
}
public static void foo(Color color) {
    color.printColorName();
}
}
```

foo 方法的字节码如下所示。

```
0: aload_0
1: invokevirtual #7          // Method invoketest/Color.printColorName:()V
4: return
```

foo 方法使用 invokevirtual 指令调用 Color 类的 printColorName 方法，但它们最终调用的目标方法却不同，可能是 Yellow 类的 printColorName 方法，也有可能是 Red 类的 printColorName 方法。invokevirtual 根据对象的实际类型进行分派（虚方法分派），在运行时动态选择执行具体子类的实现方法。

3.1.3 invokespecial 指令

invokespecial，顾名思义，它用来调用"特殊"的实例方法，包括如下三种：
❑ 实例构造器方法 <init>；
❑ private 修饰的私有实例方法；
❑ 使用 super 关键字调用的父类方法。

比如 new File("test.txt") 对应的字节码如下所示，invokespecial 用来调用 File 类的构造器方法 <init>。

```
0: new          #2      // class java/io/File
3: dup
4: ldc          #3      // String test.txt
6: invokespecial #4     // Method java/io/File."<init>":(Ljava/lang/String;)V
```

看到这里细心的读者可能会想为什么有了 invokevirtual 指令还需要 invokespecial 指令呢？这是出于效率的考虑，invokespecial 调用的方法可以在编译期间确定，在 JDK 1.0.2 之前，invokespecial 指令曾被命名为 invokenonvirtual，以区别于 invokevirtual。例如 private 方法不会因为继承被子类覆写，在编译期间就可以确定，所以 private 方法的调用使用 invokespecial 指令。

3.1.4 invokeinterface 指令

invokeinterface 用于调用接口方法，同 invokevirtual 一样，也是需要在运行时根据对象的类型确定目标方法，以下面的代码为例。

```
private AutoCloseable autoCloseable;
public void foo() throws Exception {
    autoCloseable.close();
}
```

foo 方法对应的字节码如下所示。

```
0: aload_0
1: getfield        #2         // Field autoCloseable:Ljava/lang/AutoCloseable;
4: invokeinterface #3,  1 // InterfaceMethod java/lang/AutoCloseable.close:()V
```

那它与 invokevirtual 有什么区别，为什么不用 invokevirtual 来实现接口方法的调用呢？这就要说到 Java 方法分派的实现原理。

1. 方法分派原理

Java 的设计受到很多 C++ 的影响，方法分派的思路参考了 C++ 的实现，下面我们先来看 C++ 中虚方法的实现。

当 C++ 类中包含虚方法时，编译器会为这个类生成一个虚方法表（vtable），每个类都有一个指向虚方法表的指针 vptr。虚方法表是方法指针的数组，用来实现多态。这里先来看看 C++ 单继承的场景，新建一个 main.cpp 文件，如代码清单 3-2 所示。

代码清单 3-2　C++ 单继承

```
class A {
 public:
  virtual void method1();
  virtual void method2();
  virtual void method3();
};

void A::method1() { std::cout << "method1 in A" << std::endl; }
void A::method2() { std::cout << "method2 in A" << std::endl; }
void A::method3() { std::cout << "method3 in A" << std::endl; }

class B : public A {
 public:
  void method2() override;
  virtual void method4();
  void method5();
};
void B::method2() { std::cout << "method2 in B" << std::endl; }
void B::method4() { std::cout << "method4 in B" << std::endl; }
void B::method5() { std::cout << "method5 in B" << std::endl; }
```

在命令行中使用 g++ -std=c++11 -fdump-class-hierarchy test.cpp 会输出 A 和 B 的虚方法表，输出结果如下所示。

```
Vtable for A
A::_ZTV1A: 5u entries
0      (int (*)(...))0
8      (int (*)(...))(& _ZTI1A)
16     (int (*)(...))A::method1
24     (int (*)(...))A::method2
32     (int (*)(...))A::method3

Vtable for B
B::_ZTV1B: 6u entries
0      (int (*)(...))0
8      (int (*)(...))(& _ZTI1B)
16     (int (*)(...))A::method1
24     (int (*)(...))B::method2
32     (int (*)(...))A::method3
40     (int (*)(...))B::method4
```

vtable 除了包含虚方法以外，还包含了两个额外元素，这里暂时不用关心。重点看 offset 16 开始的虚方法。可以看到在单继承的情况下，子类 B 的虚方法的顺序与父类 A 保持一致，B 类虚方法表中覆写方法 method2 指向 B 的实现，B 新增的方法 method4 按顺序添加到虚方法表的末尾。

单继承的方法分派非常简单，比如有对象 A *a 调用 method2 方法时，如下所示。

```
A *a
a->method2
```

我们并不知道 a 指针所指向对象的真正类型，不确定它是 A 类还是 B 类抑或是其他 A 的子类，但可以确定每个 method2 方法都被放在虚函数表的 offset 为 24 的位置上，不会随类型的影响而不同。

在 C++ 的单继承中，这种虚函数的方式实现非常高效。Java 类只支持单继承，在实现上与 C++ 的虚方法表非常类似，也是使用了一个名为 vtable 的结构，如代码清单 3-3 所示。

代码清单 3-3　Java 继承与 vtable

```
class A {
    public void method1() { }
    public void method2() { }
    public void method3() { }
}

class B extends A {
    public void method2() { } // overridden from BaseClass
    public void method4() { }
}
```

对应的虚方法表如图 3-1 所示。

A 类的虚方法表

index	方法引用
1	A/method1
2	A/method2
3	A/method3

B 类的虚方法表

index	方法引用
1	A/method1
2	B/method2
3	A/method3
4	B/method4

图 3-1　虚方法表

可以看到 B 类的虚方法表保留了父类 A 中虚方法表的顺序,只是覆盖了 method2 指向的方法链接和新增了 method4。假设这时需要调用 method2 方法,invokevirtual 只需要直接去找虚方法表位置为 2 的方法引用就可以了。

Java 的单继承看起来是规避了 C++ 多继承带来的复杂性,但支持实现多个接口与多继承没有本质上的区别,下面来看看 Java 是如何实现的。

除了虚方法表 vtable,JVM 提供了名为 itable(interface method table) 的结构来支持多接口实现,itable 由偏移量表(offset table)和方法表(method table)两部分组成。itable 组成结构在 hotspot 源码的注释如下所示。

```
// Format of an itable
//
//   ---- offset table ---
//   Klass* of interface 1                \
//   offset to vtable from start of oop   / offset table entry
//   ...
//   Klass* of interface n                \
//   offset to vtable from start of oop   / offset table entry
//   --- vtable for interface 1 ---
//   Method*                              \
//   compiler entry point                 / method table entry
//   ...
//   Method*                              \
//   compiler entry point                 / method table entry
//   -- vtable for interface 2 ---
//   ...
//
```

布局图如图 3-2 所示。

在需要调用某个接口方法时,虚拟机会在 itable 的 offset table 中查找到对应的方法表位置和方法位置,随后在 method table 中查找具体的方法实现。hotspot 这部分源代码如代码清单 3-4 所示。

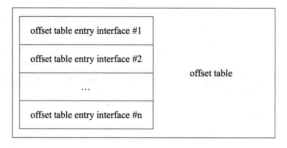

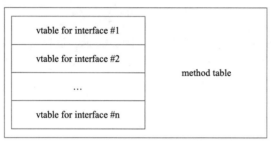

图 3-2 itable 布局结构

代码清单 3-4 itable 接口方法查找

```
InstanceKlass* int2 = (InstanceKlass*) rcvr->klass();
itableOffsetEntry* ki = (itableOffsetEntry*) int2->start_of_itable();
int i;
for ( i = 0 ; i < int2->itable_length() ; i++, ki++ ) {
    if (ki->interface_klass() == iclass) break;
}
// If the interface isn't found, this class doesn't implement this
// interface.  The link resolver checks this but only for the first
// time this interface is called.
if (i == int2->itable_length()) {
  VM_JAVA_ERROR(vmSymbols::java_lang_IncompatibleClassChangeError(), "");
}
int mindex = cache->f2_as_index();
itableMethodEntry* im = ki->first_method_entry(rcvr->klass());
callee = im[mindex].method();
if (callee == NULL) {
  VM_JAVA_ERROR(vmSymbols::java_lang_AbstractMethodError(), "");
}

istate->set_callee(callee);
istate->set_callee_entry_point(callee->from_interpreted_entry());
```

有了 itable 的知识，接下来看看 invokevirtual 和 invokeinterface 指令的区别。前面介绍过 invokevirtual 的实现依赖于 Java 的单继承特性，子类的虚方法表保留了父类虚方法表的顺序，但是因为 Java 的多接口实现，这一特性无法使用。以下面的代码清单 3-5 为例。

代码清单 3-5　invokeinterface 示例

```
interface A {
    void method1();
    void method2();
}
interface B {
    void method3();
}
class D implements A, B {
    @Override
    public void method1() { }
    @Override
    public void method2() { }
    @Override
    public void method3() { }
}
class E implements B {
    @Override
    public void method3() { }
}
```

对应的 itable 如图 3-3 所示。

D 类的 itable

index	方法引用
1	method1
2	method2
3	method3

E 类的 itable

index	方法引用
1	method3

图 3-3　itable 示例

当有下面这样的调用时：

```
public void foo(B b) {
    b.method3();
}
```

D 类中 method3 在 itable 的第三个位置，E 类中 method3 在 itable 的第一个位置，如果要用 invokevirtual 调用 method3 就不能直接从固定的索引位置取得对应的方法。只能搜索整个 itable 来找到对应方法，使用 invokeinterface 指令进行调用。

前面介绍了 vtable、itable、方法分派的概念，接下来介绍如何使用 HSDB 工具来窥探 JVM 运行时数据，进而深入理解对象继承和多态的原理。

2. 使用 HSDB 探究多态的原理

HSDB 全称是 Hotspot Debugger，它是一个内置的 JVM 工具，可以用来深入分析 JVM

运行时的内部状态。HSDB 位于 JDK 安装目录下的 lib/sa-jdi.jar 中，启动 HSDB 的方式如下所示。

```
sudo java -cp sa-jdi.jar sun.jvm.hotspot.HSDB
```

执行上面的命令会弹出如图 3-4 的界面。

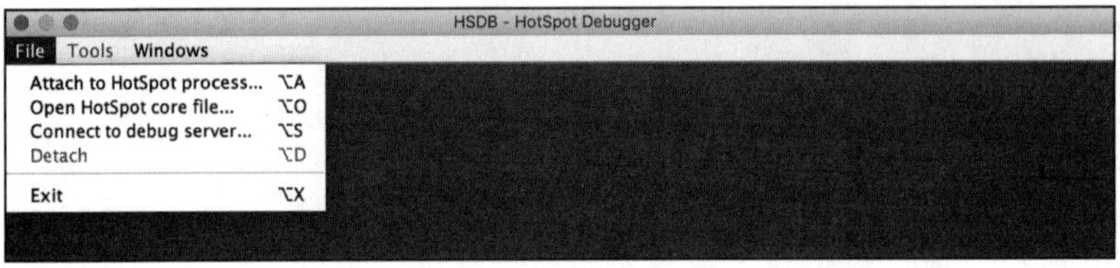

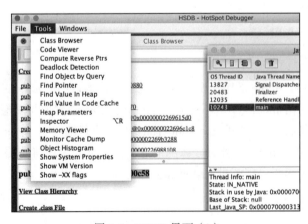

图 3-4　HSDB 界面（1）

在 File 菜单中可以选择"attach 到一个 Hotspot JVM 进程""打开一个 core 文件"或者"连接到一个远程的 debug server"。"attach 到一个 JVM 进程"是最常用的选项。获取进程号可以用系统自带的 ps 命令，也可以用 jps 命令。在弹出的输入框中输入进程号以后默认展示当前线程列表，如图 3-5 所示。

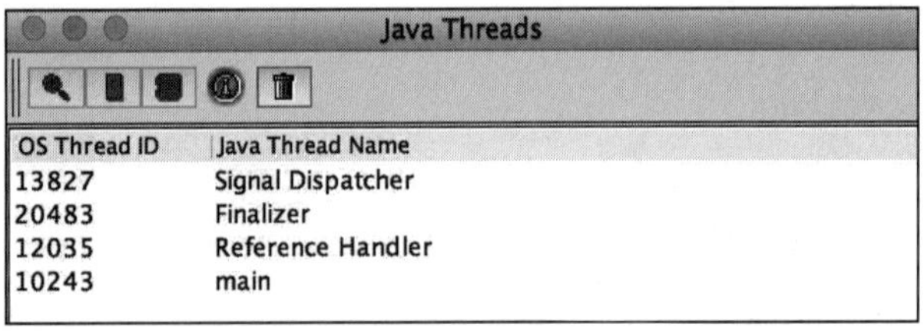

图 3-5　HSDB 界面（2）

Tools 选项中有很多功能可供选择，比如查看类列表、查看堆信息、inspect 对象内存、死锁检测等，如图 3-6 所示。

图 3-6　HSDB 界面（3）

接下来我们用一个实际的代码案例使用 HSDB 工具分析 vtable，以下面的代码清单 3-6 为例。

代码清单 3-6 HSDB 示例代码

```
public abstract class A {
    public void printMe() {
        System.out.println("I love vim");
    }
    public abstract void sayHello();
}
public class B extends A {
    @Override
    public void sayHello() {
        System.out.println("hello, i am child B");
    }
}

public class MyTest {
    public static void main(String[] args) throws IOException {
        A obj = new B();
        System.in.read()
        System.out.println(obj);
    }
}
```

运行 MyTest，在命令行中执行 jps 找到 MyTest 的进程 ID，这里为 97169。

```
jps
97169 MyTest
```

在 HSDB 的界面中选择 File → Attach to Hotspot process，输入进程号，然后选择 Tools → Class Browser 可以找到对象列表，其中 B 对象的内存指针地址如下所示。

B @0x00000007c0060418

随后选择 Tools → Inspector 输入 B 的内存指针地址，可以显示 B 类的对象布局，如图 3-7 所示。

可以看到它的 vtable 的长度为 7。有 5 个是上帝类 Object 的 5 个可以被继承的方法，1 个是 B 覆写的 sayHello 方法，1 个是继承 A 的 printMe 方法，接下来我们来验证这个结论。

vtable 分配在 instanceKlass 对象实例的内存末尾，instanceKlass 在 64 位系统的大小为 0x1B8，因此 vtable 的起始地址等于 instanceKlass 的内存首地址加上 0x1B8 等于 0x00000007C00605D0，如下所示。

```
0x00000007c0060418 + 0x1B8 = 0x00000007C00605D0
```

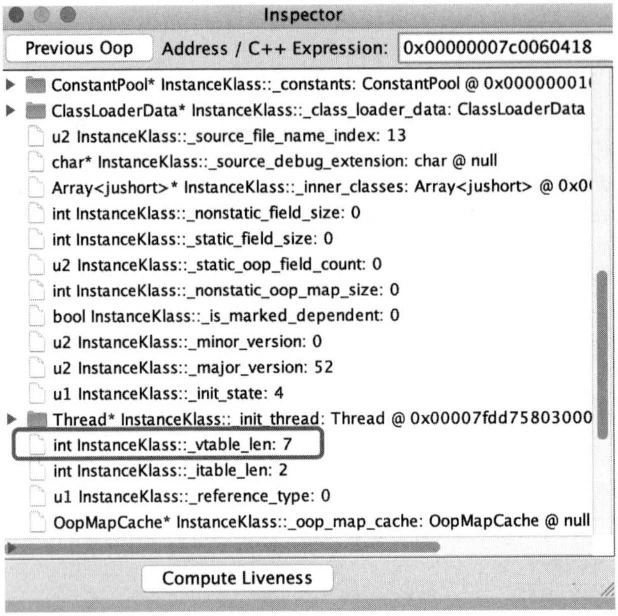

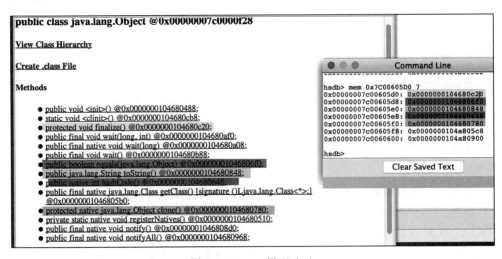

图 3-7　HSDB 界面（4）

在 HSDB 的 console 输入 mem 查看实际的内存分布。mem 命令需要两个参数，一个是起始地址，另一个是长度。输入 mem 0x7C00605D0 7 可以查看 vtable 内存起始地址开始的 7 个方法指针地址，如图 3-8 所示。

图 3-8　HSDB 界面（5）

可以看到 vtable 的前 5 条与 java.lang.Object 下面的这 5 个方法一一对应，vtable 里存储的是指向方法内存的指针。

```
void finalize()
boolean equals(java.lang.Object)
java.lang.String toString()
int hashCode()
java.lang.Object clone()
```

我们继续看剩下的两个方法地址，如图 3-9 所示。

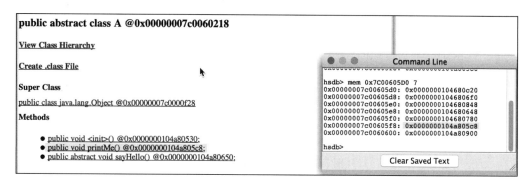

图 3-9　HSDB 界面（6）

可以看到 B 类中有一个方法是指向 A 类的方法 printMe。最后一个方法 0x0000000104a80900 指向的是 B 类的 sayHello 方法，如图 3-10 所示。

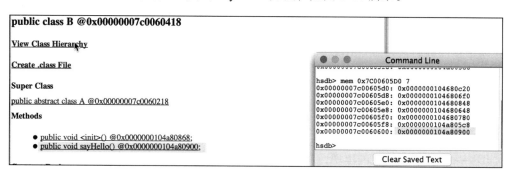

图 3-10　HSDB 界面（7）

综上可得，B 类 vtable 如图 3-11 所示。

vtable、itable 相关的知识小结如下：

❑ vtable、itable 机制是实现 Java 多态的基础。

❑ 子类会继承父类的 vtable。因为 Java 类都会继承 Object 类，Object 中有 5 个方法可以被继承，所以一个空 Java 类的 vtable 的大小也等于 5。

❑ 被 final 和 static 修饰的方法不会出现在 vtable 中，因为没有办法被继承重写，同理可以知道 private 修饰的方法也不会出现在 vtable 中。

❑ 接口方法的调用使用 invokeinterface 指令，Java 使用 itable 来支持多接口实现，itable 由 offset table 和 method table 两部分组成。在调用接口方法时，会先在 offset table 中查找 method table 的偏移量位置，随后在 method table 查找具体的接口实现。

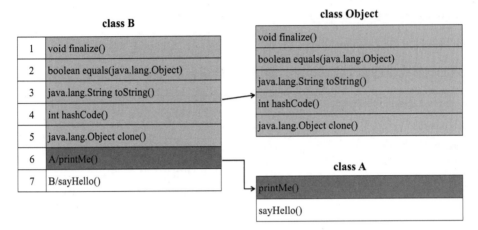

图 3-11　B 类的 vtable 示例图

接下来我们来看最后一个方法调用指令 invokedynamic 背后的原理。

3.1.5 invokedynamic 指令

Java 虚拟机的指令集从 1.0 开始到 JDK7 之间的十余年间没有新增任何指令，这期间基于 JVM 的语言百花齐放，出现了 JRuby、Groovy、Scala 等很多运行在 JVM 的语言。因为 JVM 有诸多的限制，大部分情况下这些非 Java 的语言需要很多额外的调教才能在 JVM 上高效运行。随着 JDK7 的发布，字节码指令集新增了一个重量级指令 invokedynamic，这个指令为多语言在 JVM 上的实现提供了技术支撑。这个小节我们来介绍 invokedynamic 指令背后的原理。

JDK7 虽然在指令集中新增了这个指令，但是 javac 并不会生成 invokedynamic 指令，直到 JDK8 Lambda 表达式的出现，在 Java 中才第一次用上了这个指令。

对于 JVM 而言，不管是什么语言都是强类型语言，它会在编译时检查传入参数的类型和返回值的类型，比如下面这段代码。

```
obj.println("hello world");
```

Java 语言中，对应字节码如下所示。

```
Constant pool:
#1 = Methodref        #6.#15        // java/lang/Object."<init>":()V
#4 = Methodref        #19.#20       // java/io/PrintStream.println:(Ljava/lang/
String;)V

  0: getstatic       #2            // Field java/lang/System.out:Ljava/io/
PrintStream;
  3: ldc             #3            // String Hello World
```

```
5: invokevirtual #4        // Method java/io/PrintStream.println:(Ljava/lang/
String;)V
```

可以看到 println 方法要求如下。

❏ 要调用的对象类需要是 java.io.PrintStream

❏ 方法名必须是 println

❏ 方法参数必须是 (String)

❏ 函数返回值必须是 void

如果当前类找不到符合条件的函数，会在其父类中继续查找，如果 obj 所属的类与 PrintStream 没有继承关系，就算 obj 所属的类有符合条件的函数，上述调用也不会成功，因为类型检查不会通过。

但相同的代码在 Groovy 或者 JavaScript 等语言中表现不一样，无论 obj 是何种类型，只要所属类包含函数名为 println，函数参数为 (String) 的函数，那么上述调用就会成功。这也是我们下面要讲到的鸭子类型。

鸭子类型概念的名字来源于由 James Whitcomb Riley 提出的鸭子测试，可以这样表述：当看到一只鸟走起来像鸭子、游泳起来像鸭子、叫起来也像鸭子，那么这只鸟就可以被称为鸭子。在鸭子类型中，关注点在于对象的行为，能做什么，而不是关注对象所属的类型，不关注对象的继承关系。

以下面这段 Groovy 脚本为例。

```
class Duck {
    void fly() { println "duck flying" }
}


class Airplane {
    void fly() { println "airplane flying" }
}

class Whale {
    void swim() { println "Whale swim" }
}

def liftOff(entity) { entity.fly() }

liftOff(new Duck())
liftOff(new Airplane())
liftOff(new Whale())
```

输出如下所示：

```
duck flying
airplane flying
groovy.lang.MissingMethodException: No signature of method: Whale.fly() is
applicable for argument types: () values: []
```

可以看到 liftOff 方法调用了一个传入对象的 fly 方法，但是它并不知道这个对象的类型，也不知道这个对象是否包含了 fly 方法。

开始讲解 invokedynamic 之前需要先介绍一个核心的概念方法句柄（MethodHandle）。MethodHandle 又称为方法句柄或方法指针，是 java.lang.invoke 包中的一个类，它的出现使得 Java 可以像其他语言一样把函数当作参数进行传递。MethodHandle 类似于反射中的 Method 类，但它比 Method 类要更加灵活和轻量级。下面以一个实际的例子来看 MethodHandle 的用法，如下所示。

```java
public class Foo {
    public void print(String s) {
        System.out.println("hello, " + s);
    }
    public static void main(String[] args) throws Throwable {
        Foo foo = new Foo();

        MethodType methodType = MethodType.methodType(void.class, String.class);
        MethodHandle methodHandle = MethodHandles.lookup().findVirtual(Foo.class,
"print", methodType);
        methodHandle.invokeExact(foo, "world");
    }
}
```

运行上面的代码就可以看到输出了"hello, world"。使用 MethodHandle 方法的步骤如下所示。

1）创建 MethodType 对象，MethodType 用来表示方法签名，每个 MethodHandle 都有一个 MethodType 实例，用来指定方法的返回值类型和各个参数类型。

2）调用 MethodHandles.lookup 静态方法返回 MethodHandles.Lookup 对象，这个对象表示查找的上下文，根据方法的不同类型通过 findStatic、findSpecial、findVirtual 等方法查找方法签名为 MethodType 的方法句柄。

3）拿到方法句柄以后就可以调用具体的方法了，通过传入目标方法的参数，使用 invoke 或者 invokeExact 进行方法的调用。

前面介绍的 4 条 invoke* 指令的方法分派规则固化在虚拟机中，invokedynamic 则把如何查找目标方法的决定权从虚拟机下放到具体的用户代码中。JRuby 作者就给 invokedynamic 下过一个定义："Invokedynamic is a user-definable bytecode，You decide how the JVM implements it"，说的也是这个道理。

invokedynamic 指令的调用流程如下。

❑ JVM 首次执行 invokedynamic 指令时会调用引导方法（Bootstrap Method）。

❑ 引导方法返回一个 CallSite 对象，CallSite 内部根据方法签名进行目标方法查找。它的 getTarget 方法返回方法句柄（MethodHandle）对象。

❑ 在 CallSite 没有变化的情况下，MethodHandle 可以一直被调用，如果 CallSite 有变

化，重新查找即可。以 def add(a, b) { a + b } 为例，如果在代码中一开始使用两个
int 入参进行调用，那么极有可能后面很多次调用还会继续使用两个 int，这样就不用
每次都重新选择目标方法了。

它们之间的关系如图 3-12 所示。

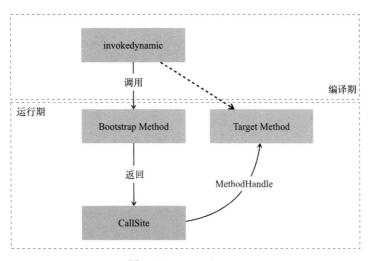

图 3-12　invokedynamic

接下来我们来介绍 invokedynamic 在 Groovy 语言上的应用，新建一个 Test.groovy 文
件，源码如下所示。

```
def add(a, b) {
    new Exception().printStackTrace()
    return a + b
}

add("hello", "world")
```

默认情况下 invokedynamic 在 Groovy 中并未启用，需要加上 --indy 选项启用。使用
groovy --indy Test.groovy 编译上面的 groovy 代码，会生成 Test.class 文件，它对应的字节
码如代码清单 3-7 所示。

代码清单 3-7　groovy 字节码

```
public java.lang.Object run();
descriptor: ()Ljava/lang/Object;
flags: ACC_PUBLIC
Code:
  stack=3, locals=1, args_size=1
    0: aload_0
    1: ldc           #44                 // String hello
    3: ldc           #46                 // String world
    5: invokedynamic #52,  0             // InvokeDynamic
```

```
#1:invoke:(LTest;Ljava/lang/String;Ljava/lang/String;)Ljava/lang/Object;
      10: areturn
  ------------------
  Constant pool:
  #1 = Utf8             Test
  ... 省略掉部分字节码 ...
  #52 = InvokeDynamic      #1:#51      // #1:invoke:(LTest;Ljava/lang/String;Ljava/
  lang/String;)Ljava/lang/Object;
  ------------------
  BootstrapMethods:
  ... 省略掉部分字节码 ...
  1: #34 invokestatic org/codehaus/groovy/vmplugin/v7/IndyInterface.bootstrap:
  (Ljava/lang/invoke/MethodHandles$Lookup;Ljava/lang/String;Ljava/lang/invoke/
  MethodType;Ljava/lang/String;I)Ljava/lang/invoke/CallSite;
      Method arguments:
        #48 add
        #49 2
```

可以看到 add("hello", "world") 调用被翻译为了 invokedynamic 指令，第一个参数是常量池中的 #52，这个条目又指向了 BootstrapMethods 中的 #1 的元素，调用静态方法 IndyInterface.bootstrap，返回值是一个 CallSite 对象，这个函数签名如下所示。

```
public static CallSite bootstrap(
    Lookup caller, // the caller
    String callType, // the type of the call
    MethodType type, // the MethodType
    String name, // the real method name
    int flags // call flags
    ) {
}
```

其中 callType 为调用类型，是枚举类 CALL_TYPES 的一种，这里为 CALL_TYPES. METHOD("invoke")，name 为实际调用的方法名，这里为"add"。这个方法内部调用了 realBootstrap 方法，realBootstrap 方法的返回值为 CallSite 对象，而 CallSite 的目标方法句柄（MethodHandle）真正调用了 selectMethod 方法，这个方法在运行期选择合适的方式进行调用，如图 3-13 所示。

简化上述过程为伪代码如代码清单 3-8 所示。

Groovy 采用 invokedynamic 指令有哪些好处呢？第一是标准化，使用 Bootstrap Method、CallSite、MethodHandle 机制使得动态调用的方式得到统一。第二是保持了字节码层的统一和向后兼容，把动态方法的分派逻辑下放到语言实现层，未来版本可以很方便地进行优化、修改。第三是高性能，拥有接近原生 Java 调用的性能，也可以享受到 JIT 优化等。

invokedynamic 指令并不是只能用在动态语言上，它是一种方法动态分派的方式，除了用于动态语言还有很多其他用途，比如下面我们要介绍的 Lambda 表达式。

```
        private static CallSite realBootstrap(Lookup caller, String name, int callID, MethodType type, boolean safe,
            // since indy does not give us the runtime types
            // we produce first a dummy call site, which then changes the target to one,
            // that does the method selection including the the direct call to the
            // real method.
            MutableCallSite mc = new MutableCallSite(type);
            MethodHandle mh = makeFallBack(mc,caller.lookupClass(),name,callID,type,safe,thisCall,spreadCall);
            mc.setTarget(mh);
            return mc;
        }

        /**
         * Makes a fallback method for an invalidated method selection
         */
        protected static MethodHandle makeFallBack(MutableCallSite mc, Class<?> sender, String name, int callID, Meth
            MethodHandle mh = MethodHandles.insertArguments(SELECT_METHOD, 0, mc, sender, name, callID, safeNavigatio
            mh =       mh.asCollector(Object[].class, type.parameterCount()).
                        asType(type);
            return mh;
        }

        /**
         * Core method for indy method selection using runtime types.
         */
        public static Object selectMethod(MutableCallSite callSite, Class sender, String methodName, int callID, Bool
            Selector selector = Selector.getSelector(callSite, sender, methodName, callID, safeNavigation, thisCall,
            selector.setCallSiteTarget();

            MethodHandle call = selector.handle.asSpreader(Object[].class, arguments.length);
            call = call.asType(MethodType.methodType(Object.class,Object[].class));
            return call.invokeExact(arguments);
        }
```

图 3-13　invokedynamic 源码分析

代码清单 3-8　MethodHandle 示例

```
public static void main(String[] args) throws Throwable {
    MethodHandles.Lookup lookup = MethodHandles.lookup();
    MethodType mt = MethodType.methodType(Object.class,
            Object.class, Object.class);
    CallSite callSite =
            IndyInterface.bootstrap(lookup, "invoke", mt, "add", 0);
    MethodHandle mh = callSite.getTarget();

    mh.invokeExact(obj, "hello", "world");
}
```

3.2　Lambda 表达式的原理

　　Lambda 表达式是 Java8 中最令人激动的特性，它与匿名内部类看起来有很多相似之处，但 Lambda 表达式并不是简单地被转为了匿名类。在介绍 Lambda 表达式原理之前，先来看看匿名内部类是如何实现的。新建一个 Test.java 文件，内容如代码清单 3-9 所示。

代码清单 3-9　匿名内部类示例

```
public static void main(String[] args) {
    Runnable r1 = new Runnable() {
```

```
        @Override
        public void run() {
            System.out.println("hello, inner class");
        }
    };
    r1.run();
}
```

使用 javac 编译 Test.java 会生成两个 class 文件，Test.class 和 Test$1.class，反编译以后的代码如下所示。

```
static final class Test$1 implements Runnable {
    @Override
    public void run() {
        System.out.println("hello, inner class");
    }
}
public class Test {
    public static void main(String[] args) {
        Runnable r1 = new Test$1();
        r1.run();
    }
}
```

可以看到匿名内部类是在编译期间生成新的 class 文件来实现的。接下来我们来看 Lambda 表达式的实现原理，修改上面的代码为如下的 Lambda 表达式方式。

```
public static void main(String[] args) {
    Runnable r = ()->{
        System.out.println("hello, lambda");
    };
    r.run();
}
```

使用 javac 编译上面的代码会发现只生成了一个 Test.class 类文件，并没有生成匿名内部类，使用 javap 查看对应字节码如下所示。

```
public static void main(java.lang.String[]);
descriptor: ([Ljava/lang/String;)V
flags: ACC_PUBLIC, ACC_STATIC
Code:
  stack=1, locals=2, args_size=1
    0: invokedynamic #2,  0        // InvokeDynamic #0:run:()Ljava/lang/Runnable;
    5: astore_1
    6: aload_1
    7: invokeinterface #3,  1      // InterfaceMethod java/lang/Runnable.run:()V
   12: return

private static void lambda$main$0();
Code:
    0: getstatic      #4         // Field java/lang/System.out:Ljava/io/PrintStream;
```

```
3: ldc              #5       // String hello, lambda
5: invokevirtual #6          // Method java/io/PrintStream.println:(Ljava/lang/
String;)V
8: return
```

字节码中出现了一个名为 lambda$main$0 的静态方法，这段字节码比较简单，翻译为源码如下。

```
private static void lambda$main$0() {
    System.out.println("hello, lambda");
}
```

这里 main 方法中出现了 invokedynamic 指令，第 0 行中 #2 表示常量池中 #2 的元素，这个元素又指向了 #0:#23。Test 类的部分常量池如下所示。

```
Constant pool:
    #1 = Methodref       #8.#18      // java/lang/Object."<init>":()V
    #2 = InvokeDynamic   #0:#23      // #0:run:()Ljava/lang/Runnable;
    ...
    #23 = NameAndType    #35:#36      // run:()Ljava/lang/Runnable;

BootstrapMethods:
    0: #20 invokestatic java/lang/invoke/LambdaMetafactory.metafactory:(Ljava/lang/
invoke/MethodHandles$Lookup;Ljava/lang/String;Ljava/lang/invoke/MethodType;Ljava/
lang/invoke/MethodType;Ljava/lang/invoke/MethodHandle;Ljava/lang/invoke/MethodType;)
Ljava/lang/invoke/CallSite;
        Method arguments:
            #21 ()V
            #22 invokestatic Test.lambda$main$0:()V
            #21 ()V
```

其中 #0 是一个特殊的查找，对应 BootstrapMethods 中的 0 行，可以看到这是对静态方法 LambdaMetafactory.metafactory() 的调用，它的返回值是 java.lang.invoke.CallSite 对象，这个对象的 getTarget 方法返回了目标方法句柄。核心的 metafactory 方法定义如下所示。

```
public static CallSite metafactory(
    MethodHandles.Lookup caller,
    String invokedName,
    MethodType invokedType,
    MethodType samMethodType,
    MethodHandle implMethod,
    MethodType instantiatedMethodType
)
```

接下来介绍各个参数的含义。

❏ caller：表示 JVM 提供的查找上下文。

❏ invokedName：表示调用函数名，在本例中 invokedName 为"run"。

❏ samMethodType：表示函数式接口定义的方法签名（参数类型和返回值类型），本例中 run 方法的签名为"()void"。

❏ implMethod：表示编译时生成的 Lambda 表达式对应的静态方法 invokestatic Test. lambda$main$0。

❏ instantiatedMethodType：一般和 samMethodType 是一样或是它的一个特例，在本例中是"()void"。

metafactory 方法的内部细节是整个 Lambda 表达式最复杂的地方。它的源码如图 3-14 所示。

```
public static CallSite metafactory(MethodHandles.Lookup caller,
                                    String invokedName,
                                    MethodType invokedType,
                                    MethodType samMethodType,
                                    MethodHandle implMethod,
                                    MethodType instantiatedMethodType)
        throws LambdaConversionException {
    AbstractValidatingLambdaMetafactory mf;
    mf = new InnerClassLambdaMetafactory(caller, invokedType,
                                          invokedName, samMethodType,
                                          implMethod, instantiatedMethodType,
                                          false, EMPTY_CLASS_ARRAY, EMPTY_MT_ARRAY);
    mf.validateMetafactoryArgs();
    return mf.buildCallSite();
}
```

图 3-14   invokedynamic 源码分析

跟进 InnerClassLambdaMetafactory 类，看到它在默默生成新的内部类，类名的规则是 ClassName$$Lambda$n。其中 ClassName 是 Lambda 所在的类名，后面的数字 n 按生成的顺序依次递增，如图 3-15 所示。

```
public InnerClassLambdaMetafactory(MethodHandles.Lookup caller,
                                    MethodType invokedType,
                                    String samMethodName,
                                    MethodType samMethodType,
                                    MethodHandle implMethod,
                                    MethodType instantiatedMethodType,
                                    boolean isSerializable,
                                    Class<?>[] markerInterfaces,
                                    MethodType[] additionalBridges)
        throws LambdaConversionException {
    super(caller, invokedType, samMethodName, samMethodType,
            implMethod, instantiatedMethodType,
            isSerializable, markerInterfaces, additionalBridges);
    implMethodClassName = implDefiningClass.getName().replace('.', '/');
    implMethodName = implInfo.getName();
    implMethodDesc = implMethodType.toMethodDescriptorString();
    implMethodReturnClass = (implKind == MethodHandleInfo.REF_newInvokeSpecial)
            ? implDefiningClass
            : implMethodType.returnType();
    constructorType = invokedType.changeReturnType(Void.TYPE);
    lambdaClassName = targetClass.getName().replace('.', '/') + "$$Lambda$" + counter.incrementAndGet();
    cw = new ClassWriter(ClassWriter.COMPUTE_MAXS);
    int parameterCount = invokedType.parameterCount();
    if (parameterCount > 0) {
        argNames = new String[parameterCount];
        argDescs = new String[parameterCount];
        for (int i = 0; i < parameterCount; i++) {
            argNames[i] = "arg$" + (i + 1);
            argDescs[i] = BytecodeDescriptor.unparse(invokedType.parameterType(i));
        }
    } else {
        argNames = argDescs = EMPTY_STRING_ARRAY;
    }
}
```

图 3-15   InnerClassLambdaMetafactory 源码分析

使用打印的方式看一下具体生成的类名。

```
Runnable r = ()->{
    System.out.println("hello, lambda");
};

System.out.println(r.getClass().getName());
```

输出结果如下所示。

```
Test$$Lambda$1/1108411398
```

其中斜杠 / 后面的数字 1108411398 是类对象的 hashcode 值。

InnerClassLambdaMetafactory 这个类有一个静态初始化方法块，里面有一个开关可以选择是否把生成的类 dump 到文件中，这部分代码如下所示。

```
// For dumping generated classes to disk, for debugging purposes
private static final ProxyClassesDumper dumper;
static {
    final String key = "jdk.internal.lambda.dumpProxyClasses";
    String path = AccessController.doPrivileged(
            new GetPropertyAction(key), null,
            new PropertyPermission(key , "read"));
    dumper = (null == path) ? null : ProxyClassesDumper.getInstance(path);
}
```

使用 java -Djdk.internal.lambda.dumpProxyClasses=. Test 运行 Test 类会发现在运行期间生成了一个新的内部类 Test$$Lambda$1.class。这个类正是由 InnerClassLambdaMetafactory 使用 ASM 字节码技术动态生成的。它实现了 Runnable 接口，并在 run 方法里调用了 Test 类的静态方法 lambda$main$0()，如下面的代码所示。

```
final class Test$$Lambda$1 implements Runnable {
    @Override
    public void run() {
        Test.lambda$main$0();
    }
}
```

这部分的内容总结如下。

❏ Lambda 表达式声明的地方会生成一个 invokedynamic 指令，同时编译器生成一个对应的引导方法（Bootstrap Method）。

❏ 第一次执行 invokedynamic 指令时，会调用对应的引导方法（Bootstrap Method），该引导方法会调用 LambdaMetafactory.metafactory 方法动态生成内部类。

❏ 引导方法会返回一个动态调用 CallSite 对象，这个 CallSite 会最终调用实现了 Runnable 接口的内部类。

- Lambda 表达式中的内容会被编译成静态方法，前面动态生成的内部类会直接调用该静态方法。
- 真正执行 lambda 调用的还是用 invokeinterface 指令。

为什么 Java 8 的 Lambda 表达式要基于 invokedynamic 指令来实现呢？ Oracle 的开发者专门写了一篇文章介绍了 Java 8 Lambda 设计时的考虑以及实现方法。文中提到 Lambda 表达式可以通过内部类、method handle、dynamic proxies 等方式实现，但是这些方法各有优劣。实现 Lambda 表达式需要达成两个目标，为未来的优化提供最大的灵活性，且能保持类文件字节码格式的稳定。使用 invokedynamic 可以很好地兼顾这两个目标。invokedynamic 与之前四个 invoke 指令最大的不同就在于它把方法分派的逻辑从虚拟机层面下放到程序语言。

Lambda 表达式采用的方式并不是在编译期间生成匿名内部类，而是提供一个稳定的字节码二进制表示规范，对用户而言看到的只有 invokedynamic 这样一个非常简单的指令。用 invokedynamic 来实现把方法翻译的逻辑隐藏在 JDK 的实现中，后续想替换实现方式非常简单，只用修改 LambdaMetafactory.metafactory 里面的逻辑就可以了。这种方法把 Lambda 翻译的策略由编译期间推迟到运行时，未来的 JDK 会怎样实现 Lambda 表达式可能还会有变化。

3.3　泛型与字节码

Java 泛型是 JDK5 引进的新特性，对于泛型的引入社区褒贬不一，好的地方是泛型可以在编译期帮我们发现一些明显的问题，不好的地方是泛型在设计上因为考虑兼容性等原因，留下了不少缺陷。Java 泛型更像是一个语法糖，接下来我们将从字节码的角度分析泛型，以下面的泛型类 Pair 为例。

```java
public class Pair<T> {

    public T left;
    public T right;

    public Pair(T left, T right) {
        this.left = left;
        this.right = right;
    }
}

public void foo(Pair<String> pair) {
    String left = pair.left;
}
```

foo 方法对应的字节码如下所示。

```
0: aload_1
1: getfield        #2                    // Field left:Ljava/lang/Object;
4: checkcast       #4                    // class java/lang/String
7: astore_2
8: return
```

上面的字节码解释如下。

❑ 第 0 行：加载参数 pair 到操作数栈上。

❑ 第 1 行：调用 getfield 指令把 left 值加载到操作栈上，可以看到 left 字段的字段类型为 Object，并不是 String。

❑ 第 4 行：checkcast 指令用来检查对象是否符合给定类型，这里是判断 left 值是否是 java/lang/String 类型。如果类型不匹配，checkcast 指令会抛出 java.lang.ClassCastException 异常。

❑ 第 7 行：将栈顶值 left 存储到局部变量 left 中。

将上面代码翻译为非泛型的代码，如下所示。

```
public class Pair {
    public Object left;
    public Object right;
    public Pair(Object left, Object right) {
        this.left = left;
        this.right = right;
    }
}
public void foo(Pair pair) {
    String left = (String) pair.left;
}
```

接下来我们来看看当泛型遇到方法重载时会发生什么，以下面的代码为例。

```
public void print(List<String> list)  { }
public void print(List<Integer> list) { }
```

上面的代码编译时会报错，提示 "name clash: print(List<Integer>) and print(List<String>) have the same erasure"，这两个方法编译后对应的字节码一样，如下所示。

```
descriptor: (Ljava/util/List;)V
Code:
  stack=0, locals=2, args_size=2
     0: return
  LocalVariableTable:
    Start  Length  Slot  Name   Signature
       0       1     0   this   LMyClass;
       0       1     1   list   Ljava/util/List;
}
```

理解泛型概念的最重要的是理解类型擦除。Java 的泛型是在 javac 编译器中实现的，在生成的字节码中，已经不包含泛型信息。这种在泛型使用时加上类型参数，在编译时再抹掉的过程被称为泛型擦除。

比如在代码中类型 List<String> 与 List<Integer> 在编译以后都变成了 List，而 JVM 不允许相同签名的方法在一个类中同时存在，所以上面代码编译会失败。

由泛型附加的类型信息对 JVM 来说是不可见的，Java 编译器会在编译时尽可能地发现可能出错的地方，但也不是万能的。很多奇怪的泛型语法规定都与类型擦除有关，比如下面这些。

1）泛型类并没有自己独有的 Class 类对象，比如并不存在 List<String>.class 或是 List<Integer>.class，而只有 List.class。

2）泛型不能用 primary 原始类型来实例化类型参数，比如在 Java 中不能出现 ArrayList<int>，只有 ArrayList<Integer>。因为泛型类型会被擦除为 Object，而原始类型 int 不能存储到对象类型 Object 中。

3）Java 也不能捕获泛型异常，以下面的代码为例。

```
public <T extends Throwable> void foo() {
    try {
    } catch (T e) {
    }
}
```

因为 JVM 的异常处理是通过异常表来实现的，如果要捕获的异常在编译期无法确定，就无法生成对应的异常表。

4）不能声明泛型数组，以下面的代码为例。

```
Pair<Integer>[] t = new Pair<Integer>[10];
error: generic array creation
```

在 Java 中，Object[] 数组可以是任何数组的父类，假设我们可以创建泛型数组，上面代码中的 t 的类型 Pair<Integer>[] 在编译以后被擦除为 Pair[]，可以被转换赋值为类型为 Object[] 的变量 objArray，在语法上可以往 objArray 中存放任意类型的数据。这样原本定义只能存储元素类型为 Pair<Integer> 的数组，结果却可以存放任意类型的数据，如下所示。

```
Pair<Integer>[] t = new Pair<Integer>[10];
Object[] objArray = t;
objArray[0] = new Thread();
```

泛型的内容到这里就告一段落了，接下来我们来看看 synchronized 关键字的实现原理。

3.4 synchronized 的实现原理

synchronized 是 Java 中的关键字，用于定义一个临界区（critical section）。临界区是指一次只能被一个线程执行的代码片段。synchronized 保证方法和代码块在同一时刻只有一个线程可以进入临界区。本节将深入分析 synchronized 关键字在字节码层面的实现原理。以下面的代码为例。

```
public class Counter {
    private int count = 0;
    public void increase() {
        ++count;
    }
    public int getCount() {
        return count;
    }
}
```

Counter 类的 increase 方法并非线程安全，这个方法对应的字节码如下所示。

```
 0: aload_0
 1: dup
 2: getfield        #2                      // Field count:I
 5: iconst_1
 6: iadd
 7: putfield        #2                      // Field count:I
10: return
```

重点看第 2 ~ 7 行，getfield #2 指令获取字段 count 的值，iconst_1 和 iadd 将取出的值加一，putfield #2 指令将更新之后的值写回到 字段 count 中，这是一个典型的 read-modify-write 的模式。

如果有两个线程同时调用了 increase 方法，各自通过 getfield #2 获得了 count 的值，随后执行了加 1，最后各自将更新以后的值写回 count 中，count 就只被加 1，丢失了一次加 1 操作。

一个简单的解决办法就是给 increase 方法增加 synchronized 关键字修饰。

```
public synchronized void increase() {
    ++count;
}
```

JVM 不会使用特殊的字节码指令来处理同步方法，JVM 会解析方法的访问标记，判断方法是不是同步的，也就是检查方法 ACC_SYNCHRONIZED 标记位是否被设置为 1。如果方法有 ACC_SYNCHRONIZED 修饰，执行线程会先尝试获取锁。如果是实例方法，JVM 会把当前实例对象 this 作为隐式的监视器。如果是类方法，JVM 会把当前类的类对象作为隐式的监视器。在同步方法完成以后，不管是正常返回还是异常返回，都会释放锁。上面的代码在功能上等价于下面的代码。

```
public void increase() {
    synchronized (this) {
```

```
        ++count;
    }
}
```

它对应的字节码如下所示。

```
 0: aload_0
 1: dup
 2: astore_1
 3: monitorenter
 4: aload_0
 5: dup
 6: getfield      #2                    // Field count:I
 9: iconst_1
10: iadd
11: putfield      #2                    // Field count:I
14: aload_1
15: monitorexit
16: goto          24
19: astore_2
20: aload_1
21: monitorexit
22: aload_2
23: athrow
24: return
Exception table:
 from    to  target type
    4    16     19  any
   19    22     19  any
```

逐行介绍上面的代码如下。

❑ 第 0 ～ 2 行：将 this 对象引用入栈，使用 dup 指令复制栈顶元素，并将它存入局部变量表位置为 1 的地方，现在栈上还剩下一个 this 对象引用。

❑ 第 3 行：monitorenter 指令尝试获取栈顶 this 对象的监视器锁，如果成功则继续往下执行，如果已经有其他线程的线程持有，则进入等待状态。

❑ 第 4 ～ 11 行：执行 ++count。

❑ 第 14 ～ 15 行：将 this 对象入栈，调用 monitorexit 释放锁。

❑ 第 19 ～ 23 行：执行异常处理，我们代码中本来没有 try-catch 的代码，为什么字节码会加上这段逻辑呢？我们稍后再来讲解。

每个 Java 对象都可以作为一个实现同步的锁，这些锁被称为监视器锁（Monitor），有三种不同的表现形态。

❑ 用 synchronized 修饰的非静态方法，监视器锁是当前对象。

❑ 用 synchronized 修饰的静态方法，监视器锁是当前类的类对象。

❑ synchronized(lock) {} 同步代码块，监视器锁是 lock 对象。

Java 虚拟机保证一个 monitor 一次最多只能被一个线程占有。monitorenter 和 monitorexit 是两个与监视器相关的字节码指令。当线程执行到 monitorenter 指令时，会尝试获取栈顶对象对应监视器（monitor）的所有权，也就是尝试获取对象的锁。如果此时 monitor 没有其他线程占有，当前线程会成功获取锁，monitor 计数器置为 1。如果当前线程已经拥有了 monitor 的所有权，monitorenter 指令也会顺利执行，monitor 计数器加 1。如果其他线程拥有了 monitor 的所有权，当前线程会阻塞，直到 monitor 计数器变为 0。

当线程执行 monitorexit 时，会将监视器计数器减 1，计时器值等于 0 时，锁被释放，其他等待这个锁的线程可以尝试去获取 monitor 的所有权。

编译器必须保证无论同步代码块中的代码以何种方式结束（正常退出或异常退出），代码中每次调用 monitorenter 必须执行对应的 monitorexit 指令。如果执行了 monitorenter 指令但没有执行 monitorexit 指令，monitor 一直被占有，则其他线程没有办法获取锁。如果执行 monitorexit 的线程原本并没有这个 monitor 的所有权，那 monitorexit 指令在执行时将抛出 IllegalMonitorStateException 异常。

为了保证这一点，编译器会自动生成一个异常处理器，这个异常处理器确保了方法正常退出和异常退出都能正常释放锁。可理解为下面这样的一段 Java 代码。

```java
public void _foo() throws Throwable {
    monitorenter(lock);
    try {
        bar();
    } finally {
        monitorexit(lock);
    }
}
```

根据之前介绍的 try-catch-finally 的字节码实现原理，finally 语句块会被编译器复制到方法正常退出和异常退出的地方，从语义上等价于下面的代码。

```java
public void _foo() throws Throwable {
    monitorenter(lock);
    try {
        bar();
        monitorexit(lock);
    } catch (Throwable e) {
        monitorexit(lock);
        throw e;
    }
}
```

这就是我们在上面字节码中看到只有一个 monitorenter 指令却有两个 monitorexit 的原因。

3.5 反射的实现原理

反射是 Java 的核心特性之一，很多框架都大量使用反射来实现强大的功能，比如
Spring、Mybatis 等。Java 的反射机制允许我们运行时动态地调用某个对象的方法、新建对
象实例、获取对象的属性等。接下来我们来看看反射背后的实现原理，以下面的代码清单
3-10 为例。

代码清单 3-10 反射示例代码

```java
public class ReflectionTest {
    private static int count = 0;
    public static void foo() {
        new Exception("test#" + (count++)).printStackTrace();
    }
    public static void main(String[] args) throws Exception {
        Class<?> clz = Class.forName("ReflectionTest");
        Method method = clz.getMethod("foo");
        for (int i = 0; i < 20; i++) {
            method.invoke(null);
        }
    }
}
```

运行结果如图 3-16 所示。

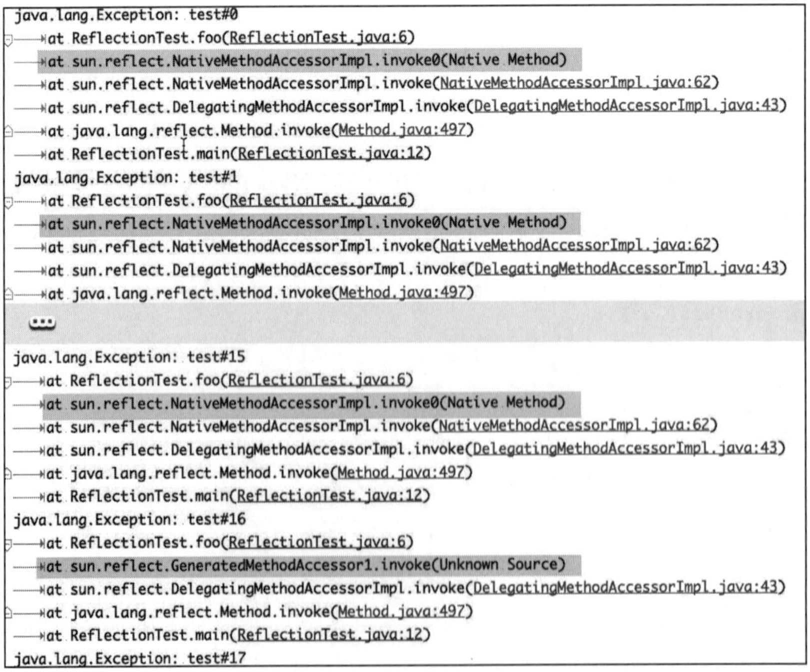

图 3-16 反射调用堆栈

可以看到同一段代码，运行的堆栈结果与执行次数有关，在第 0 ～ 15 次时调用方式为 sun.reflect.NativeMethodAccessorImpl.invoke0，从第 16 次开始调用方式变为了 sun.reflect.GeneratedMethodAccessor1.invoke。接下来看看这背后的原理。

3.5.1 反射方法源码分析

Method.invoke 源码如图 3-17 所示。

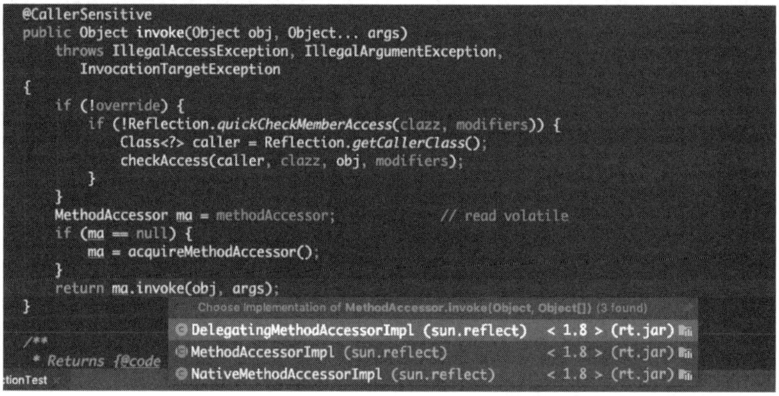

```
@CallerSensitive
public Object invoke(Object obj, Object... args)
    throws IllegalAccessException, IllegalArgumentException,
       InvocationTargetException
{
    if (!override) {
        if (!Reflection.quickCheckMemberAccess(clazz, modifiers)) {
            Class<?> caller = Reflection.getCallerClass();
            checkAccess(caller, clazz, obj, modifiers);
        }
    }
    MethodAccessor ma = methodAccessor;             // read volatile
    if (ma == null) {
        ma = acquireMethodAccessor();
    }
    return ma.invoke(obj, args);
}
```


图 3-17 Method.invoke 源码

Method.invoke 方法调用了 MethodAccessor.invoke 方法，MethodAccessor 是一个接口，它的源码如下所示。

```
public interface MethodAccessor {
    public Object invoke(Object obj, Object[] args)
        throws IllegalArgumentException, InvocationTargetException;
}
```

从输出的堆栈可以看到 MethodAccessor 的实现类是委托类 DelegatingMethodAccessorImpl，它的 invoke 方法非常简单，就是把调用委托给了真正的 MethodAccessorImpl 实现类。

```
class DelegatingMethodAccessorImpl extends MethodAccessorImpl {
    private MethodAccessorImpl delegate;
    public Object invoke(Object obj, Object[] args)
        throws IllegalArgumentException, InvocationTargetException
    {
        return delegate.invoke(obj, args);
    }
```

通过堆栈可以看到在第 0 ～ 15 次调用中，实现类是 NativeMethodAccessorImpl，从第 16 次调用开始，实现类是 GeneratedMethodAccessor1，玄机就在 NativeMethodAccessorImpl 的 invoke 方法中，如图 3-18 所示。

```
public Object invoke(Object obj, Object[] args)
    throws IllegalArgumentException, InvocationTargetException
{
    // We can't inflate methods belonging to vm-anonymous classes because
    // that kind of class can't be referred to by name, hence can't be
    // found from the generated bytecode.
    if (++numInvocations > ReflectionFactory.inflationThreshold()      默认值为 15
            && !ReflectUtil.isVMAnonymousClass(method.getDeclaringClass())) {
        MethodAccessorImpl acc = (MethodAccessorImpl)
            new MethodAccessorGenerator().
                generateMethod(method.getDeclaringClass(),
                               method.getName(),
                               method.getParameterTypes(),
                               method.getReturnType(),
                               method.getExceptionTypes(),
                               method.getModifiers());
        parent.setDelegate(acc);          15 次以后使用新的实现类
    }

    return invoke0(method, obj, args);
}
```

图 3-18　invoke 源码

前 0 ～ 15 次都会调用 invoke0，这是一个 native 的函数，代码如下所示。

```
private static native Object invoke0(Method m, Object obj, Object[] args);
```

15 次调用以后会使用新的逻辑，利用 GeneratedMethodAccessor1 来调用反射的方法。MethodAccessorGenerator 的作用是通过 ASM 生成新的类 sun.reflect.GeneratedMethodAccessor1。为了查看生成的类的内容，可以使用阿里的 arthas 工具。修改上面的代码，在 main 函数的最后加上 " System.in.read();" 让 JVM 进程不要退出。执行 arthas 工具中的 ./as.sh，会要求输入 JVM 进程，如图 3-19 所示。

```
→ bin ./as.sh
Arthas script version: 3.1.0
[INFO] JAVA_HOME : /Library/Java/JavaVirtualMachines/jdk1.8.0_51.jdk/Contents/Home
[INFO] Process 61224 already using port 3658
[INFO] Process 61224 already using port 8563
Found existing java process, please choose one and hit RETURN.
* [1]: 60977 org.jetbrains.idea.maven.server.RemoteMavenServer
  [2]: 15425
  [3]: 60945
  [4]: 60978 org.jetbrains.kotlin.daemon.KotlinCompileDaemon
  [5]: 44306 com.install4j.runtime.launcher.MacLauncher
  [6]: 61223 org.jetbrains.jps.cmdline.Launcher
  [7]: 61224 ReflectionTest
  [8]: 43213 org.jd.gui.OsxApp
  [9]: 61406 us.deathmarine.luyten.LuytenOsx
```

图 3-19　arthas 使用

选择在运行的进程号为 7 的 ReflectionTest 就进入了 arthas 交互性界面。执行 dump sun.reflect.GeneratedMethodAccessor1，将类文件保存到本地，如图 3-20 所示。

```
$ dump sun.reflect.GeneratedMethodAccessor1
HASHCODE  CLASSLOADER                                        LOCATION
5a07e868  +-sun.reflect.DelegatingClassLoader@5a07e868       /Users/arthur/logs/arthas/classdump/sun.reflect.DelegatingClassLoader-5a07e868/
          +-sun.misc.Launcher$AppClassLoader@14dad5dc        r1.class
          +-sun.misc.Launcher$ExtClassLoader@6601ec91
```

图 3-20　arthas 使用

这个类的字节码如图 3-21 所示。

```
{
  public java.lang.Object invoke(java.lang.Object, java.lang.Object[]) throws java.lang.reflect.InvocationTargetException;
    descriptor: (Ljava/lang/Object;[Ljava/lang/Object;)Ljava/lang/Object;
    flags: ACC_PUBLIC
    Code:
      stack=4, locals=3, args_size=3
         0: aload_2
         1: ifnull        20
         4: aload_2
         5: arraylength
         6: sipush        0
         9: if_icmpeq     20
        12: new           #20    // class java/lang/IllegalArgumentException
        15: dup
        16: invokespecial #27    // Method java/lang/IllegalArgumentException."<init>":()V
        19: athrow
        20: invokestatic  #10    // Method ReflectionTest.foo:()V
        23: aconst_null
        24: areturn
        25: invokespecial #40    // Method java/lang/Object.toString:()Ljava/lang/String;
        28: new           #20    // class java/lang/IllegalArgumentException
        31: dup_x1
        32: swap
        33: invokespecial #30    // Method java/lang/IllegalArgumentException."<init>":(Ljava/lang/String;)V
        36: athrow
        37: new           #22    // class java/lang/reflect/InvocationTargetException
        40: dup_x1
        41: swap
        42: invokespecial #33    // Method java/lang/reflect/InvocationTargetException."<init>":(Ljava/lang/Throwable;)V
        45: athrow
      Exception table:
         from    to  target type
             0    20      25   Class java/lang/ClassCastException
             0    20      25   Class java/lang/NullPointerException
            20    23      37   Class java/lang/Throwable
```

图 3-21   arthas 使用

翻译上面这段字节码，忽略掉异常处理以后的代码如下所示。

```
public class GeneratedMethodAccessor1 extends MethodAccessorImpl {
    @Override
    public Object invoke(Object obj, Object[] args)
            throws IllegalArgumentException, InvocationTargetException {
        ReflectionTest.foo();
        return null;
    }
}
```

为什么要设置为 0 ~ 15 次使用 native 方式来调用，15 次以后使用 ASM 新生成的类来处理反射的调用呢？

这是基于性能的考虑，JNI native 调用的方式要比动态生成类调用的方式慢 20 倍左右，但是由于第一次字节码生成的过程比较慢，如果反射仅调用一次的话，采用生成字节码的方式反而比 native 调用的方式慢 3 ~ 4 倍。为了权衡这两种方式的利弊，Java 引入了 inflation 机制，接下来我们来看看 inflation 的细节。

3.5.2 反射的 inflation 机制

很多情况下，反射只会调用一两次，JVM 于是想了一个办法，设置了一个 sun.reflect.

inflationThreshold 阈值，默认等于 15。当反射方法调用超过 15 次时（从 0 开始计算），会使用 ASM 生成新类，保证后面的调用比 native 要快。调用次数小于 15 次的情况下，直接用 native 的方式来调用，没有额外类的生成、校验、加载的开销。这种方式被称为 inflation 机制。

JVM 与 inflation 相关的属性有两个，一个是刚提到的阈值 sun.reflect.inflationThreshold，还有一个是是否禁用 inflation 的属性 sun.reflect.noInflation，默认值为 false。如果把 sun.reflect.noInflation 这个值设置成 true，那么从第 0 次开始就使用动态生成类的方式来调用反射方法了，而不会使用 native 的方式。增加 noInflation 选项重新执行上述 Java 代码，如下所示。

```
java -cp . -Dsun.reflect.noInflation=true ReflectionTest
```

输出结果如下所示。

```
java.lang.Exception: test#0
        at ReflectionTest.foo(ReflectionTest.java:10)
        at sun.reflect.GeneratedMethodAccessor1.invoke(Unknown Source)
        at java.lang.reflect.Method.invoke(Method.java:497)
        at ReflectionTest.main(ReflectionTest.java:18)
java.lang.Exception: test#1
        at ReflectionTest.foo(ReflectionTest.java:10)
        at sun.reflect.GeneratedMethodAccessor1.invoke(Unknown Source)
        at java.lang.reflect.Method.invoke(Method.java:497)
        at ReflectionTest.main(ReflectionTest.java:18)
```

可以看到，从第 0 次开始就已经没有使用 native 方法来调用反射方法了。

3.6 小结

这一章介绍了字节码稍微复杂一点的知识，我们来回顾一下重点知识：首先详细介绍了方法调用的 5 条指令的联系和区别，随后重点介绍了 invokedynamic 指令和在 Lambda 表达式上的应用，最后从字节码的角度分析了泛型擦除、synchronized 关键字和反射的原理。下一章我们会深入剖析 javac 编译原理的内容。

javac 编译原理简介

编译原理是计算机科学皇冠上的明珠，也是程序员心中的一座高峰。很多人会想："我又不会发明一门自己的语言，为什么要学习编译原理呢？"。编译原理与我们的日常工作息息相关，比如 SQL 的解析、自定义流程编排引擎、界面模板引擎、特定领域语言 DSL、Hibernate HQL 语句等，通过学习编译原理可以让我们更加深入地理解语言背后的底层机制，提高代码优化的能力。

编译原理的基础知识超出了本书的范围，这一章我们会以 javac 编译器为切入点，来看看 javac 是如何把 Java 源码编译为符合虚拟机规范的 class 文件的。编译原理中，源代码到机器指令的过程如图 4-1 所示。

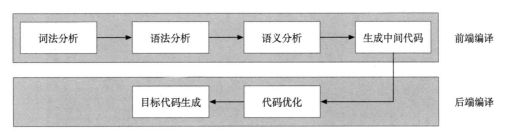

图 4-1　编译原理

javac 这种将源文件转为字节码的过程在编译原理上属于前端编译，不涉及目标机器码相关的代码的生成和优化。JDK 中的 javac 本身是用 Java 语言编写的，在某种意义上实现了 Java 语言的自举。javac 没有使用类似 YACC、Lex 这样的生成器工具，所有的词法分析、语法分析等功能都是自己实现，代码比较精简和高效。

通过学习这一章，你会获得下面这些知识。

❑ javac 源码调试方法

❑ javac 编译过程的七个阶段和各阶段的作用

❑ switch-case 语句的 tableswitch 和 lookupswitch 指令选择的依据

❑ Java 语言规范背后的校验细节

❑ 重载方法的选择过程

javac 的源码比较复杂，如果没有扎实的编译原理基础，阅读起来就会比较吃力，调试源码是一个比较好的方式，可以帮助我们更好地理解实现细节。下面先来看看如何在 IDEA 中调试 javac 的源码。

4.1　javac 源码调试

javac 源码调试的过程比较简单，它本身是用纯 Java 语言编写的，对我们理解内部逻辑比较友好。下面的环境是在 IntelliJ IDEA 和 JDK8 下完成的，分为下面这几步。

1）首先下载并导入 javac 的源码。从 OpenJDK 的网站下载 javac 的源码，导入 IntelliJ IDEA 中。

2）找到 javac 主函数入口，代码在 src/com/sun/tools/javac/Main.java。运行 main 方法，正常情况下应该会在控制台输出如图 4-2 所示的内容。

```
/Library/Java/JavaVirtualMachines/jdk1.8.0_51.jdk/Contents/Home/bin/java ...
objc[21081]: Class JavaLaunchHelper is implemented in both /Library/Java/JavaVirtualMa
  (0x1029c24c0) and /Library/Java/JavaVirtualMachines/jdk1.8.0_51.jdk/Contents/Home/jre
  will be used. Which one is undefined.
Usage: javac <options> <source files>
where possible options include:
  -g                         Generate all debugging info
  -g:none                    Generate no debugging info
  -g:{lines,vars,source}     Generate only some debugging info
  -nowarn                    Generate no warnings
  -verbose                   Output messages about what the compiler is doing
  -deprecation               Output source locations where deprecated APIs are used
  -classpath <path>          Specify where to find user class files and annotation pro
  -cp <path>                 Specify where to find user class files and annotation pro
  -sourcepath <path>         Specify where to find input source files
  -bootclasspath <path>      Override location of bootstrap class files
  -extdirs <dirs>            Override location of installed extensions
  -endorseddirs <dirs>       Override location of endorsed standards path
  -proc:{none,only}          Control whether annotation processing and/or compilation
  -processor <class1>[,<class2>,<class3>...] Names of the annotation processors to run
  -processorpath <path>      Specify where to find annotation processors
  -parameters                Generate metadata for reflection on method parameters
  -d <directory>             Specify where to place generated class files
```

图 4-2　javac 运行 main 方法

新建一个空的 HelloWorld.java 文件，在启动配置的 Program arguments 里加入 HelloWorld.java 的绝对路径，如图 4-3 所示。

再次运行 Main.java，可以看到在 HelloWorld.java 的同级目录生成了 HelloWorld.class 文件。

3）打开 Project Structure 页面（File → Project Structure），选择 Dependencies 选项卡，把 <Moudle source> 顺序调整到项目 JDK 上面，如图 4-4 所示。

图 4-3　javac 的 IDEA 配置（1）

图 4-4　javac 的 IDEA 配置（2）

　　在 Main.java 中打上断点，开始调试就可以进入项目源码中的断点处了。接下来看一个实际的例子，以 int 整型常量加载指令的选择过程为例，测试代码如下所示。

```
public static void foo() {
    int a = 0;
```

```
int b = 6;
int c = 130;
int d = 33000;
}
```

在 com/sun/tools/javac/jvm/Items.java 的 load() 方法加上断点，如图 4-5 所示。

```
Item load() {
    switch (typecode) {  typecode: 0 (0x0)
    case INTcode: case BYTEcode: case SHORTcode: case CHARcode:
        int ival = ((Number)value).intValue();  value: 0
        if (-1 <= ival && ival <= 5)
            code.emitop0(iconst_0 + ival);
        else if (Byte.MIN_VALUE <= ival && ival <= Byte.MAX_VALUE)
            code.emitop1(bipush, ival);
        else if (Short.MIN_VALUE <= ival && ival <= Short.MAX_VALUE)
            code.emitop2(sipush, ival);
        else
            ldc();
        break;
```

图 4-5 Javac 源码断点设置

可以看到指令选择的策略依次如下。

❑ −1 ～ 5，选择 iconst_x 指令。

❑ −128 ～ 127，选择 bipush 指令。

❑ −32768 ～ 32767，选择 sipush 指令。

❑ 其他范围，选择 ldc 指令。

这就印证了第 2 章中介绍的知识，接下来我们讲解 javac 编译过程的细节。

4.2　javac 的七个阶段

javac 的编译过程分为七个阶段，如图 4-6 所示。

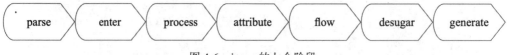

图 4-6　javac 的七个阶段

1）parse：读取 .java 源文件，做词法分析（LEXER）和语法分析（PARSER）

2）enter：生成符号表

3）process：处理注解

4）attr：检查语义合法性、常量折叠

5）flow：数据流分析

6）desugar：去除语法糖

7）generate：生成字节码

接下来我们逐一介绍各项内容。

4.2.1 parse 阶段

parse 阶段的主要作用是读取 .java 源文件并做词法分析和语法分析。

词法分析（lexical analyze）将源代码拆分为一个个词法记号（Token），这个过程又被称为扫描（scan），比如代码 i = 1 + 2 在词法分析时会被拆分为五部分：i、=、1、+、2。这个过程会将空格、空行、注释等对程序执行没有意义的部分排除。词法分析与我们理解英语的过程类似，比如英语句子 "you are handsome" 在我们大脑中会被拆分为 you、are、handsome 三个单词。

javac 中的词法分析由 com.sun.tools.javac.parser.Scanner 实现，以语句 "int k = i + j;" 为例，引入 Scanner 类的源码做实际的测试，以下面的代码清单 4-1 为例。

代码清单 4-1　Scanner 代码示例

```
import com.sun.tools.javac.parser.Scanner;
import com.sun.tools.javac.parser.ScannerFactory;
import com.sun.tools.javac.util.Context;

public class MyTest {
    public static void main(String[] args) {
        ScannerFactory factory = ScannerFactory.instance(new Context());
        Scanner scanner = factory.newScanner("int k = i + j;", false);

        scanner.nextToken();
        System.out.println(scanner.token().kind);   // int
        scanner.nextToken();
        System.out.println(scanner.token().name()); // j
        scanner.nextToken();
        System.out.println(scanner.token().kind);   // =
        scanner.nextToken();
        System.out.println(scanner.token().name()); // i
        scanner.nextToken();
        System.out.println(scanner.token().kind);   // +
        scanner.nextToken();
        System.out.println(scanner.token().name()); // j
        scanner.nextToken();
        System.out.println(scanner.token().kind);   // ;
    }
}
```

Scanner 会读取源文件中的内容，将其解析为 Java 语言的 Token 序列，这个过程如图 4-7 所示。

词法分析之后是进行语法分析（syntax analyzing），语法分析是在词法分析的基础上分析单词之间的关系，将其转换为计算机易于理解的形式，生成抽象语法树（Abstract Syntax Tree，AST）。AST 是一个树状结构，树的每个节点都是一个语法单元，抽象语法树是后续的语义分析、语法校验、代码生成的基础。

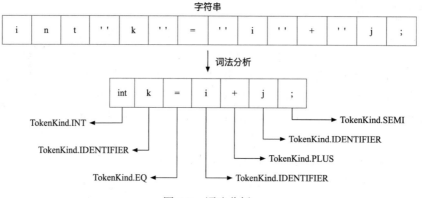

图 4-7　词法分析

与其他大多数语言一样，javac 也是使用递归下降法（recursive descent）来生成抽象语法树。主要功能由 com.sun.tools.javac.parser.JavacParser 类完成，语句"int k = i + j;"对应的 AST 如图 4-8 所示。

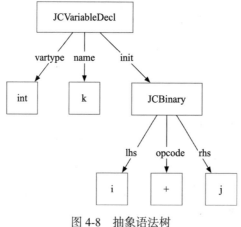

图 4-8　抽象语法树

词法分析和语法分析没有我们想的那么遥远，解析 CSV、JSON、XML 本质上也是语法分析和一部分语义分析的过程。

4.2.2　enter 阶段

enter 阶段的主要作用是解析和填充符号表（symbol table），主要由 com.sun.tools.javac.comp.Enter 和 com.sun.tools.javac.comp.MemberEnter 类来实现。符号表是由标识符、标识符类型、作用域等信息构成的记录表。在遍历抽象语法树遇到类型、变量、方法定义时，会将它们的信息存储到符号表中，方便后续进行快速查询。

以下面的代码为例。

```
public class HelloWorld { // 定义类 HelloWorld
    int x = 5; // 定义 int 型字段 x, 初始化值为 5
    char y = 'A'; // 定义 char 型字段 y, 初始化值为 'A'
    // 定义 add 方法, 返回类型为 long, 参数个数为 2, 类型都为 long
    public long add(long a, long b) {
        return a + b;
    }
}
```

javac 使用 Symbol 类来表示符号，每个符号都包含名称、类别和类型这三个关键属性，如下所示。

❑ name 表示符号名，比如上面代码中的 x、y、add 都是符号名。

❑ kind 表示符号类型，上面代码中，x 的符号类型是 Kinds.VAR，表示这是一个变量符号。add 的符号类型是 Kinds.MTH，表示这是一个方法符号。

❑ type 表示符号类型，上面代码中，x 的符号类型是 int，y 的符号类型为 char，add 方法的符号类型为 null，对于 Java 这种静态类型的语言来说，在编译期就会确定变量的类型。

Symbol 类是一个抽象类，常见的实现类有 VarSymbol、MethodSymbol 等，如图 4-9 所示。

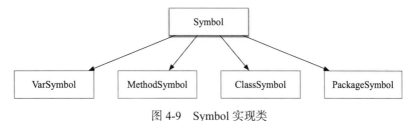

图 4-9   Symbol 实现类

Symbol 定义了符号是什么，作用域（Scope）则指定了符号的有效范围，由 com.sun.tools.javac.code.Scope 类表示。以下面的代码为例。

```
public void foo() {
    int x = 0; // x 在 foo 方法作用域内
    System.out.println(x);
}

public void bar() {
    int x = 0; // x 在 bar 方法作用域内
    System.out.println(x);
}
```

foo 和 bar 函数都定义了一个名为 x 的 int 类型的变量，这两个变量能独立使用且不会互相影响，在超出各自的方法体作用域以后就对外不可见了，外部也访问不到。

作用域也可以进行嵌套，如下面的代码所示。

```
public class MyClass {
```

```
    int x = 0;
    public void foo() {
        int i = 0; // foo 方法作用域
        {
            int y = 0; // 第一层嵌套作用域
            {
                int z = 0; // 第二层嵌套作用域
            }
        }
        int j = 0; // foo 方法作用域
    }
}
```

符号表查找的过程是先在当前作用域中查找，如果找到，就直接返回；如果没有找到，那么它会向上在外层的作用域中继续查找，直到找到或者到达顶层作用域为止。

enter 阶段除了上述生成符号表，还会在类文件中没有默认构造方法的情况下，添加 <init> 构造方法等。

4.2.3 process 阶段

process 用来做注解的处理，这个步骤由 com.sun.tools.javac.processing.JavacProcessing-Environment 类完成。从 JDK6 开始，javac 支持在编译阶段允许用户自定义处理注解，大名鼎鼎的 lombok 框架就是利用了这个特性，通过注解处理的方式生成目标 class 文件，比在运行时反射调用性能明显提升。这一部分的内容比较多，会在后面的章节单独进行介绍，这里不再详细展开。

4.2.4 attr 阶段

attr 阶段是语义分析的一部分，主要由 com.sun.tools.javac.comp.Attr 类实现，这个阶段会做语义合法性检查、常量折叠等，由 com.sun.tools.javac.comp 包下的 Check、Resolve、ConstFold、Infer 几个类辅助实现。

com.sun.tools.javac.comp.Check 类的主要作用是检查变量类型、方法返回值类型是否合法，是否有重复的变量、类定义等，比如下面这些场景。

1）检查方法返回值是否与方法声明的返回值类型一致，以下面的代码为例。

```
public int foo() {
    return "hello";
}
```

这个检查由 com.sun.tools.javac.comp.Check 类的 checkType 完成，这个方法的定义如下。

```
Type checkType(final DiagnosticPosition pos, final Type found, final Type req,
final CheckContext checkContext){
}
```

其中 found 参数值表示当前语法节点的类型，req 参数表示当前语义环境需要的类型，这个方法内部会调用 checkContext.compatible 方法检查 found 与 req 是否匹配。当抽象语法树遍历到 "return hello;" 对应的节点时，得到的 found 参数值为对象类型 String，req 类型为 int，返回值类型和方法声明不一致，错误日志如下所示。

```
error: incompatible types: String cannot be converted to int
        return "hello";
               ^
1 error
```

2）检查是否有重复的定义，比如检查同一个类中是否存在相同签名的方法。校验的逻辑由 Check 类的 checkUnique 方法实现，以下面的代码为例。

```
class HelloWorld {
    public void foo() {}
    public void foo() {}
}
```

在编译时会出现重复定义的错误，如下所示。

```
error: method foo() is already defined in class HelloWorld
    public void foo() {}
                ^
```

com.sun.tools.javac.comp.Resolve 类的主要作用是：

❏ 检查变量、方法、类访问是否合法，比如 private 方法的访问是否在方法所在类中访问等。

❏ 为重载方法调用选择最具体（most specific）的方法。

以下面的代码为例：

```
public static void method(Object obj) {
    System.out.println("method # Object");
}

public static void method(String obj) {
    System.out.println("method # String");
}

public static void main(String[] args) {
    method(null);
}
```

在 Java 中允许方法重载（overload），但要求方法签名不能一样。调用 method(null) 实际是调用第二个方法输出 "method # String"，javac 在编译时会推断出最具体的方法，方法的选择在 Resolve 类的 mostSpecific 方法中完成。第二个方法的入参类型 String 是第一个方法的入参类型 Object 的子类，会被 javac 认为更具体。

将上面的例子稍作修改，增加一个入参类型为 Integer 的 method 方法。

```java
public static void method(Integer obj) {
    System.out.println("method # Integet");
}

public static void method(String obj) {
    System.out.println("method # String");
}

public static void main(String[] args) {
    method(null);
}
```

在编译时会报错，错误信息如下：

```
error: reference to method is ambiguous
        method(null);
        ^
    both method method(Integer) in HelloWorld and method method(String) in
HelloWorld match
```

null 可以被赋值给 String 类型，也可以被赋值给 Integer 类型，此时编译器无法决定该调用哪个方法。

com.sun.tools.javac.comp.ConstFold 类的主要作用是在编译期将可以合并的常量合并，比如常量字符串相加，常量整数运算等，以下面的代码为例。

```java
public void foo() {
    int x = 1 + 2;
    String y = "hel" + "lo";
    int z = 100 / 2;
}
```

对应的字节码如下所示：

```
0: iconst_3
1: istore_1
2: ldc           #2                    // String hello
4: astore_2
5: bipush        50
7: istore_3
8: return
```

可以看到编译后的字节码已经将常量进行了合并，javac 没有理由把这些可以在编译期完成的计算留到运行时。

com.sun.tools.javac.comp.Infer 类的主要作用是推导泛型方法的参数类型，比较简单，这里不再赘述。

4.2.5　flow 阶段

flow 阶段主要用来处理数据流分析，主要由 com.sun.tools.javac.comp.Flow 类实现，很多编译期的校验在这个阶段完成，下面列举几个常见的场景。

1）检查非 void 方法是否所有的退出分支都有返回值，以下面的代码为例：

```java
public boolean foo(int x) {
    if (x == 0) {
        return true;
    }
    // 注释掉这个 return
    // return false;
}
```

上面的代码编译报错如下：

```
error: missing return statement
    }
    ^
```

2）检查受检异常（checked exception）是否被捕获或者显式抛出，以下面的代码为例。

```java
public void foo() {
    throw new FileNotFoundException();
}
```

上面的代码编译报错如下：

```
error: unreported exception FileNotFoundException; must be caught or declared to
be thrown
    throw new FileNotFoundException();
    ^
```

3）检查局部变量使用前是否被初始化。Java 中的成员变量在未赋值的情况下会赋值为默认值，但是局部变量不会，在使用前必须先赋值，以下面的代码为例。

```java
public void foo() {
    int x;
    int y = x + 1;
    System.out.println(y);
}
```

上面的代码编译报错如下：

```
error: variable x might not have been initialized
        int y = x + 1;
                ^
```

4) 检查 final 变量是否有重复赋值，保证 final 的语义，以下面的代码为例。

```java
public void foo(final int x) {
```

```
    x = 2;
    System.out.println(x);
}
```

上面的代码编译报错如下:

```
error: final parameter x may not be assigned
    x = 2;
    ^
```

5）检查是否有语句不可达，比如在 return 之后的不可达代码，以下面的代码为例。

```
public int foo() {
    System.out.println("Hello");
    return 1;
    System.out.println("World");
}
```

上面的代码编译报错如下。

```
error: unreachable statement
    System.out.println("World");
    ^
```

这个逻辑判断是在 Flow.java 的 AliveAnalyzer 中完成的，在遇到 return 以后，会回调 markDead 方法，把 alive 变量设置为 false，表示后面的代码块将不可达，源代码如下所示。

```
void markDead(JCTree tree) {
    alive = false;
}
```

继续往下处理第 2 个 println 时，回调 AliveAnalyzer 的 scanStat 方法，这里会判定当前语句是否已经不可达，如果不可达，则输出错误日志，如下所示。

```
void scanStat(JCTree tree) {
    // 如果已经不可达, tree 代表第二次 println 语句, 不为 null
    if (!alive && tree != null) {
        // 打印 "error: unreachable statement"
        log.error(tree.pos(), "unreachable.stmt");
        if (!tree.hasTag(SKIP)) alive = true;
    }
    scan(tree);
}
```

4.2.6 desugar 阶段

Java 的语法糖没有 Kotlin 和 Scala 那么丰富，每次随着新版本的发布都会加入非常多的语法糖。下面这些某种意义上来说都算是语法糖：泛型、内部类、try-with-resources、foreach 语句、原始类型和包装类型之间的隐式转换、字符串和枚举的 switch-case 实现、后缀和前缀运算符（i++ 和 ++i）、变长参数等。

desugar 的过程就是解除语法糖，主要由 com.sun.tools.javac.comp.TransTypes 类和 com. sun.tools.javac.comp.Lower 类完成。TransTypes 类用来擦除泛型和插入相应的类型转换代码，Lower 类用来处理除泛型以外其他的语法糖。下面是列举的几个常见的 Desugar 例子。

1）在 desugar 阶段泛型会被擦除，在有需要时自动为原始类和包装类型转换添加拆箱、装箱代码，以下面的代码为例。

```java
public void foo() {
    List<Long> idList = new ArrayList<>();
    idList.add(1L);
    long firstId = idList.get(0);
}
```

对应的字节码如下所示：

```
// 执行 new ArrayList<>()
 0: new            #2              // class java/util/ArrayList
 3: dup
 4: invokespecial #3              // Method java/util/ArrayList."<init>":()V
 7: astore_1
 8: aload_1
// 把原始类型 1 自动装箱为 Long 类型
 9: lconst_1
10: invokestatic   #4              // Method java/lang/Long.valueOf:(J)Ljava/lang/
Long;
// 执行 add 调用
13: invokeinterface #5,  2        // InterfaceMethod java/util/List.add:(Ljava/
lang/Object;)Z
18: pop
19: aload_1
// 执行 get(0) 调用
20: iconst_0
21: invokeinterface #6,  2        // InterfaceMethod java/util/List.get:(I)Ljava/
lang/Object;
// 检查 Object 对象是否是 Long 类型
26: checkcast      #7              // class java/lang/Long
// 自动拆箱为原始类型
29: invokevirtual #8              // Method java/lang/Long.longValue:()J
32: lstore_2
33: return
```

把上面的代码转换为等价的 Java 代码，如下所示：

```java
public void foo() {
    List idList = new ArrayList();
    // 原始类型自动装箱
    idList.add(Long.valueOf(1L));
    // 插入强制类型转换，保持泛型语义，自动拆箱转为原始类型
```

```
        long firstId = ((Long) idList.get(0)).longValue();
    }
```

2）去除逻辑死代码，也就是不可能进入的代码块，比如 if (false) {}，以下面的代码为例。

```
public void foo() {
    if (false) {
        System.out.println("string #1 false");
    } else {
        System.out.println("string #2 true");
    }
}
```

对应的字节码如下所示：

```
public void foo();
    0: getstatic     #2      // Field java/lang/System.out:Ljava/io/PrintStream;
    3: ldc           #3      // String string #2 true
    5: invokevirtual #4      // Method java/io/PrintStream.println: (Ljava/lang/
String;)V
    8: return
```

可以看到，在编译后的字节码中 if (false) 分支的代码已经不存在了，javac 这部分的逻辑在 Lower 类的 visitIf 方法中处理，如下面的代码清单 4-2 所示。

代码清单 4-2　逻辑死分支剔除

```
public void visitIf(JCIf tree) {
    JCTree cond = tree.cond = translate(tree.cond, syms.booleanType);
    if (cond.type.isTrue()) {
        result = translate(tree.thenpart);
        addPrunedInfo(cond);
    } else if (cond.type.isFalse()) {
        if (tree.elsepart != null) {
            result = translate(tree.elsepart);
        } else {
            result = make.Skip();
        }
        addPrunedInfo(cond);
    } else {
        // Condition is not a compile-time constant.
        tree.thenpart = translate(tree.thenpart);
        tree.elsepart = translate(tree.elsepart);
        result = tree;
    }
}
```

在碰到 if 语句块时，javac 会先判断 if 条件值在编译期是否是一个固定值。如果条件值恒等于 true，则会保留 if 条件部分，去掉 else 部分；反之，如果条件值恒等于 false，则会

去掉 if 部分，保留 else 部分。如果条件值在编译期不恒等于 true 和 false，则会保留 if 和
else 两部分。

3）String 类、枚举类的 switch-case 也是在 Desugar 阶段进行的，以下面的枚举类
switch 代码为例。

```
Color color = Color.BLUE;
switch (color) {
    case RED:
        System.out.println("red");
        break;
    case BLUE:
        System.out.println("blue");
        break;
    default:
        System.out.println("default");
        break;
}
```

javac 为枚举的每一个 switch 都会生成一个中间类，这个类包含了一个称为"SwitchMap"
的数组，这个 SwitchMap 数组维护了枚举 ordinal 值与递增整数序列的映射关系。上面的代
码会转为如代码清单 4-3 所示的实现形式。

代码清单 4-3　枚举 switch 的等价实现

```
class Outer$0 {
    synthetic static final int[] $SwitchMap$Color = new int[Color.values().
length];

    static {
        try {
            $SwitchMap$Color[Color.RED.ordinal()] = 1;
        } catch (NoSuchFieldError ex) {
        }
        try {
            $SwitchMap$Color[Color.BLUE.ordinal()] = 2;
        } catch (NoSuchFieldError ex) {
        }
    }
}

public void bar(Color color) {
    switch (Outer$0.$SwitchMap$Color[color.ordinal()]) {
        case 1:
            System.out.println("red");
            break;
        case 2:
            System.out.println("blue");
            break;
        default:
```

```
        System.out.println("default");
        break;
    }
}
```

为什么不直接用 ordinal 值来作为 case 值呢？这是为了提供更好的性能，case 值中的 ordinal 值不一定是连续的，通过 SwitchMap 数组可以把不连续的 ordinal 值转为连续的 case 值，编译成更高效的 tableswitch 指令。

4.2.7　generate 阶段

generate 阶段的主要作用是遍历抽象语法树生成最终的 Class 文件，由 com.sun.tools. javac.jvm.Gen 类实现，下面列举了几个常见的场景。

1）初始化块代码并收集到 <init> 和 <clinit> 中，以下面的代码为例。

```
public class MyInit {
    {
        System.out.println("hello");
    }
    public int a = 100;
}
```

生成的构造器方法 <init> 对应的字节码如下所示。

```
public MyInit();
     0: aload_0
     1: invokespecial #1            // Method java/lang/Object."<init>":()V
     4: getstatic     #2            // Field java/lang/System.out:Ljava/io/
PrintStream;
     7: ldc           #3            // String hello
     9: invokevirtual #4            // Method java/io/PrintStream.println:(Ljava/
lang/String;)V
    12: aload_0
    13: bipush        100
    15: putfield      #5            // Field a:I
    18: return
```

可以看到，编译器会自动帮忙生成一个构造器方法 <init>，没有写在构造器方法中的字段初始化、初始化代码块都被收集到了构造器方法中，翻译为 Java 源代码如下所示。

```
public class MyInit {
    public int a;

    public MyInit() {
        System.out.println("hello");
        this.a = 100;
    }
}
```

与 static 修饰的静态初始化的逻辑一样，javac 会将静态初始化代码块和静态变量初始化收集到 <clinit> 方法中。

2）把字符串拼接语句转换为 StringBuilder.append 的方式来实现，比如下面的字符串 x 和 y 的拼接代码。

```
public void foo(String x, String y) {
    String ret = x + y;
    System.out.println(ret);
}
```

在 generate 阶段会被转换为下面的代码。

```
public void foo(String x, String y) {
    String ret = new StringBuilder().append(x).append(y).toString();
    System.out.println(ret);
}
```

3）为 synchronized 关键字生成异常表，保证 monitorenter、monitorexit 指令可以成对调用。

4）switch-case 实现中 tableswitch 和 lookupswitch 指令的选择。

第 2 章介绍过，switch-case 的实现会根据 case 值的稀疏程度选择 tableswitch 或者 lookupswitch 指令来实现，以下面的代码为例。

```
public static void foo() {
    int a = 0;
    switch (a) {
        case 0:
            System.out.println("#0");
            break;
        case 1:
            System.out.println("#1");
            break;
        default:
        System.out.println("default");
            break;
    }
}
```

对应的字节码如下所示。

```
public static void foo();
 0: iconst_0
 1: istore_0
 2: iload_0
 3: lookupswitch  { // 2
                0: 28
                1: 39
          default: 50
     }
```

可以看到，上面的代码是采用 lookupswitch 而不是 tableswitch 来实现，难道 case 值 0 和 1 还不够紧凑吗？

我们来分析原因，这两个指令的选择逻辑在 com/sun/tools/javac/jvm/Gen.java 中，如下所示。

```
long table_space_cost = 4 + ((long) hi - lo + 1); // words
long table_time_cost = 3; // comparisons
long lookup_space_cost = 3 + 2 * (long) nlabels;
long lookup_time_cost = nlabels;
int opcode =
    nlabels > 0 &&
    table_space_cost + 3 * table_time_cost <=
    lookup_space_cost + 3 * lookup_time_cost
    ?
    tableswitch : lookupswitch;
```

在上面的例子中，nlables 等于 case 值的个数，等于 2，hi 表示 case 值的最大值 1，lo 表示 case 值的最小值 0，因此可以计算出使用 tableswitch 和 lookupswitch 的时间和空间代价，如下所示。

```
// table_space_cost 表示 tableswitch 的空间代价
table_space_cost = 4 + (1 - 0 + 1) = 6
// table_time_cost 表示 tableswitch 的时间代价，恒等于 3
table_time_cost = 3
// lookup_space_cost 表示 lookupswitch 的空间代价
lookup_space_cost = 3 + 2 * 2 = 7
// lookup_time_cost 表示 lookupswitch 的时间代价
lookup_time_cost = 2
```

tableswitch 和 lookupswitch 的总代价计算公式如下。

```
代价 = 空间代价 + 3 * 时间代价
```

因此在 case 值为 0、1 时，tableswitch 的代价为 6 + 3 * 3 = 15，lookupswitch 的代价为 7 + 3 * 2 = 13，lookupswitch 的代价更小，javac 选择了 lookupswitch 作为 switch-case 的实现指令。

如果 case 值变多为 0、1、2 时，nlables 等于 3，hi 等于 2，lo 等于 0，因此计算出空间代价和时间代价如下。

```
table_space_cost = 7
table_time_cost = 3
lookup_space_cost = 3 + 2 * 3 = 9
lookup_time_cost = 3
table_space_cost + 3 * table_time_cost  = 7 + 3 * 3 = 16
lookup_space_cost + 3 * lookup_time_cost = 9 + 3 * 3 = 18
```

这种情况下，table_space_cost 的代价更小，选择 tableswitch 作为 switch-case 的实现指令。

通过上面的源码分析，可以彻底搞清楚 switch-case 实现指令选择的依据：在一般情况下，当 case 值较稀疏时，使用 tableswitch 的空间代价较大，会选择 lookupswitch 指令来实现；当 case 值较密集时，lookupswitch 的时间代价比 tableswitch 高，会选择 tableswitch 指令。

4.3　小结

到这里，javac 的内容就介绍完了，javac 的源码比较复杂，里面有大量编译原理的实现细节，本章只是揭开了冰山一角，更多细节可以通过本章开头的源码调试来了解。从下一章开始，我们来学习字节码在 Kotlin 上的应用。

Chapter 5 第 5 章

从字节码角度看 Kotlin 语言

Kotlin 是一门让人觉得惊喜的语言，2017 年 Google I/O 大会上，Google 宣布将 Kotlin 作为 Android 开发的首选语言以后，Kotlin 得到了大量的关注和快速的发展。Kotlin 代码更加简洁，类型推断、不变性、null 安全、函数式编程、协程等特性都非常好用，而且能够与 Java 无缝互相调用，迁移成本几乎为零。与其说 Kotlin 是一门新语言，不如说是 Java 上最流行的库。本章我们来看看 Kotlin 语言背后的字节码原理，通过阅读本章你会学到下面这些知识：

❑ Metadata 注解是什么
❑ Kotlin 单例、底层方法、多返回值、数据类的实现原理
❑ Kotlin 扩展方法、高级 for 循环的实现原理
❑ 协程的实现原理、CPS 概念

5.1　Metadata 注解

用反编译工具打开任意一个 Kotlin 文件生成的 class 文件，会看到一个很长的 @Metadata 注解，如下所示。

```
@Metadata(
mv = { 1, 1, 13 },
bv = { 1, 0, 3 },
k = 1,
d1 = { "\u0000\u0010\n\u0002\u0018\u0002\n\u0002\u0010\u0000\n\u0002\b\u0002\
n\u0002\u0010\u000e\u0018\u00002\u00020\u0001B\u0005¢\u0006\u0002\u0010\u0002J\b\
u0010\u0003\u001a\u0004\u0018\u00010\u0004" },
```

```
d2 = { "LHello;", "", "()V", "foo", "" })
```

为什么需要这样一个注解呢？Kotlin 代码最终要编译为 Class 文件，但 Kotlin 语言独有的一些特性，比如 lateinit、nullable、properties delegation 等无法用单纯的字节码表示，这些信息都被写入 Metadata 注解中。

完整的 Metadata 注解字段对应的介绍如表 5-1 所示。

表 5-1　Metadata 说明

字段名	缩写	含义
k	kind	Metadata 注解的类型
mv	metadata version	表示 metadata 的版本号
bv	bytecode version	Kotlin 字节码的版本号
d1	data1	额外的语法信息
d2	data2	额外的语法信息
xs	extra string	额外的字符串信息
xi	extra int	额外的信息标记
pn	package name	全限定包名

其中 k 是 kind 的缩写，表示 Metadata 注解的类型，Kotlin 共定义了下面这五种类型：

❑ 1 表示 Class 类型
❑ 2 表示 File 类型
❑ 3 表示 Synthetic class 类型
❑ 4 表示 Multi-file class facade 类型
❑ 5 表示 Multi-file class part 类型

本例中 k 为 1，表示这是一个 Class 类型。

mv 是 metadata version 的缩写，是一个 int 数组，表示 metadata 的版本号，本例中"mv = { 1, 1, 13 }"表示 metadata 版本号是 1.1.13。

bv 是 bytecode version 的缩写，是一个 int 数组，表示 Kotlin 字节码的版本号，这个例子中是 1.0.3。

d1、d2、xs 都包含了额外的语法信息，其中 d1 和 d2 分别是 data1、data2 的缩写，d1 是 protobuf 编码的二进制流，xs 是 extra string 的缩写，类型为 String 类型。

xi 是 extra int 的缩写，用一个整型值存储了额外的信息。这个值是一个比特位，常见值有：

❑ 0：表示这个 class 文件是 multi-file class facade 或者其中一部分。
❑ 1：表示这个 class 文件是用 pre-release 版本编译生成。
❑ 2：表示这是一个 kotlin 脚本文件（.kts）编译生成的 class 文件。

新建一个 test.kts 文件，内容如下所示。

```
println("hello")
```

用 kotlinc 编译 test.kts 文件会生成 Test.class 文件，

```
@Metadata(mv={1, 1, 13}, bv={1, 0, 3}, k=1, xi=4, ...)
public class Test extends ScriptTemplateWithArgs {
    // ...
}
```

可以看到这里的 xi 值为 4（0100），解析这个类时就知道这是一个 Kotlin 脚本文件生成的 Class 文件。

pn 是 package name 的缩写，用来记录 kotlin 类完整的包名。

5.2 顶层方法

在 Java 中，方法必须要包裹在一个 class 里面，但是 Kotlin 中却不用这样，比如我们新建了一个 Hello.kt 文件，新增一个文件级别顶层 foo 方法，如下所示。

```
fun foo() {
    println("hello")
}
```

用 kotlinc 进行编译，会发现生成一个类文件 HelloKt.class，对应的字节码如下所示。

```
public static final void foo();
descriptor: ()V
flags: ACC_PUBLIC, ACC_STATIC, ACC_FINAL
Code:
  stack=2, locals=1, args_size=0
     0: ldc            #8                   // String hello
     2: astore_0
     3: getstatic      #14                  // Field java/lang/System.out:Ljava/io/
PrintStream;
     6: aload_0
     7: invokevirtual #20                  // Method java/io/PrintStream.println:(Ljava/
lang/Object;)V
    10: return
```

等价的 Java 代码如下所示。

```
public final class HelloKt {
    public static final void foo() {
        System.out.println("hello");
    }
}
```

可以看到顶层方法的本质还是被编译为一个类的静态方法，这个类的类名是顶层文件名 +"Kt"。有了上面的基础就可以知道 Java 应该如何调用 Kotlin 的顶层方法了，当作类的静态方法即可，如下所示。

```
public static void main(String[] args) {
    HelloKt.foo();
}
```

5.3　object 单例

你一定听说过 Java 单例模式的 N 种写法，比如饿汉式、懒汉式、单线程写法、双重检查锁写法、枚举法等，下面是最简单的一种饿汉式模式单例实现。

```
public class SingleObject {
    private static SingleObject instance = new SingleObject();
    private SingleObject() {}
    public static SingleObject getInstance(){
        return instance;
    }
}
```

SingleObject 类在被加载的时候会被初始化，此时构造器方法会被调用，单例类的唯一实例就被构造出来了。同时因为构造器是私有的，避免了外部通过构造器方法新建其他的实例。

Kotlin 的 object 关键字天生为单例而生，只用一行代码就可以实现上面 Java 饿汉式单例模式同样的功能，如下所示。

```
object MySingleton {}
```

下面来看 object 语法背后的原理，用 kotlinc MySingleton.kt 编译生成的字节码如下所示。

```
private MySingleton();
  Code:
   0: aload_0
   1: invokespecial #8                  // Method java/lang/Object."<init>":()V
   4: return

static {};
  Code:
     0: new           #2                // class MySingleton
     3: dup
     4: invokespecial #25               // Method "<init>":()V
     7: astore_0
     8: aload_0
     9: putstatic     #27               // Field INSTANCE:LMySingleton;
    12: return
}
```

可以看到被 object 修饰的类在编译后会生成一个私有的构造器方法，同时会生成一个静态初始化代码块。静态初始化代码块的第 0 ~ 7 行是使用 new-dup-invokespecial 三条指令调用私有构造器方法新建一个 MySingleton 对象。第 7 行 astore 将栈顶的对象引用存储到局部变量表中。这一部分对应 Java 中的代码等价实现是 MySingleton localMySingleton = new MySingleton()。第 8 ～ 9 行是把新建的 MySingleton 对象从局部变量表加载到栈顶，随后存储到类的静态变量 INSTANCE 中。

这个过程等价于如下的 Java 代码。

```
public final class MySingleton {
    public static final MySingleton INSTANCE;
    static {
        MySingleton localMySingleton = new MySingleton();
        INSTANCE = localMySingleton;
    }
}
```

这与之前介绍的饿汉式单例模式是一样的。

5.4 扩展方法

Kotlin 的扩展方法比 Java 要灵活多了，它并不是修改原始类进行扩展，而是在字节码层面使用了装饰器模式，对原始类进行包装。

新建一个 Foo.kt 文件，内容如下。

```
fun String.repeat(n: Int): String {
    val sb = StringBuilder()
    kotlin.repeat(n) {
        sb.append(this)
    }
    return sb.toString()
}
```

在 Kotlin 中的调用方式如下所示。

```
fun main() {
    println("ab".repeat(3))
}
```

执行上面的代码会输出 "ababab"，那 Kotlin 编译器会怎样实现这样一个特性呢？编译 Foo.kt 文件会生成一个 FooKt.class 文件，反编译的内容如下所示。

```
public final class FooKt {
    @NotNull
    public static final String repeat(@NotNull final String $receiver, final int n)
{
        Intrinsics.checkParameterIsNotNull((Object) $receiver, "receiver$0");
        final StringBuilder sb = new StringBuilder();
        for (int i = 0; i < n; ++i) {
```

```
            sb.append($receiver);
        }
        final String string = sb.toString();
        Intrinsics.checkExpressionValueIsNotNull((Object) string, "sb.
toString()");
        return string;
    }
}
```

可以看到 Kotlin 就是在扩展函数代码所在的类新建了一个静态的方法，这个方法的第一个参数是扩展类的对象，简化的实现方式如下所示。

```
func obj.extension(args) -> OtherClass.extension(obj, args)
```

在 Java 中调用这个 Kotlin 的扩展方法的方式如下所示。

```
String result = FooKt.repeat("abc", 3);
```

Kotlin 就是用这样一种非常简单轻量的方式实现了函数扩展。Kotlin 的设计原则鼓励尽可能简化类的定义，工具类函数可以通过外部扩展来实现。

当要扩展的类中已经存在一个方法签名相同的方法时，Kotlin 会优先选择扩展类中定义的方法，以下面的代码为例。

```
class Foo {
    fun bar() {
        println("method in Foo class")
    }
}
fun Foo.bar() {
    println("method in extension")
}

fun main() {
    val foo = Foo()
    foo.bar() // 输出 method in Foo class
}
```

在调用 Foo 对象的 bar 方法时，Kotlin 会在编译期选择 Foo 类中的 bar 方法。

5.5　接口默认方法

与 Java8 类似，Kotlin 的接口也允许方法有默认实现，但它的底层实现与 Java 差别较大，以下面的 Hello.kt 文件为例。

```
interface MyInterface {
    fun foo() {
        println("foo")
```

```
    }
  }

  class MyClass : MyInterface {
  }
```

使用 Kotlinc 编译 Hello.kt，会发现生成了三个 class 文件：HelloKt.class、MyInterface$-DefaultImpls.class、MyInterface.class。MyInterface$DefaultImpls 类的字节码如下所示。

```
public final class MyInterface$DefaultImpls
    flags: ACC_PUBLIC, ACC_FINAL, ACC_SUPER
{
    Code:
      stack=2, locals=2, args_size=1
          0: ldc           #7        // String foo
          2: astore_1
          3: getstatic     #13       // Field java/lang/System.out:Ljava/io/
PrintStream;
          6: aload_1
          7: invokevirtual #19       // Method java/io/PrintStream.
println:(Ljava/lang/Object;)V
         10: return
    }
```

等价的 Java 代码如下所示。

```
public static final class MyInterface$DefaultImpls {
    public static void foo(MyInterface $this) {
        System.out.println((Object)"foo");
    }
}
```

可以看到接口的 foo 实现方法在编译后被放入 MyInterface 的一个静态内部类中。MyClass 部分字节码如下所示。

```
public void foo();
    stack=1, locals=1, args_size=1
        0: aload_0
        1: invokestatic   #18        // Method MyInterface$DefaultImpls.foo:
(LMyInterface;)V
        4: return
```

MyClass 类的 foo 方法调用了 MyInterface$DefaultImpls 静态类的静态 foo 方法。Kotlin 中接口默认方法的实现可以用下面的 Java 代码来表示。

```
public interface MyInterface {
    void foo();

    public static final class MyInterface$DefaultImpls {
        public static void foo(final MyInterface $this) {
```

```
            System.out.println((Object)"foo");
        }
    }
}

public final class MyClass implements MyInterface {
    @Override
    public void foo() {
        MyInterface$DefaultImpls.foo(this);
    }
}
```

5.6　默认参数

在 Java 中经常会遇到这样的情况，定义一个类或者声明一个方法时，总有一些变量是可选的，在调用方不传值时使用默认值。以下面的 User 类为例。

```
public class User {
    private String name;
    private int sex;
    private int age;

    public User(String name) {
        this(name, 0);
    }

    public User(String name, int sex) {
        this(name, sex, 18);
    }

    public User(String name, int sex, int age) {
        this.name = name;
        this.sex = sex;
        this.age = age;
    }
}
```

其中 name 是必填参数，sex 和 age 是可选参数，不填写的情况下，sex 默认值为 0，age 默认值为 18。当字段数量增加时，构造方法的数量也会相应增加，写起来非常烦琐。为了解决这种问题，程序员想出了 Builder 模式等方法，不过还是比较麻烦和臃肿。下面我们来看 Kotlin 是如何解决这个问题的。

以下面的 Kotlin 代码为例。

```
class User(val name: String, val sex: Int = 0, val age: Int = 18) {
}
```

在调用时就可以使用如下形式，根据自己的需要填写必要的参数。

```
fun foo() {
    User("ya")
    User("ya", 1)
}
```

User 类构造器方法对应的字节码如下所示。

```
public User(java.lang.String, int, int);
  Code:
     0: aload_1
     1: ldc             #26                 // String name
     3: invokestatic    #32                 // Method kotlin/jvm/internal/Intrinsics.
checkParameterIsNotNull:(Ljava/lang/Object;Ljava/lang/String;)V
     6: aload_0
     7: invokespecial #35                   // Method java/lang/Object."<init>":()V
    10: aload_0
    11: aload_1
    12: putfield        #11                 // Field name:Ljava/lang/String;
    15: aload_0
    16: iload_2
    17: putfield        #19                 // Field sex:I
    20: aload_0
    21: iload_3
    22: putfield        #23                 // Field age:I
    25: return

public User(java.lang.String, int, int, int, kotlin.jvm.internal.
DefaultConstructorMarker);
  Code:
     0: iload           4
     2: iconst_2
     3: iand
     4: ifeq            9
     7: iconst_0
     8: istore_2
     9: iload           4
    11: iconst_4
    12: iand
    13: ifeq            19
    16: bipush          18
    18: istore_3
    19: aload_0
    20: aload_1
    21: iload_2
    22: iload_3
    23: invokespecial #38                   // Method "<init>":(Ljava/lang/String;II)V
    26: return
}
```

第一个构造器方法的逻辑比较简单，对应的 Java 反编译代码如下所示。

```
public User(String name, int sex, int age) {
    Intrinsics.checkParameterIsNotNull(name, "name");
    super();
    this.name = name;
    this.sex = sex;
    this.age = age;
}
```

第二个构造器方法的逻辑会复杂一点，它对应的方法签名如下所示。

```
public User(String name, int sex, int age, int mask,
            kotlin.jvm.internal.DefaultConstructorMarker maker) {
}
```

它的前三个参数与第一个构造器方法相同，第四个参数 mask 是一个二进制掩码，下面我们来分析这个掩码的作用。第二个构造器方法的字节码逐行分析如下。

- ❑ 第 0 ～ 8 行是一段完整的逻辑，首先加载 mask 和常量 2 到栈顶，随后调用 iand 指令将 mask 与 2 进行二进制与运算，如果等于 0 则跳转到第 9 行继续执行。如果不等于 0 则把 sex 入参的值赋值为默认值 0，这种情况对应没有给 sex 赋值的情况。
- ❑ 第 9 ～ 18 行是一段完整的逻辑，再次加载 mask 和常量 4 到栈顶，随后调用 iand 指令将 mask 与 4 进行二进制与运算，如果等于 0 则跳转到第 19 行继续执行。如果不等于 0 则把 age 入参的值赋值为默认值 18，这种情况对应没有给 age 赋值的情况。
- ❑ 第 19 ～ 23 行将 name、sex、age 参数入栈，使用 invokespecial 指令调用第一个构造器方法。

回过头来看看前面 foo 方法调用 User 的构造器方法的字节码指令，使用 kotlinc 编译为 class 文件后反编译回来对应的 Java 源码如下所示。

```
public static final void foo() {
    new User("ya", 0, 0, 6, null);
    new User("ya", 1, 0, 4, null);
}
```

在上面的代码中，第一个 User 对象创建对应的 mask 值为 6（b110），表示第二个入参 sex 和第三个入参 age 缺失，会给 sex 和 age 赋值为默认值。第二个 User 对象创建对应的 mask 为 4（b100），表示第三个入参 age 缺失，会将 age 赋值为默认值。

从上面的介绍可以得知，Kotlin 的默认参数的实现方式是使用了一个整型掩码（mask），记录了此次调用有哪些位置的参数没有赋值，没有赋值的参数就会被设置为预设的默认值。

5.7 高级 for 循环

Kotlin 中的 for 循环功能非常强大，以下面的代码为例。

```
for (i in 100 downTo 1 step 2) {
    println(i)
}
```

上面的 for 循环代码对应的字节码比我们想象中要复杂一点，如下面的代码清单 5-1 所示。

代码清单 5-1　高级 for 循环字节码

```
public static final void foo();
Code:
    0: bipush          100
    2: iconst_1
    3: invokestatic  #57            // Method kotlin/ranges/RangesKt.downTo:(II)
Lkotlin/ranges/IntProgression;
    6: iconst_2
    7: invokestatic  #61            // Method kotlin/ranges/RangesKt.
step:(Lkotlin/ranges/IntProgression;I)Lkotlin/ranges/IntProgression;

   10: dup
   11: dup
   12: invokevirtual #67            // Method kotlin/ranges/IntProgression.
getFirst:()I
   15: istore_0
   16: invokevirtual #70            // Method kotlin/ranges/IntProgression.
getLast:()I
   19: istore_1
   20: invokevirtual #73            // Method kotlin/ranges/IntProgression.
getStep:()I
   23: istore_2

   24: iload_0
   25: iload_1
   26: iload_2
   27: ifle            36
   30: if_icmpgt       58
   33: goto            39
   36: if_icmplt       58

   39: getstatic     #39            // Field java/lang/System.out:Ljava/io/
PrintStream;
   42: iload_0
   43: invokevirtual #76            // Method java/io/PrintStream.println:(I)V
   46: iload_0
   47: iload_1
   48: if_icmpeq       58
   51: iload_0
   52: iload_2
```

```
53: iadd
54: istore_0
55: goto            39
58: return
}
```

foo 方法对应的局部变量表如图 5-1 所示。

接下来逐行解释上面的字节码。

❑ 0 ～ 7：调用了 Kotlin 标准库的两个函数，翻译为对应
的 Java 代码如下所示。

下标	变量	值
0	first	100
1	last	2
2	step	-2

图 5-1　Kotlin 高级 for 循环
局部变量表

```
IntProgression progression = RangesKt.step(RangesKt.
downTo(100, 1), 2);
```

这里要注意，last 的初始值为 2（不是代码中的 1），是 Kotlin 根据 first、last、step 初
始值算出来的最终迭代退出的值，后面会有用。

❑ 10 ～ 23：初始化一些变量为后面的循环做准备，这里有三个变量，分别是循环开始
值（记为 first）、循环结束值（记为 last）、循环步长（记为 step）。

❑ 24 ～ 30：处理明显不符合条件的情况。比如 step 大于 0 的情况下，first 应该小于等
于 last；step 小于等于 0 的情况下，fist 应该大于等于 last。

❑ 24 ～ 26：加载 first、last、step 三个变量到操作数栈上。

❑ 27 行：ifle 指令表示小于等于 0 则跳转到 36 行，这里是判断 step 小于等于 0，则继
续进行 first 和 last 的比较。

❑ 30 行和 36 行使用 if_icmpgt 和 if_icmplt 指令对栈顶的两个变量进行比较（也就是对
first 和 last 进行比较），如果不满足相应条件则直接跳出。

❑ 39 ～ 55 行表示 while 循环处理。39 ～ 43 打印 first 的值，然后对局部变量表中位置
为 0 和 1 的变量进行比较，这里是进行 first 和 last 是否相等的判断，如果相等则跳
转到 58 行继续执行，退出循环。如果不相等则把 first += step。

翻译为语义等价的 Java 源代码的结果如代码清单 5-2 所示。

代码清单 5-2　高级 for 循环等价实现

```
public static void foo() {
    IntProgression progression = RangesKt.step(RangesKt.downTo(100, 1), 2);
    int first = progression.getFirst(); // first: 100
    int last = progression.getLast();   // last : 2
    int step = progression.getStep();   // step : -2
    if (step > 0) {
        if (first > last) {
            return;
        }
    } else if (first < last) {
        return;
```

```
    }
    while (true) {
        System.out.println(first);
        if (first == last) {
            return;
        }
        first += step;
    }
}
```

注意 while 循环退出的条件是判断 first 是否与 last 相等，而不是 first 是否小于 last，这是因为在 IntProgression 初始化的时候就已经计算好了 last 的值，可以用效率更高的等于运算在循环中进行比较判断。

5.8 data class

在 Java 中，定义一个 JavaBean 非常烦琐，比如下面的 User 类。

```java
public class User {
    private String name;
    private int age;
    public String getName() {
        return this.name;
    }
    public int getAge() {
        return this.age;
    }
    public void setName(String name) {
        this.name = name;
    }
    public void setAge(int age) {
        this.age = age;
    }
    public User(String name, int age) {
        this.name = name;
        this.age = age;
    }
    @Override
    public boolean equals(Object o) {
        if (this == o) return true;
        if (o == null || getClass() != o.getClass()) return false;
        User user = (User) o;
        if (age != user.age) return false;
        return name != null ? name.equals(user.name) : user.name == null;
    }
    @Override
    public int hashCode() {
```

```
        int result = name != null ? name.hashCode() : 0;
        result = 31 * result + age;
        return result;
    }
    @Override
    public String toString() {
        return "User{" + "name='" + name + '\'' + ", age=" + age + '}';
    }
}
```

在字段较多时，会有大量的 get、set 方法，虽然有 IDE 工具帮忙自动生成，但仍不够简洁。在 Kotlin 中，只需一行代码就可以声明一个只包含属性不包含方法的数据类（data class），如下所示。

```
data class User(val name: String, val age: Int)
```

javap 输出的结果如下所示。

```
public final class User {
  public final java.lang.String getName();
  public final int getAge();
  public User(java.lang.String, int);
  public final java.lang.String component1();
  public final int component2();
  public final User copy(java.lang.String, int);
   public static User copy$default(User, java.lang.String, int, int, java.lang.
Object);
  public java.lang.String toString();
  public int hashCode();
  public boolean equals(java.lang.Object);
}
```

Kotlin 编译器会自动根据字段生成 toString、hashcode、equals 方法，同时会生成对应的 getter、setter 以及 copy 等方法。

5.9　多返回值

我们接触的大多数编程语言都是遵循一个方法最多只能有一个返回值，比如 Java、C 语言等。从汇编角度来理解，C 语言的方法调用规约要求返回值通过 EAX 寄存器返回，如果要返回多个值只能将返回值包装到结构体 struct 等结构中。

在实际情况中，我们经常需要一个方法能返回多个值，比如一个发送 HTTP 请求的调用需要同时返回状态码和响应内容两部分内容。Go 语言在设计上天然支持任意多个返回值，以下面的 Go 代码为例。

```
func foo() (statusCode int, body string, err error) {
    return 200, "hello", nil
```

```
}

var statusCode, body, err = foo()
```

从原理上来看，JVM 的方法是不支持多返回值的，如果想返回多个值需要将对象包装到 class 中。Kotlin 在语义上支持多个返回值，如下面的代码所示。

```
data class Time(val hour: Int, val minute: Int, val
second: Int)
fun getTime(): Time {
    return Time(18, 47, 29)
}
fun foo() {
    val (hour, minute, second) = getTime()
}
```

对应的字节码如下所示。

```
 0 invokestatic #27 <MyKtTestKt.getTime>
 3 astore_3
 4 aload_3
 5 invokevirtual #31 <Time.component1>
 8 istore_0
 9 aload_3
10 invokevirtual #34 <Time.component2>
13 istore_1
14 aload_3
15 invokevirtual #37 <Time.component3>
18 istore_2
19 return
```

反编译为 Java 代码如下所示。

```
public static final void foo() {
    Time time = getTime();
    int hour = time.component1();
    int minute = time.component2();
    int second = time.component3();
}
```

可以看到 Kotlin 多返回值本质上是返回了一个对象，根据对象的字段进行赋值，方法返回值还是一个。

5.10 协程的实现原理

协程（coroutine）的概念在 1958 年就已经被提出，协程并不是 Kotlin 独有的特性，很多编程语言都有协程的概念，比如 Go、Lua、Python、Javascript 等，阿里的开源 JDK 也在虚拟机级别支持了协程。理解了 Kotlin 协程的实现原理对理解其他语言的协程也非常有帮助。

协程可以理解为纯用户态的线程，创建和切换的消耗极低。一个协程可以被"挂起"，把执行权交给另外一个协程，当执行完一段时间以后又可以挂起将执行权交给其他的协程。Coroutine 交替执行过程如图 5-2 所示。

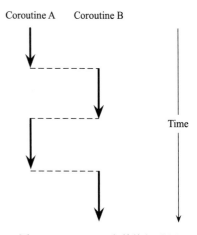

当一个协程把执行权转交给另外一个协程时，原协程需要保存上下文以便下一次可以恢复执行，比如局部变量需要被暂存。

协程可以说是 Kotlin 的一个"杀手级"的特性，下面我们来看看协程 Coroutine 的底层原理。

图 5-2　Coroutine 交替执行过程

5.10.1　CPS 介绍

CPS 是 Continuation Passing Style 的缩写，是指函数执行完以后，不再通过 return 语句返回给调用方返回值，而是将返回值当作参数，调用 Continuation。CPS 方法都会有一个额外的 Continuation 参数，表示该函数之后将要执行的代码。

以下面两数相加、乘 2、输出打印的代码为例。

```
fun printDoubleSum(a:Int, b:Int) {
    var result = a + b;
    result *= 2
    println(result)
}
```

可以把上面的代码拆分成下面这样的代码。

```
fun sum(a: Int, b: Int) = a + b
fun double(x: Int) = x * 2
fun print(x: Int) = println(x)

fun printDoubleSum2(a: Int, b: Int) {
    print(double(sum(a, b)))
}
```

如果改为 CPS 的模式，上面的代码还可以改写为下面这样，其中每个函数都有一个 Continuation 回调函数，如下所示。

```
fun sum(a: Int, b: Int, cont: (Int) -> Unit) = cont(a + b)
fun double(x: Int, cont: (Int) -> Unit) = cont(x * 2)
fun print(x: Int, cont: (Unit) -> Unit) = cont(print(x))

fun printDoubleSum3(a: Int, b: Int) {
    sum(a, b) { sumRet ->
        double(sumRet) { doubleRet ->
```

```
            print(doubleRet) {
                // empty block
            }
        }
    }
}
```

如果写过 js 回调地狱代码，一定对上面的代码不陌生，这种 callback 的方式写出来的代码很难看，开发起来很痛苦。Kotlin 的协程就是"魔改"了编译器，使得开发人员可以用同步的方式写异步代码。

5.10.2　suspend 关键字

suspend 方法是 Kotlin 协程的基础，但是在 Java 虚拟机中并没有 suspend 这个关键字，也没有支持协程相关的字节码。Kotlin 协程是在应用级别实现的，下面我们分几个部分来讲解 suspend 方法、Continuation 和协程状态机。

首先要介绍的是 Continuation，以下面的 Kotlin 代码为例。

```kotlin
suspend fun getTokenByLogin(username:String, password:String): String {
    return ""
}
```

对应的字节码如下所示。

```
public final java.lang.Object getTokenByLogin(
    java.lang.String,
    java.lang.String,
    kotlin.coroutines.Continuation<? super java.lang.String>
);
Code:
    0: ldc            #10                    // String
    2: areturn
```

对应的反编译 Java 代码如下所示。

```java
public static final Object getTokenByLogin(
    String username,
    String password,
    Continuation<? super String> continuation) {
    return "";
}
```

可以看到 suspend 关键字在编译为字节码以后消失了，取而代之的是给 suspend 方法增加了 Continuation 参数，这个 Continuation 参数表示协程接下来要处理什么，这就是前面介绍的 CPS 机制。

Continuation 是一个接口，它的定义如下所示。

```
public interface Continuation<in T> {
    public val context: CoroutineContext
    public fun resumeWith(result: Result<T>)
}
```

Continuation 本质上是一个包含了上下文的回调接口，context 是一个 CoroutineContext 类型的变量，表示协程执行的上下文，resumeWith 方法是方法调用结束以后的回调，Result<T> 变量用来表示方法执行成功或者失败的结果，它的结构也非常简单，如下所示。

```
interface Result<out T> {
    public val value: T
    public val isSuccess: Boolean
    public val isFailure: Boolean
    public fun exceptionOrNull(): Throwable?
    public fun getOrNull(): T?
    public fun getOrThrow(): T
}
```

用 Java 也可以调用 Kotlin 的 suspend 方法，以 getTokenByLogin 方法为例，Java 中调用的方式如下所示。

```
HelloKt.getTokenByLogin("zhang", "1234", new Continuation<String>() {
    @Override
    public CoroutineContext getContext() {
        return EmptyCoroutineContext.INSTANCE;
    }
    @Override
    public void resumeWith(Object result) {
    }
});
```

接下来用回调的方式来理解一下 Continuation，以下面的代码为例。

```
suspend fun foo() {
    val token = getTokenByLogin("zhang","1234") // suspending fun
    val userInfo = getUserInfo(token); // suspending fun
    processUserInfo(userInfo)
}
```

如果改为回调接口的形式，伪代码如下。

```
getTokenByLogin("zhang", "1234", object : Continuation<String> {
    override fun resumeWith(result: Result<String>) {
        val token = result.getOrNull()
        getUserInfo(token, object : Continuation<UserInfo> {
            override fun resumeWith(result: Result<UserInfo>) {
                val userInfo = result.getOrNull()
                processUserInfo(userInfo)
            }
        })
```

```
        }

})
```

为了更好地理解协程状态机，对上面的代码稍作修改，增加一个局部变量 a，代码如下所示。

```
suspend fun foo() {
    val token = getTokenByLogin("zhang", "1234") // 挂起点 1
    val a = 100;
    val userInfo = getUserInfo(token); // 挂起点 2
    processUserInfo(userInfo)
    println(a)
}
```

上面的代码会生成三个 Continuation。

❑ 第一个 Continuation 对应 foo 函数本身，包含了全部五行代码。

❑ 第二个 Continuation 对应 getTokenByLogin（挂起点 1），包含了它之后的四行代码逻辑。

❑ 第三个 Continuation 对应 getUserInfo（挂起点 2），包含了之后的一行代码，值得注意的是它需要捕获局部变量 a 的值，以便协程恢复时依然能拿到 a 的值，协程的本质是在每个挂起点保存当前运行的状态。

在 Kotlin 中，每个 suspend 的方法都需要一个 Continuation 实现，Continuation 是通过状态机来实现，Kotlin 编译器会把源码中的 suspend 方法替换为状态机的一部分，suspend 方法通过不同状态间传递 Continuation 来实现协程的切换。以上面的代码为例，构造状态机的第一步是打标签，如下所示。

```
suspend fun foo() {
    val token = getTokenByLogin("zhang", "1234") // 挂起点 1
    val a = 100;
    val userInfo = getUserInfo(token); // 挂起点 2
    processUserInfo(userInfo)
    println(a)
}
```

简化过的状态机伪代码如代码清单 5-3 所示。

代码清单 5-3　协程状态机伪代码

```
fun foo(cont: Continuation<String>) {
    val sm = ContinuationImpl()
    when (sm.label) {
        0 -> {
            sm.label = 1 // 更新状态
            getTokenByLogin("zhang", "1234", sm)
        }
```

```
1 -> {
    sm.label = 2 // 更新状态

    val a = 100
    sm.`$a` = a // 保存状态
    val token = sm.result
    getUserInfo(token, sm)
}
2 -> {
    val userInfo = sm.result
    processUserInfo(userInfo)

    val a = sm.`$a` // 恢复状态
    println(a)
    return
}

    }
}
```

其中 sm 变量（state machine）表示初始的 Continuation，这个 Continuation 包含了 foo 整个函数内容，label 等于初始值 0。随后继续执行直到遇到第 1 个暂停点，状态机的 label 值被更新为 1，执行 getTokenByLogin。

当调度进入状态 1 时，暂停点 1 和暂停点 2 中间有一个后面会被访问到的局部变量 a，会被状态机暂存下来，同时也能通过状态机 sm 的 result 变量拿到状态 1 的 token 值，然后使用这个 token 和 sm 变量调用 getUserInfo，同时状态机 label 被更新为 2。

当调度进入状态 2 时，通过状态机 sm 的 result 可以获得 userInfo，通过 sm 的 $a 变量可以恢复之前暂存的 a 的值。

从上面的介绍可以知道，Kotlin 协程的原理是每个挂起点和初始起点对应的 Continuation 都会转为状态机的一种状态，协程切换只是状态机切换到另外一种状态，使用 CPS 机制传递了协程上下文。

5.11 从字节码分析 Kotlin 编译器的 bug

我们从很早的版本就开始使用 Kotlin，在把 Kotlin 从 1.2 升级到 1.3 的过程中发现了一个 1.2.x 版本在处理 when 语法的低级问题，下面来详细进行介绍，测试代码如代码清单 5-4 所示。

代码清单 5-4 Kotlin 编译器问题代码

```
enum class Color {
    Red,
    Blue
}
```

```
enum class FakeColor {
    Red,
    Blue
}
fun main(args: Array<String>) {
    val color = Color.Blue
    when (color) {
        FakeColor.Blue -> {
            println("Fake blue") // 1.2 版本调用这里
        }
        FakeColor.Red -> {
            println("Fake red")
        }
        else -> {
            println("else")        // 1.3 版本调用这里
        }
    }
}
```

从代码上分析执行应该是进入 else 分支，但是在 Kotlin 1.2 版本中居然进入了 Fake-Color.Blue 分支。下面我们从字节码角度来分析问题原因，使用 1.2 版本的 kotlinc 来编译上面的代码，部分字节码如下所示。

```
 6: getstatic       #21               // Field Color.Blue:LColor;
 9: astore_1
10: aload_1
11: getstatic       #27               // Field $WhenMappings.$EnumSwitchMapping$0:[I
14: swap
15: invokevirtual   #31               // Method Color.ordinal:()I
18: iaload

19: tableswitch    { // 1 to 2
               1: 40 // 处理 Red 逻辑
               2: 53 // 处理 Blue 逻辑
         default: 66
    }
```

编译过程会生成一个新的类 $WhenMappings.class，这个类文件反编译的结果如下所示。

```
public static class $WhenMappings {
    static int[] $EnumSwitchMapping$0;

    static {
        $EnumSwitchMapping$0 = new int[Color.values().length];
        $EnumSwitchMapping$0[Color.Red.ordinal()] = 1;
        $EnumSwitchMapping$0[Color.Blue.ordinal()] = 2;
    }
}
```

　　该类的作用就是做简单的映射，上面字节码中的第 6 ~ 18 行是获取 Color.Blue 映射的 case 值 2，第 19 行是使用 tableswitch 进行分支跳转。

　　到这里 bug 就出现了，整段字节码中都没有出现 FakeColor 类相关的代码，这部分字节码翻译成 Java 代码如下所示。

```java
public void bar() {
    Color color = Color.Blue;
    int target = $WhenMappings.$EnumSwitchMapping$0[color.ordinal()];
    switch (target) {
        case 1:
            System.out.println("Fake blue");
            break;
        case 2:
            System.out.println("Fake red");
            break;
        default:
            System.out.println("else");
            break;
    }
}
```

　　接下来我们来看当两个枚举的名字不一样时会发生什么。把 FakeColor 枚举项的名字修改一下，Color 枚举类不变，如下面的代码所示。

```kotlin
enum class Color {
    Red,
    Blue
}
enum class FakeColor {
    Red2,
    Blue2
}
fun main(args: Array<String>) {
    val color = Color.Blue
    when (color) {
        FakeColor.Blue2 -> {
            println("Fake blue")
        }
        FakeColor.Red2-> {
            println("Fake red")
        }
        else -> {
            println("else")
        }
    }
}
```

　　重新运行会抛出如下异常。

```
Exception in thread "main" java.lang.NoSuchFieldError: Blue2
        at $WhenMappings.<clinit>(Unknown Source)
```

$WhenMappings.class 反编译后的源代码如下所示。

```
public static class $WhenMappings {
    static int[] $EnumSwitchMapping$0;

    static {
        $EnumSwitchMapping$0 = new int[Color.values().length];
        $EnumSwitchMapping$0[Color.Red2.ordinal()] = 1;
        $EnumSwitchMapping$0[Color.Blue2.ordinal()] = 2;
    }
}
```

Color 枚举类并没有 Red2 和 Blue2 这两个枚举项，所以会出现运行时异常。接下来使用 1.3 版本的 kotlinc 来编译上面的代码，生成的部分字节码如下所示。

```
 6: getstatic      #21                    // Field Color.Blue:LColor;
 9: astore_1
10: aload_1
11: astore_2
12: aload_2
13: getstatic      #26                    // Field FakeColor.Blue:LFakeColor;
16: if_acmpne      32
```

可以看到 1.3 版本中处理 when 选项类型不一致的情况时，是直接使用对象相等比较的方式，且 kotlinc 编译时会提示 warning，如下所示。

```
warning: comparison of incompatible enums 'Color' and 'FakeColor' is always
unsuccessful
            FakeColor.Blue -> {
            ^
```

上面字节码翻译成 Java 代码如下所示。

```
public void testColor() {
    Color color = Color.Blue;
    if (color.equals(FakeColor.Blue)) {
        System.out.println("Fake blue");
    } else if (color.equals(FakeColor.Red)) {
        System.out.println("Fake red");
    } else {
        System.out.println("else");
    }
}
```

这种情况下逻辑完全正确，不会出现 1.2 版本中枚举类型不一致导致的 when 分支选择混乱。

5.12　小结

本章我们介绍了从字节码角度重新理解 Kotlin 背后的语法糖，这为学习一门 JVM 系语言提供了新的思路。当遇到更复杂语法的语言时（比如 Scala），也可以尝试从字节码的角度去分析底层的实现原理。下一章开始我们将介绍字节码操作的工具 ASM 和 Javassist，亲自动手编辑字节码。

Chapter 6 第 6 章

ASM 和 Javassist 字节码操作工具

前面的几章我们介绍了字节码的基础知识，从这一章开始将接触字节码相关的应用场景，首先要介绍的是如何对字节码做解析和修改，本章会重点介绍两个工具 ASM 和 Javassist。通过阅读本章你会学到如下内容：

- ❑ ASM 包的组成结构
- ❑ ASM Core API 和 Tree Api 的使用和区别
- ❑ Javassist API 介绍
- ❑ 利用 ASM 和 Javassist 工具修改 class 文件

6.1 ASM 介绍

当需要对一个 class 文件做修改时，我们可以选择自己解析这个 class 文件，在符合 Java 字节码规范的前提下进行字节码改造。如果你写过 class 文件的解析代码，就会发现这个过程极其烦琐，更别提增加方法、手动计算 max_stack 等操作了。

ASM 最开始是 2000 年 Eric Bruneton 在 INRIA（法国国立计算机及自动化研究院）读博士期间完成的一个作品。那个时候包含 java.lang.reflect.Proxy 包的 JDK 1.3 还没发布，ASM 被用作代码生成器生成动态代理的代理类。经过多年的发展，ASM 被诸多框架采用，成为字节码操作领域事实上的标准。

简单的 API 背后 ASM 自动帮我们做了很多事情，比如维护常量池的索引、计算最大栈大小 max_stack、局部变量表大小 max_locals 等，除此之外还有下面这些优点。

- ❑ 架构设计精巧，使用方便。

❑ 更新速度快，支持最新的 Java 版本。

❑ 速度非常快，在动态代理 class 的生成和转换时，尽可能确保运行中的应用不会被
ASM 拖慢。

❑ 非常可靠、久经考验，有很多著名的开源框架都在使用，如 cglib、MyBatis、Fastjson 等。

其他字节码操作框架在操作字节码的过程中会生成很多中间类和对象，耗费大量的内存且运行缓慢，ASM 提供了两种生成和转换类的方法：基于事件触发的 core API 和基于对象的 Tree API，这两种方式可以用 XML 解析的 SAX 和 DOM 方式来对照。

SAX 解析 XML 文件采用的是事件驱动，它不需要一次解析完整个文档，而是按内容顺序解析文档，如果解析时符合特定的事件则回调一些函数来处理事件。SAX 运行时是单向的、流式的，解析过的部分无法在不重新开始的情况下再次读取，ASM 的 Core API 与这种方式类似。

DOM 解析方式则会将整个 XML 作为类似树结构的方式读入内存中以便操作及解析，ASM 的 Tree API 与这种方式类似。

以下面的 XML 文件为例。

```
<Order>
    <Customer>Arthur</Customer>
    <Product>
        <Name>Birdsong Clock</Name>
        <Quantity>12</Quantity>
        <Price currency="USD">21.95</Price >
    </Product>
</Order>
```

对应的 SAX 和 DOM 解析方式如图 6-1 所示。

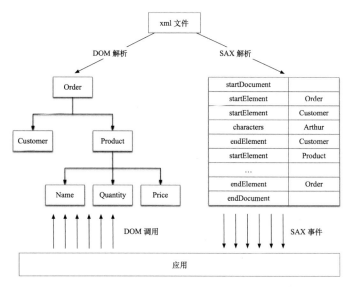

图 6-1　SAX 和 DOM 解析方式对比

6.1.1 ASM Core API 核心类

ASM 核心包由 Core API、Tree API、Commons、Util、XML 几部分组成，如图 6-2 所示。

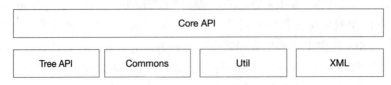

Core API			
Tree API	Commons	Util	XML

图 6-2　ASM 包结构

Core API 中最重要的三个类是 ClassReader、ClassVisitor、ClassWriter，字节码操作都是跟这个三个类打交道。

ClassReader 是字节码读取和分析引擎，负责解析 class 文件。采用类似于 SAX 的事件读取机制，每当有事件发生时，触发相应的 ClassVisitor、MethodVisitor 等做相应的处理。

ClassVisitor 是一个抽象类，使用时需要继承这个类，ClassReader 的 accept() 方法需要传入一个 ClassVisitor 对象。ClassReader 在解析 class 文件的过程中遇到不同的节点时会调用 ClassVisitor 不同的 visit 方法，比如 visitAttribute、visitInnerClass、visitField、visitMethod、visitEnd 方法等。

在上述 visit 的过程中还会产生一些子过程，比如 visitAnnotation 会触发 Annotation-Visitor 的调用、visitMethod 会触发 MethodVisitor 的调用。正是在这些 visit 的过程中，我们得以有机会去修改各个子节点的字节码。

ClassVisitor 类中的 visit 方法按照以下的顺序被调用执行。

```
visit
[visitSource]
[visitOuterClass]
(visitAnnotation | visitAttribute)*
(visitInnerClass | visitField | visitMethod)*
visitEnd
```

visit 方法最先被调用，接着调用零次或一次 visitSource 方法，调用零次或一次 visitOuterClass 方法，接下来按任意顺序调用任意多次 visitAnnotation 和 visitAttribute 方法，再按任意顺序调用任意多次 visitInnerClass、visitField、visitMethod 方法，最后调用 visitEnd。

调用时序图如图 6-3 所示。

ClassWriter 类是 ClassVisitor 抽象类的一个实现类，在 ClassVisitor 的 visit 方法中可以对原始的字节码做修改，ClassWriter 的 toByteArray 方法则把最终修改的字节码以 byte 数组的形式返回。

一个最简单的用法如下面的代码清单 6-1 所示。

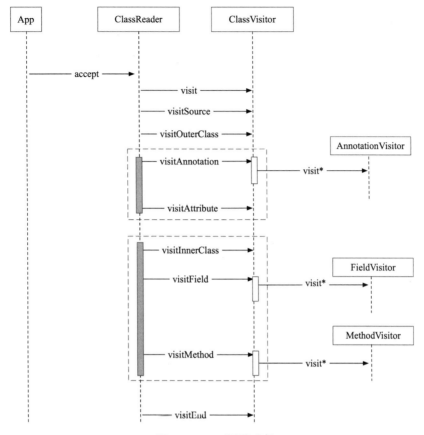

图 6-3　ASM 调用时序

代码清单 6-1　ASM 核心类使用示例

```
public class FooClassVisitor extends ClassVisitor {
    ...
    // visitXXX() 函数
    ...
}

ClassReader cr = new ClassReader(bytes);
ClassWriter cw = new ClassWriter(cr,
        ClassWriter.COMPUTE_MAXS | ClassWriter.COMPUTE_FRAMES);
ClassVisitor cv = new FooClassVisitor(cw);
cr.accept(cv, 0);
```

　　上面的代码中，ClassReader 负责读取类文件字节数组，accept 调用之后 ClassReader 会把解析 Class 文件过程中的事件源源不断地通知给 ClassVisitor 对象调用不同的 visit 方法，ClassVisitor 可以在这些 visit 方法中对字节码进行修改，ClassWriter 可以生成最终修改过的字节码。这三个核心类的关系如图 6-4 所示。

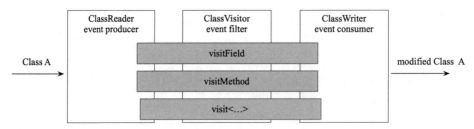

图 6-4　ASM 核心类的关系

6.1.2　ASM 操作字节码示例

接下来我们用几个简单的例子来演示如何使用 ASM 的 API 操作字节码。

1. 访问类的方法和字段

ASM 的 visitor 设计模式使我们可以很方便地访问类文件中感兴趣的部分，比如类文件的字段和方法列表，以下面的 MyMain 类为例。

```
public class MyMain {
    public int a = 0;
    public int b = 1;
    public void test01() {
    }
    public void test02() {
    }
}
```

使用 javac 将其编译为 class 文件，可以用下面的 ASM 代码来输出类的方法和字段列表。

```
byte[] bytes  = getBytes(); // MyMain.class 文件的字节数组
ClassReader cr = new ClassReader(bytes);
ClassWriter cw = new ClassWriter(0);
ClassVisitor cv = new ClassVisitor(ASM5, cw) {
    @Override
    public FieldVisitor visitField(int access, String name, String desc, String
signature, Object value) {
        System.out.println("field: " + name);
        return super.visitField(access, name, desc, signature, value);
    }

    @Override
     public MethodVisitor visitMethod(int access, String name, String desc,
String signature, String[] exceptions) {
         System.out.println("method: " + name);
         return super.visitMethod(access, name, desc, signature, exceptions);
    }
};
cr.accept(cv, ClassReader.SKIP_CODE | ClassReader.SKIP_DEBUG);
```

这样就实现了输出类中所有字段和方法的效果，输出结果如下所示。

```
field: a
field: b
method: <init>
method: test01
method: test02
```

值得注意的是，ClassReader 类 accept 方法的第二个参数 flags 是一个位掩码（bit-mask），可以选择组合的值有下面这些。

❑ SKIP_DEBUG：跳过类文件中的调试信息，比如行号信息（LineNumberTable）等。

❑ SKIP_CODE：跳过方法体中的 Code 属性（方法字节码、异常表等）。

❑ EXPAND_FRAMES：展开 StackMapTable 属性。

❑ SKIP_FRAMES：跳过 StackMapTable 属性。

本例中的 flags 值为 SKIP_DEBUG | SKIP_CODE，因为这里只要求输出字段名和方法名，不需要解析方法 Code 属性和调试信息。

前面有提到 ClassVisitor 是一个抽象类，我们可以选择关心的事件进行处理，比如例子中覆写了 visitField 和 visitMethod 方法，仅对字段和方法进行处理，对于不感兴趣的事件可以选择不覆写。

前面介绍的都是 Core API 的用法，使用 Tree API 的方式也可以实现同样的效果，代码如下所示。

```
byte[] bytes = getBytes();

ClassReader cr = new ClassReader(bytes);
ClassNode cn = new ClassNode();
cr.accept(cn, ClassReader.SKIP_DEBUG | ClassReader.SKIP_CODE);

List<FieldNode> fields = cn.fields;
for (int i = 0; i < fields.size(); i++) {
    FieldNode fieldNode = fields.get(i);
    System.out.println("field: " + fieldNode.name);
}
List<MethodNode> methods = cn.methods;
for (int i = 0; i < methods.size(); ++i) {
    MethodNode method = methods.get(i);
    System.out.println("method: " + method.name);
}
ClassWriter cw = new ClassWriter(0);
cr.accept(cn, 0);
byte[] bytesModified = cw.toByteArray();
```

Tree API 的方式相比 Core API 使用起来更简单，但是处理速度会慢 30% 左右，同时会消耗更多的内存，在实际使用过程中可以根据场景做取舍。

2. 新增一个字段

在实际字节码转换中，经常需要给类新增一个字段以存储额外的信息，在 ASM 中给类新增一个字段非常简单，以下面的 MyMain 类为例，使用 javac 编译为 class 文件。

```
public class MyMain {
}
```

这里采用 visitEnd 方法中进行添加字段的操作，使用下面的代码可以给 MyMain 新增一个 String 类型的 xyz 字段。

```
byte[] bytes = FileUtils.readFileToByteArray(new File("./MyMain.class"));
ClassReader cr = new ClassReader(bytes);
ClassWriter cw = new ClassWriter(0);
ClassVisitor cv = new ClassVisitor(ASM5, cw) {
    @Override
    public void visitEnd() {
        super.visitEnd();
        FieldVisitor fv = cv.visitField(Opcodes.ACC_PUBLIC, "xyz", "Ljava/lang/
String;", null, null);
        if (fv != null) fv.visitEnd();
    }
};
cr.accept(cv, ClassReader.SKIP_CODE | ClassReader.SKIP_DEBUG);
byte[] bytesModified = cw.toByteArray();
FileUtils.writeByteArrayToFile(new File("./MyMain2.class"), bytesModified);
```

使用 javap 查看 MyMain2 的字节码，可以看到已经多了一个类型为 String 的 xyz 变量，部分字节码如下所示。

```
public java.lang.String xyz;
descriptor: Ljava/lang/String;
flags: ACC_PUBLIC
```

在实际的使用中，为了避免添加的字段名与已有字段重名，一般会增加一个特殊的后缀或者前缀。

使用 Tree API 也可以同样实现这个功能，不用担心调用时机的问题，代码如下所示。

```
byte[] bytes = FileUtils.readFileToByteArray(new File("./MyMain.class"));
ClassReader cr = new ClassReader(bytes);
ClassNode cn = new ClassNode();
cr.accept(cn, ClassReader.SKIP_DEBUG | ClassReader.SKIP_CODE);

FieldNode fn = new FieldNode(ACC_PUBLIC, "xyz", "Ljava/lang/String;", null,
null);
cn.fields.add(fn);

ClassWriter cw = new ClassWriter(0);
cn.accept(cw);
```

```
byte[] bytesModified = cw.toByteArray();
FileUtils.writeByteArrayToFile(new File("./MyMain2.class"), bytesModified);
```

接下来，我们看看如何使用 ASM 给类新增一个方法。

3. 新增方法

这里同样以 MyMain 类为例，给这个类新增一个 xyz 方法，如下所示。

```
public void xyz(int a, String b) {
}
```

根据前面的知识可以知道 xyz 方法的签名为 (ILjava/lang/String;)V，使用 ASM 新增 xyz 方法的代码如下所示。

```
byte[] bytes = FileUtils.readFileToByteArray(new File("./MyMain.class"));
ClassReader cr = new ClassReader(bytes);
ClassWriter cw = new ClassWriter(0);
ClassVisitor cv = new ClassVisitor(ASM5, cw) {
    @Override
    public void visitEnd() {
        super.visitEnd();
        MethodVisitor mv = cv.visitMethod(Opcodes.ACC_PUBLIC, "xyz", "(ILjava/
lang/String;)V", null, null);
        if (mv != null) mv.visitEnd();
    }
};
cr.accept(cv, ClassReader.SKIP_CODE | ClassReader.SKIP_DEBUG);
byte[] bytesModified = cw.toByteArray();
FileUtils.writeByteArrayToFile(new File("./MyMain2.class"), bytesModified);
```

使用 javap 查看生成的 MyMain2 类，确认 xyz 方法已经生成，方法签名如下所示。

```
public void xyz(int, java.lang.String);
descriptor: (ILjava/lang/String;)V
flags: ACC_PUBLIC
```

Tree API 生成方法的方式与生成字段类似，这里不再赘述。

4. 移除方法和字段

前面介绍了如何利用 ASM 给 class 文件新增方法和字段，接下来看看如何使用 ASM 删掉方法和字段。以下面的 MyMain 类为例，删掉 abc 字段和 xyz 方法。

```
public class MyMain {
    private int abc = 0;
    private int def = 0;
    public void foo() {
    }
    public int xyz(int a, String b) {
        return 0;
    }
}
```

如果仔细观察 ClassVisitor 类的 visit 方法，会发现 visitField、visitMethod 等方法是有返回值的，如果这些方法直接返回 null，这些字段、方法将从类中被移除，代码如下所示。

```
byte[] bytes = FileUtils.readFileToByteArray(new File("./MyMain.class"));
ClassReader cr = new ClassReader(bytes);
ClassWriter cw = new ClassWriter(0);
ClassVisitor cv = new ClassVisitor(ASM5, cw) {
    @Override
    public FieldVisitor visitField(int access, String name, String desc, String
signature, Object value) {
        if ("abc".equals(name)) {
            return null; // 返回 null
        }
        return super.visitField(access, name, desc, signature, value);
    }

    @Override
    public MethodVisitor visitMethod(int access, String name, String desc,
String signature, String[] exceptions) {
        if ("xyz".equals(name)) {
            return null; // 返回 null
        }
        return super.visitMethod(access, name, desc, signature, exceptions);
    }
};

cr.accept(cv, ClassReader.SKIP_CODE | ClassReader.SKIP_DEBUG);
byte[] bytesModified = cw.toByteArray();
FileUtils.writeByteArrayToFile(new File("./MyMain2.class"), bytesModified);
```

使用 javap 查看 MyMain2 的字节码，可以看到 abc 字段和 xyz 方法已经移除，只剩下 def 字段和 foo 方法。

5. 修改方法内容

前面有接触到 MethodVisitor 类，这个类用来处理访问一个方法触发的事件，与 ClassVisitor 一样，它也有很多 visit 方法，这些 visit 方法也有一定的调用时序，常用的如下所示。

```
(visitParameter)*
[visitAnnotationDefault]
(visitAnnotation | visitParameterAnnotation | visitAttribute)*
[
    visitCode
      (visitFrame | visit<i>X</i>Insn | visitLabel | visitInsnAnnotation
| visitTryCatchBlock | visitTryCatchAnnotation | visitLocalVariable |
visitLocalVariableAnnotation | visitLineNumber )*
    visitMaxs
]
visitEnd
```

其中 visitCode 和 visitMaxs 可以作为方法体中字节码的开始和结束，visitEnd 是 MethodVisitor 所有事件的结束。

以下面的 foo 方法为例，把方法体的返回值改为 a + 100。

```
public class MyMain {
    public static void main(String[] args) {
        System.out.println(new MyMain().foo(1));
    }

    public int foo(int a) {
        return a; // 修改为 return a + 100;
    }
}
```

方法体内容 "return 100;" 对应的字节码指令如下所示。

```
0: iload_1
1: bipush          100
3: iadd
4: ireturn
```

为了替换 foo 的方法体，一个可选的做法是在 ClassVisitor 的 visitMethod 方法返回 null 以删除原 foo 方法，然后在 visitEnd 方法中新增一个 foo 方法，如下面的代码所示：

```
byte[] bytes = FileUtils.readFileToByteArray(new File("./MyMain.class"));
ClassReader cr = new ClassReader(bytes);
ClassWriter cw = new ClassWriter(0);
ClassVisitor cv = new ClassVisitor(ASM7, cw) {
    @Override
    public MethodVisitor visitMethod(int access, String name, String desc,
String signature, String[] exceptions) {

        if ("foo".equals(name)) {
            // 删除 foo 方法
            return null;
        }
        return super.visitMethod(access, name, desc, signature, exceptions);
    }

    @Override
    public void visitEnd() {
        // 新增 foo 方法
        MethodVisitor mv = cv.visitMethod(Opcodes.ACC_PUBLIC, "foo", "(I)I",
null, null);

        mv.visitCode();
        mv.visitVarInsn(Opcodes.ILOAD, 1);
        mv.visitIntInsn(Opcodes.BIPUSH, 100);
        mv.visitInsn(Opcodes.IADD);
        mv.visitInsn(Opcodes.IRETURN);
```

```
        mv.visitEnd();
    }
};
cr.accept(cv, 0);
byte[] bytesModified = cw.toByteArray();
FileUtils.writeByteArrayToFile(new File("./MyMain.class"), bytesModified);
```

使用 javap 查看生成的 foo 方法字节码,可以看到方法字节码已经被替换,如下所示。

```
public int foo();
descriptor: ()I
flags: ACC_PUBLIC
Code:
stack=0, locals=0, args_size=1
 0: iload_1
 1: bipush          100
 3: iadd
 4: ireturn
```

使用 java 运行 MyMain,会发现抛出了 ClassFormatError 异常,提示入参无法放到局部变量表 locals 中,详细的错误信息如下所示。

```
java -cp . MyMain
Error: A JNI error has occurred, please check your installation and try again
Exception in thread "main" java.lang.ClassFormatError: Arguments can't fit into
locals in class file MyMain
```

再回过头来查看生成的字节码,会发现它的 stack 和 locals 都等于 0,从前面的内容可以知道 Java 虚拟机根据字节码中 stack 和 locals 的值来分配操作数栈和局部变量表的空间,如果两个值都等于 0 则不能加载操作数和存储方法参数。

从源代码可以分析出,最大栈的大小为 2(a,100),局部变量表的大小为 2(this,a)。一个可选的办法是在 " mv.visitEnd();" 代码之前新增 " mv.visitMaxs(2, 2);" 以手动指定 stack 和 locals 的大小。

另一个方法是让 ASM 自动计算 stack 和 locals,这与 ClassWriter 构造器方法参数有关,如下所示。

❏ new ClassWriter(0):这种方式不会自动计算操作数栈和局部变量表的大小,需要我们手动指定。

❏ new ClassWriter(ClassWriter.COMPUTE_MAXS):这种方式会自动计算操作数栈和局部变量表的大小,前提是需要调用 visitMaxs 方法来触发计算上述两个值,参数值可以随便指定。

❏ new ClassWriter(ClassWriter.COMPUTE_FRAMES):不仅会计算操作数栈和局部变量表,还会自动计算 StackMapFrames。在 Java 6 之后 JVM 在 class 文件的 Code 属性中引入了 StackMapTable 属性,作用是为了提高 JVM 在类型检查时验证过程的效率,里面记录的是一个方法中操作数栈与局部变量区的类型在一些特定位置的状态。

虽然 COMPUTE_FRAMES 隐式地包含了 COMPUTE_MAXS，一般在使用中还是会同时指定，调用的代码如下所示。

```
new ClassWriter(ClassWriter.COMPUTE_MAXS | ClassWriter.COMPUTE_FRAMES)
```

因为 stack 和 locals 的计算复杂、容易出错，在正常使用中强烈建议使用 ASM 的 COMPUTE_MAXS 和 COMPUTE_FRAMES，虽然有一点点性能损耗，但是代码更加清晰易懂，且更易于维护。

```
byte[] bytes = FileUtils.readFileToByteArray(new File("./MyMain.class"));
ClassReader cr = new ClassReader(bytes);
// 指定 ClassWriter 自动计算
ClassWriter cw = new ClassWriter(ClassWriter.COMPUTE_MAXS | ClassWriter.COMPUTE_
FRAMES);
ClassVisitor cv = new ClassVisitor(ASM7, cw) {
    @Override
    public MethodVisitor visitMethod(int access, String name, String desc,
String signature, String[] exceptions) {

        if ("foo".equals(name)) {
            // 删除 foo 方法
            return null;
        }
        return super.visitMethod(access, name, desc, signature, exceptions);
    }

    @Override
    public void visitEnd() {
        // 新增 foo 方法
        MethodVisitor mv = cv.visitMethod(Opcodes.ACC_PUBLIC, "foo", "(I)I",
null, null);

        mv.visitCode();
        mv.visitVarInsn(Opcodes.ILOAD, 1);
        mv.visitIntInsn(Opcodes.BIPUSH, 100);
        mv.visitInsn(Opcodes.IADD);
        mv.visitInsn(Opcodes.IRETURN);
        // 触发计算
        mv.visitMaxs(0, 0);
        mv.visitEnd();
    }
};
cr.accept(cv, 0);
byte[] bytesModified = cw.toByteArray();
FileUtils.writeByteArrayToFile(new File("./MyMain.class"), bytesModified);
```

这个时候使用 java 执行 MyMain，就可以正常输出结果，如下所示。

```
java -cp . MyMain
101
```

6. AdviceAdapter 使用

AdviceAdapter 是一个抽象类，继承自 MethodVisitor，可以很方便地在方法的开始和结束前插入代码，它的两个核心方法介绍如下所示。

❑ onMethodEnter：方法开始或者构造器方法中父类的构造器调用以后被回调。

❑ onMethodExit：正常退出和异常退出时被调用。正常退出指的是遇到 RETURN、ARETURN、LRETURN 等方法正常返回的情况。异常退出指的是遇到 ATHROW 指令，有异常抛出方法返回的情况。

比如有如下的 foo 方法。

```
public void foo() {
    System.out.println("hello foo");
}
```

接下来用 AdviceAdapter 在函数开始和结束的时候都加上一行打印。

```
byte[] bytes = FileUtils.readFileToByteArray(new File("./MyMain.class"));

ClassReader cr = new ClassReader(bytes);
ClassWriter cw = new ClassWriter(ClassWriter.COMPUTE_MAXS | ClassWriter.COMPUTE_
FRAMES);
ClassVisitor cv = new ClassVisitor(ASM7, cw) {
    @Override
    public MethodVisitor visitMethod(int access, final String name, String desc,
String signature, String[] exceptions) {

        MethodVisitor mv = super.visitMethod(access, name, desc, signature,
exceptions);
        if (!"foo".equals(name)) return mv;

        return new AdviceAdapter(ASM7, mv, access, name, desc) {
            @Override
            protected void onMethodEnter() {
                // 新增 System.out.println("enter " +  name);
                super.onMethodEnter();
                mv.visitFieldInsn(GETSTATIC, "java/lang/System", "out", "Ljava/
io/PrintStream;");
                mv.visitLdcInsn("enter " + name);
                mv.visitMethodInsn(INVOKEVIRTUAL, "java/io/PrintStream",
"println", "(Ljava/lang/String;)V", false);
            }

            @Override
            protected void onMethodExit(int opcode) {
                // 新增 System.out.println("[normal,err] exit " +  name);
                super.onMethodExit(opcode);
                mv.visitFieldInsn(GETSTATIC, "java/lang/System", "out", "Ljava/
io/PrintStream;");
```

```
                    if (opcode == Opcodes.ATHROW) {
                        mv.visitLdcInsn("err exit " + name);
                    } else {
                        mv.visitLdcInsn("normal exit " + name);
                    }
                    mv.visitMethodInsn(INVOKEVIRTUAL, "java/io/PrintStream",
"println", "(Ljava/lang/String;)V", false);
                }
            };
        }
    };
    cr.accept(cv, 0);
    byte[] bytesModified = cw.toByteArray();
    FileUtils.writeByteArrayToFile(new File("./MyMain.class"), bytesModified);
```

运行生成的 MyMain 类，就可以看到 enter 和 exit 语句已经生效了，运行结果如下所示。

```
java -cp . MyMain
enter foo
hello foo
normal exit foo
```

7. 给方法加上 try catch

很显然上一个小节的代码无法在代码抛出未捕获异常时输出 err quit，比如把 foo 代码做细微修改，如下所示。

```
public void foo() {
    System.out.println("step 1");
    int a = 1 / 0;
    System.out.println("step 2");
}
```

经过上个例子的字节码改写以后，执行的结果输出如下所示。

```
java -cp . MyMain
enter foo
step 1
Exception in thread "main" java.lang.ArithmeticException: / by zero
        at MyMain.foo(MyMain.java:24)
        at MyMain.main(MyMain.java:8)
```

可以看到并没有如期输出 "err exit foo"，因为在字节码中并没有出现显式的 ATHROW 指令抛出异常，自然无法添加相应的输出语句。为了达到这个效果，需要把方法体用 try/finally 语句块包裹起来。

这里需要介绍 ASM 的 Label 类，与它的英文含义一样，可以给字节码指令地址打标签，标记特定的字节码位置，用于后续跳转等。新增一个 Label 可以用 MethodVisitor 的 visitLabel 方法，如下所示。

```
Label startLabel = new Label();
mv.visitLabel(startLabel);
```

前面章节介绍过，JVM 的异常处理是通过异常表来实现的，try-catch-finally 语句块实际上是标定了异常处理的范围。ASM 中可以用 visitTryCatchBlock 方法来给一段代码块增加异常表，它的方法签名如下所示。

```
public void visitTryCatchBlock(Label start, Label end, Label handler, String type)
```

其中 start、end 表示异常表开始和结束的位置，handler 表示异常发生后需要跳转到哪里继续执行，可以理解为 catch 语句块开始的位置，type 是异常的类型。

为了给整个方法体包裹 try-catch 语句，start Label 应该放在方法 visitCode 之后，end Label 则放在 visitMaxs 调用之前，代码如下所示。

```
Label startLabel = new Label();

@Override
protected void onMethodEnter() {
    super.onMethodEnter();
    mv.visitLabel(startLabel);

    mv.visitFieldInsn(GETSTATIC, "java/lang/System", "out", "Ljava/io/PrintStream;");
    mv.visitLdcInsn("enter " + name);
    mv.visitMethodInsn(INVOKEVIRTUAL, "java/io/PrintStream", "println", "(Ljava/lang/String;)V", false);
}

@Override
public void visitMaxs(int maxStack, int maxLocals) {
    // 生成异常表
    Label endLabel = new Label();
    mv.visitTryCatchBlock(startLabel, endLabel, endLabel, null);
    mv.visitLabel(endLabel);

    // 生成异常处理代码块
    finallyBlock(ATHROW);
    mv.visitInsn(ATHROW);
    super.visitMaxs(maxStack, maxLocals);
}

private void finallyBlock(int opcode) {
    mv.visitFieldInsn(GETSTATIC, "java/lang/System", "out", "Ljava/io/PrintStream;");
    if (opcode == Opcodes.ATHROW) {
        mv.visitLdcInsn("err exit " + name);
    } else {
        mv.visitLdcInsn("normal exit " + name);
```

```
        }
        mv.visitMethodInsn(INVOKEVIRTUAL, "java/io/PrintStream", "println", "(Ljava/
lang/String;)V", false);
    }

    @Override
    protected void onMethodExit(int opcode) {
        super.onMethodExit(opcode);
        // 处理正常返回的场景
        if (opcode != ATHROW) finallyBlock(opcode);
    }
```

前面介绍过 onMethodExit 在方法正常退出和异常退出时都会被调用。添加完异常处理表以后，程序异常退出时都会进入异常代码处理模块，为了避免重复处理，在 onMethodExit 中只会处理正常退出的情况，不必处理 ATHROW 指令。

执行使用 Java 修改过的 MyMain 类，可以看到已经有"err exit foo"输出了。

```
java -cp . MyMain
enter foo
step 1
err exit foo
Exception in thread "main" java.lang.ArithmeticException: / by zero
        at MyMain.foo(MyMain.java:24)
        at MyMain.main(MyMain.java:8)
```

到这里 ASM 的内容就告一段落，接下来我们来介绍另一个使用广泛的字节码改写工具 Javassist。

6.2　Javassist 介绍

前面介绍的 ASM 入门门槛还是挺高的，需要跟底层的字节码指令打交道，优点是小巧、性能好。Javassist 是一个性能比 ASM 稍差但使用起来简单很多的字节码操作库，不需要使用者掌握字节码指令，由东京工业大学的数学和计算机科学系的教授 Shigeru Chiba 开发。

本节将分为两个部分来讲解，第一部分是 Javassist 核心 API 介绍，第二部分是 Javassist 操作 class 文件的代码示例。

6.2.1　Javassist 核心 API

在 Javassist 中每个需要编辑的 class 都对应一个 CtClass 实例，CtClass 的含义是编译时的类（compile time class），这些类会存储在 ClassPool 中。ClassPool 是一个容器，存储了一系列 CtClass 对象。

Javassist 的 API 与 Java 反射 API 比较相似，Java 类包含的字段、方法在 Javassist 中分别对应 CtField 和 CtMethod，通过 CtClass 对象就可以给类新增字段、修改方法了。

Javassist 核心 API 如图 6-5 所示。

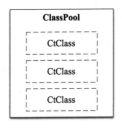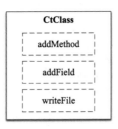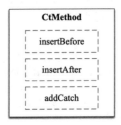

图 6-5 Javassist 核心 API

CtClass 的 writeFile 可以将生成的 class 文件输出到指定目录中，比如新建一个 Hello 类可以用下面的代码实现。

```
ClassPool cp = ClassPool.getDefault();
CtClass ct = cp.makeClass("ya.me.Hello");
ct.writeFile("./out");
```

运行上面的代码，out 目录下就生成了一个 Hello 类，内容如下所示。

```
package ya.me;

public class Hello {
    public Hello() {
    }
}
```

6.2.2 Javassist 操作字节码示例

Javassist 操作字节码相比 ASM 要简单很多，接下来用给已有类添加方法和修改方法体这两个例子来介绍 Javassist API 的使用。

1. 给已有类新增方法

新建一个 MyMain 类，如下所示。

```
public class MyMain {
}
```

接下来用 Javassist 给它新增一个 foo 方法，调用 CtClass 的 addMethod 可以实现给类新增方法的功能，代码如下所示。

```
ClassPool cp = ClassPool.getDefault();
cp.insertClassPath("/path/to/MyMain.class");
CtClass ct = cp.get("MyMain");
CtMethod method = new CtMethod(
        CtClass.voidType,
        "foo",
```

```
        new CtClass[]{CtClass.intType, CtClass.intType},
        ct);
method.setModifiers(Modifier.PUBLIC);
ct.addMethod(method);
ct.writeFile("./out");
```

查看生成 MyMain 类可以看到生成了 foo 方法。

2. 修改方法体

CtMethod 提供了几个实用的方法来修改方法体：

❑ setBody 方法用来替换整个方法体，它接收一段源代码字符串，Javassist 会将这段源码字符串编译为字节码，替换原有的方法体。

❑ insertBefore、insertAfter 方法可以实现在方法开始和结束的地方插入语句。

以下面的 foo 方法为例。

```
public int foo(int a, int b) {
    return a + b;
}
```

如果想把 foo 方法体修改为 "return 0;"，可以做如下修改。

```
CtMethod method = ct.getMethod("foo", "(II)I");
method.setBody("return 0;");
```

生成的修改过的 foo 方法如下所示。

```
public int foo(int var1, int var2) {
    return 0;
}
```

如果想把 foo 方法体的 "a + b;" 修改为 "a * b;"，比较直观的想法是调用 method. setBody("return a * b;")。实际运行时会报错，提示找不到字段 a，错误堆栈如下所示。

```
Exception in thread "main" javassist.CannotCompileException: [source error] no
such field: a
    at javassist.CtBehavior.setBody(CtBehavior.java:474)
    at javassist.CtBehavior.setBody(CtBehavior.java:440)
    at JavassistTest2.main(JavassistTest2.java:17)
Caused by: compile error: no such field: a
```

这是因为源代码在 javac 编译以后，抹去了局部变量名字，只留下类型和局部变量表的位置，比如上面的 a 和 b 对应局部变量表 1 和 2 的位置。在 Javassist 中访问方法参数使用 $0 $1 ...，而不是直接使用变量名，将上面的代码修改为如下所示。

```
method.setBody("return $1 * $2;");
```

生成新的 MyMain 类中的 foo 方法如下所示。

```
public int foo(int var1, int var2) {
```

```
    return var1 * var2;
}
```

除了方法的参数，Javassist 定义了以 $ 开头的特殊标识符，如表 6-1 所示。

表 6-1　Javassist 的特殊标识符列表

符号	含义
$0 $1 $2 ...	this 和方法参数
$args	方法参数数组，类型为 Object[]
$$	所有参数
$cflow(...)	control flow 变量
$r	返回结果的类型，用于强制类型转换
$w	包装器类型，用于强制类型转换
$_	返回值
$sig	类型为 java.lang.Class 的参数类型数组
$type	表示返回值类型，类型为 java.lang.Class
$class	表示当前正在修改的类，类型为 java.lang.Class 对象

下面来逐一介绍。

（1）$0 $1 $2 ... 参数

$0 $1 $2 等表示方法参数，非静态方法 0 对应于 this，如果是静态方法 $0 不可用，从 $1 开始依次表示方法参数。

（2）$args 参数

$args 变量表示所有参数的数组，它是一个 Object 类型的数组，如果参数中有原始类型，会被转为对应的包装类型，比如上面 foo(int a, int b) 对应的 $args 如下所示。

```
new Object[]{ new Integer(a), new Integer(b) }
```

（3）$$ 参数

$$ 参数表示所有的参数的展开，参数直接用逗号分隔，foo($$) 相当于 foo($1, $2, ...)。

（4）$cflow 参数

$cflow 是 "control flow" 的缩写，这是一个只读的属性，表示某方法递归调用的深度。一个典型的使用场景是监控某递归方法执行的时间，如果只想记录一次最顶层调用的时间，可以使用 $cflow 来判断当前递归调用的深度，如果不是最顶层调用则忽略记录时间。比如下面的计算 fibonacci 数列的方法。

```
public long fibonacci(int n) {
    if (n <= 1) return n;
    else return fibonacci(n-1) + fibonacci(n-2);
}
```

如果只想在第一次调用的时候执行打印，可以对字节码做如下修改。

```
CtMethod method = ct.getMethod("fibonacci", "(I)J");
method.useCflow("fibonacci");
method.insertBefore(
        "if ($cflow(fibonacci) == 0) {" +
            "System.out.println(\"fibonacci init \" + $1);" +
        "}"
);
```

执行生成的 MyMain，可以看到只输出了一次打印：

```
java -cp /path/to/javassist.jar:. MyMain
fibonacci init 10
```

（5）$_ 参数

CtMethod 的 insertAfter() 方法在目标方法的末尾插入一段代码。$_ 用来表示方法的返回值，在 insertAfter 方法中可以引用，以下面的代码为例。

```
method.insertAfter("System.out.println(\"result: \" + $_);");
```

生成的 class 文件反编译结果如下所示。

```
public int foo(int a, int b) {
    int var4 = a + b;
    System.out.println("result: " + var4);
    return var4;
}
```

细心的读者看到这里会有疑问，如果是方法异常退出，它的方法返回值是什么呢？以下面 foo 代码为例。

```
public int foo(int a, int b) {
    int c = 1 / 0;
    return a + b;
}
```

执行上面的改写后，反编译以后代码如下所示。

```
public int foo(int a, int b) {
    int c = 1 / 0;
    int var5 = a + b;
    System.out.println(var5);
    return var5;
}
```

在这种情况下，代码块抛出异常时是无法执行插入语句的。如果想代码抛出异常的时候也能执行，就需要把 insertAfter 的第二个参数 asFinally 设置为 true，如下面代码所示。

```
method.insertAfter("System.out.println(\"result: \" + $_);", true);
```

执行输出结果如下，可以看到在抛出异常的情况下也输出了预期的打印语句。

```
result: 0
Exception in thread "main" java.lang.ArithmeticException: / by zero
        at MyMain.foo(MyMain.java:9)
        at MyMain.main(MyMain.java:6)
```

（6）其他参数

还有几个 Javassist 提供的内置变量（$r 等）用的非常少，这里不再介绍，具体可以查看 Javassist 的官网。

6.3　小结

本章主要介绍了 ASM 和 Javassist 这两个使用非常广泛的字节码改写工具，详细讲解了它们的 API 和常见使用场景。这两个工具是软件破解、APM 等得以实现的基础，后面的几章中我们将看到更多相关的应用。下一章我们开始介绍 javaagent 和 Java Instrumentation 相关的知识。

Java Instrumentation 原理

这一章我们来介绍 Java 中强大的 Instrumentation 机制，Instrumentation 看起来比较神秘，很少有书会详细介绍。日常工作中用到的很多工具其实都是基于 Instrumentation 来实现的，比如下面这些：

- ❏ APM 产品：Pinpoint、SkyWalking、newrelic 等。
- ❏ 热部署工具：Intellij idea 的 HotSwap、Jrebel 等。
- ❏ Java 诊断工具：Arthas 等。

本章首先会介绍 Instrumentation 的基本概念，随后分两个部分讲解 Instrumentation 两种不同的使用方式，通过阅读本章你会学到下面这些知识。

- ❏ Instrumentation 基本概念
- ❏ Instrumentation 的核心 API 和它的两种使用方式介绍
- ❏ Attach API 的使用
- ❏ Unix 域套接字的原理

7.1 Java Instrumentation 简介

JDK 从 1.5 版本开始引入了 java.lang.instrument 包，开发者可以更方便的实现字节码增强。其核心功能由 java.lang.instrument.Instrumentation 提供，这个接口的方法提供了注册类文件转换器、获取所有已加载的类等功能，允许我们在对已加载和未加载的类进行修改，实现 AOP、性能监控等功能。

Instrumentation 接口的常用方法如下所示。

```
void addTransformer(ClassFileTransformer transformer, boolean canRetransform);

void retransformClasses(Class<?>... classes) throws UnmodifiableClassException;

Class[] getAllLoadedClasses()

boolean isRetransformClassesSupported();
```

它的 addTransformer 方法给 Instrumentation 注册一个类型为 ClassFileTransformer 的类文件转换器。ClassFileTransformer 接口只有一个 transform 方法,接口定义如下所示。

```
public interface ClassFileTransformer {
    byte[] transform(
            ClassLoader loader,
            String className,
            Class<?> classBeingRedefined,
            ProtectionDomain protectionDomain,
            byte[] classfileBuffer
    ) throws IllegalClassFormatException;
}
```

其中 className 参数表示当前加载类的类名,classfileBuffer 参数是待加载类文件的字节数组。调用 addTransformer 注册 transformer 以后,后续所有 JVM 加载类都会被它的 transform 方法拦截,这个方法接收原类文件的字节数组,在这个方法中可以做任意的类文件改写,最后返回转换过的字节数组,由 JVM 加载这个修改过的类文件。如果 transform 方法返回 null,表示不对此类做处理,如果返回值不为 null,JVM 会用返回的字节数组替换原来类的字节数组。

Instrumentation 接口的 retransformClasses 方法对 JVM 已经加载的类重新触发类加载。getAllLoadedClasses 方法用于获取当前 JVM 加载的所有类对象。isRetransform-ClassesSupported 方法返回一个 boolean 值表示当前 JVM 配置是否支持类重新转换的特性。

Instrumentation 有两种使用方式:第一种方式是在 JVM 启动的时候添加一个 Agent 的 jar 包;第二种方式是在 JVM 运行以后在任意时刻通过 Attach API 远程加载 Agent 的 jar 包。接下来分开进行介绍。

7.2 Instrumentation 与 -javaagent 启动参数

Instrumentation 的第一种使用方式是通过 JVM 的启动参数 -javaagent 来启动,一个典型的使用方式如下所示。

```
java -javaagent:myagent.jar MyMain
```

为了能让 JVM 识别到 Agent 的入口类,需要在 jar 包的 MANIFEST.MF 文件中指定 Premain-Class 等信息,一个典型的生成好的 MANIFEST.MF 内容如下所示。

```
Premain-Class: me.geek01.javaagent.AgentMain
Agent-Class: me.geek01.javaagent.AgentMain
Can-Redefine-Classes: true
Can-Retransform-Classes: true
```

其中 AgentMain 类有一个静态的 premain 方法，JVM 在类加载时会先执行 AgentMain 类的 premain 方法，再执行 Java 程序本身的 main 方法，这就是 premain 名字的来源。在 premain 方法中可以对 class 文件进行修改。这种机制可以认为是虚拟机级别的 AOP，无须对原有应用做任何修改就可以实现类的动态修改和增强。

premain 方法签名如下所示。

```
public static void premain(String agentArgument, Instrumentation instrumentation)
throws Exception
```

第一个参数 agentArgument 是 agent 的启动参数，可以在 JVM 启动时指定。以下面的启动方式为例，它的 agentArgument 的值为 "appId:agent-demo,agentType:singleJar"。

```
java -javaagent:<jarfile>=appId:agent-demo,agentType:singleJar test.jar
```

第二个参数 instrumentation 是 java.lang.instrument.Instrumentation 的实例，可以通过 addTransformer 方法设置一个 ClassFileTransformer。

静态 Instrumentation 的处理过程如下，JVM 启动后会执行 Agent jar 中的 premain 方法，在 premain 中可以调用 Instrumentation 对象的 addTransformer 方法注册 ClassFile-Transformer。当 JVM 加载类时会将类文件的字节数组传递给 transformer 的 transform 方法，在 transform 方法中可以对类文件进行解析和修改，随后 JVM 就可以加载转换后的类文件。整个过程如图 7-1 所示。

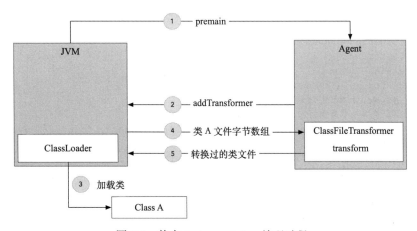

图 7-1　静态 Instrumentation 处理过程

下面使用 Instrumentation 的方式实现一个简单的方法调用栈跟踪，在每个方法进入和结束的地方都打印一行日志，实现调用过程的追踪效果，测试代码如下面代码清单 7-1 所示。

代码清单 7-1　方法调用栈跟踪测试代码

```java
public class MyTest {
    public static void main(String[] args) {
        new MyTest().foo();
    }
    public void foo() {
        bar1();
        bar2();
    }

    public void bar1() {
    }

    public void bar2() {
    }
}
```

这里需要用到前面介绍的 ASM 相关的知识。新建一个 AdviceAdapter 的子类 MyMethodVisitor，覆写 onMethodEnter、onMethodExit 方法，核心逻辑如下面代码清单 7-2 所示。

代码清单 7-2　自定义 MethodVisitor

```java
public class MyMethodVisitor extends AdviceAdapter {
    @Override
    protected void onMethodEnter() {
        // 在方法开始处插入 <<<enter xxx
        mv.visitFieldInsn(GETSTATIC, "java/lang/System", "out", "Ljava/io/
PrintStream;");
        mv.visitLdcInsn("<<<enter " + this.getName());
        mv.visitMethodInsn(INVOKEVIRTUAL, "java/io/PrintStream", "println",
"(Ljava/lang/String;)V", false);
        super.onMethodEnter();
    }
    @Override
    protected void onMethodExit(int opcode) {
        super.onMethodExit(opcode);
        // 在方法结束处插入 >>>exit xxx
        mv.visitFieldInsn(GETSTATIC, "java/lang/System", "out", "Ljava/io/
PrintStream;");
        mv.visitLdcInsn(">>>exit " + this.getName());
        mv.visitMethodInsn(INVOKEVIRTUAL, "java/io/PrintStream", "println",
"(Ljava/lang/String;)V", false);
    }
}
```

新建一个 ClassVisitor 的子类 MyClassVisitor，覆写 visitMethod 方法，返回自定义的 MethodVisitor，如下面代码清单 7-3 所示。

代码清单 7-3 自定义 ClassVisitor

```
public class MyClassVisitor extends ClassVisitor {

    public MyClassVisitor(ClassVisitor classVisitor) {
        super(ASM7, classVisitor);
    }
    @Override
    public MethodVisitor visitMethod(int access, String name, String descriptor,
String signature, String[] exceptions) {
        MethodVisitor mv = super.visitMethod(access, name, descriptor, signature,
exceptions);
        if (name.equals("<init>")) return mv;
        return new MyMethodVisitor(mv, access, name, descriptor);
    }
}
```

接下来新建一个 MyClassFileTransformer，这个类实现了 ClassFileTransformer 接口，在 transform 接口中使用 ASM 实现 class 文件的转换，如下面代码清单 7-4 所示。

代码清单 7-4 自定义 ClassFileTransformer

```
public class MyClassFileTransformer implements ClassFileTransformer {
    @Override
    public byte[] transform(ClassLoader loader, String className, Class<?>
classBeingRedefined,
                            ProtectionDomain protectionDomain, byte[] bytes)
throws IllegalClassFormatException {
        if (!"MyTest".equals(className)) return bytes;
        ClassReader cr = new ClassReader(bytes);
        ClassWriter cw = new ClassWriter(cr, ClassWriter.COMPUTE_FRAMES);
        ClassVisitor cv = new MyClassVisitor(cw);
        cr.accept(cv, ClassReader.SKIP_FRAMES | ClassReader.SKIP_DEBUG);
        return cw.toByteArray();
    }
}
```

接下来新建一个 AgentMain 类，在其中实现 premain 方法的逻辑，调用 addTransformer 方法将 MyClassFileTransformer 注册到 Instrumentation 中，如下面代码清单 7-5 所示。

代码清单 7-5 premain 实现

```
public class AgentMain {
    public static void premain(String agentArgs, Instrumentation inst) throws
ClassNotFoundException, UnmodifiableClassException {
        inst.addTransformer(new MyClassFileTransformer(), true);
    }
}
```

接下来将上面的代码打包为 Agent 的 jar 包，使用 maven-jar-plugin 插件可以比较方便地实现这个功能，在 manifestEntries 属性中指定 Premain-Class 为前面新建的 AgentMain 类名，plugin 的配置 xml 如下面代码清单 7-6 所示。

代码清单 7-6　javaagent maven 打包配置

```xml
<build>
  <plugins>
   <plugin>
     <groupId>org.apache.maven.plugins</groupId>
     <artifactId>maven-jar-plugin</artifactId>
     <configuration>
       <archive>
         <manifestEntries>
           <Agent-Class>me.geek01.javaagent.AgentMain</Agent-Class>
           <Premain-Class>me.geek01.javaagent.AgentMain</Premain-Class>
           <Can-Redefine-Classes>true</Can-Redefine-Classes>
           <Can-Retransform-Classes>true</Can-Retransform-Classes>
         </manifestEntries>
       </archive>
     </configuration>
   </plugin>
  </plugins>
</build>
```

执行 mvn clean package 生成 jar 包，添加 -javaagent 参数执行 MyTest 类，如下所示。

```
java -javaagent:/path/to/agent.jar MyTest
```

可以看到终端输出了方法调用的打印语句，结果如下所示。

```
<<<enter main
<<<enter foo
<<<enter bar1
>>>exit bar1
<<<enter bar2
>>>exit bar2
>>>exit foo
>>>exit main
```

通过上面的方式，我们在不修改 MyTest 类源码的情况下实现了调用链跟踪的效果，这个例子是 APM 实现的原型，更加完善的调用链跟踪实现会在后面的 APM 章节中介绍。接下来我们来看第二种 Instrumentation 使用方式。

7.3　JVM Attach API 介绍

在 JDK5 中，开发者只能在 JVM 启动时指定一个 javaagent，在 premain 中操作字节码，这种 Instrumentation 方式仅限于 main 方法执行前，存在很大的局限性。从 JDK6 开始

引入了动态 Attach Agent 的方案，可以在 JVM 启动后任意时刻通过 Attach API 远程加载
Agent 的 jar 包，比如大名鼎鼎的 arthas 工具就是基于 Attach API 实现的。

加载 Agent 的 jar 包只是 Attach API 的功能之一，我们常用的 jstack 工具也是利用
Attach API 来实现的。这个小节会先介绍 Attach API 的使用，随后会结合跨进程通信中的
信号和 UNIX 域套接字来看 Attach API 的实现原理。

7.3.1　JVM Attach API 基本使用

下面以一个实际的例子来演示动态 Attach API 的使用，测试代码中有一个 main 方法，
每 3 秒输出 foo 方法的返回值 100，接下来动态 Attach 上 MyTestMain 进程，修改 foo 的字
节码，让 foo 方法返回 50，测试代码如下面代码清单 7-7 所示。

代码清单 7-7　Attach API 测试代码

```java
public class MyTestMain {
    public static void main(String[] args) throws InterruptedException {
        while (true) {
            System.out.println(foo());
            TimeUnit.SECONDS.sleep(3);
        }
    }

    public static int foo() {
        return 100; // 修改后 return 50;
    }
}
```

具体分为下面这几个步骤。

1）编写实现自定义 ClassFileTransformer，通过 ASM 对 foo 方法做注入，核心代码如
下面代码清单 7-8 所示。

代码清单 7-8　foo 方法字节码注入

```java
public class MyMethodVisitor extends AdviceAdapter {
    @Override
    protected void onMethodEnter() {
        // 在方法开始插入 return 50;
        mv.visitIntInsn(BIPUSH, 50);
        mv.visitInsn(IRETURN);
    }
}
public class MyClassVisitor extends ClassVisitor {
    @Override
    public MethodVisitor visitMethod(int access, String name, String descriptor,
String signature, String[] exceptions) {
        MethodVisitor mv = super.visitMethod(access, name, descriptor, signature,
exceptions);
        // 只转换 foo 方法
```

```
            if ("foo".equals(name)) {
                return new MyMethodVisitor(mv, access, name, descriptor);
            }
            return mv;
        }
    }
    public class MyClassFileTransformer implements ClassFileTransformer {
        @Override
        public byte[] transform(ClassLoader loader, String className, Class<?>
classBeingRedefined,
                                ProtectionDomain protectionDomain, byte[] bytes)
throws IllegalClassFormatException {
            if (!"MyTestMain".equals(className)) return bytes;
            ClassReader cr = new ClassReader(bytes);
            ClassWriter cw = new ClassWriter(cr, ClassWriter.COMPUTE_FRAMES);
            ClassVisitor cv = new MyClassVisitor(cw);
            cr.accept(cv, ClassReader.SKIP_FRAMES | ClassReader.SKIP_DEBUG);
            return cw.toByteArray();
        }
    }
```

2）实现 agentmain 方法。前面介绍的启动时加载 agent 会调用 premain 方法，动态 Attach 的 agent 会执行 agentmain 方法，方法参数和含义跟 premain 类似，agentmain 的实现代码如下面代码清单 7-9 所示。

代码清单 7-9　agentmain 代码示例

```
public class AgentMain {
    public static void agentmain(String agentArgs, Instrumentation inst) throws
ClassNotFoundException, UnmodifiableClassException {
        System.out.println("agentmain called");
        inst.addTransformer(new MyClassFileTransformer(), true);
        Class classes[] = inst.getAllLoadedClasses();
        for (int i = 0; i < classes.length; i++) {
            if (classes[i].getName().equals("MyTestMain")) {
                System.out.println("Reloading: " + classes[i].getName());
                inst.retransformClasses(classes[i]);
                break;
            }
        }
    }
}
```

3）因为是跨进程通信，Attach 的发起端是一个独立的 java 程序，这个 java 程序会调用 VirtualMachine.attach 方法开始和目标 JVM 进行跨进程通信。

```
public class MyAttachMain {
    public static void main(String[] args) throws Exception {
        VirtualMachine vm = VirtualMachine.attach(args[0]);
```

```
        try {
            vm.loadAgent("/path/to/agent.jar");
        } finally {
            vm.detach();
        }
    }
}
```

使用 jps 查询到 MyTestMain 的进程 pid，使用 java 执行 MyAttachMain 类，如下所示。

```
java -cp /path/to/your/tools.jar:. MyAttachMain pid
```

可以看到 MyTestMain 的输出的 foo 方法已经返回了 50。

```
java -cp . MyTestMain

100
100
100
agentmain called
Reloading: MyTestMain
50
50
50
```

7.3.2　JVM Attach API 的底层原理

JVM Attach API 的实现主要基于信号和 UNIX 域套接字，接下来详细介绍这两部分的内容。

信号是某事件发生时对进程的通知机制，也被称为"软件中断"。信号可以看作一种非常轻量级的进程间通信，信号由一个进程发送给另外一个进程，只不过是经由内核作为一个中间人转发，信号最初的目的是用来指定杀死进程的不同方式。

每个信号都有一个名字，以"SIG"开头，最熟知的信号应该是 SIGINT，我们在终端执行某个应用程序的过程中按下 Ctrl+C 一般会终止正在执行的进程，这是因为按下 Ctrl+C 会发送 SIGINT 信号给目标程序。每个信号都有一个唯一的数字标识，从 1 开始，常见的信号量列表如表 7-1 所示。

表 7-1　常见的信号量

信号名	编号	描　　述
SIGINT	2	键盘中断信号（Ctrl+C）
SIGQUIT	3	键盘退出信号
SIGKILL	9	"必杀"(sure kill) 信号，应用程序无法忽略或者捕获，总会被杀死
SIGTERM	15	终止信号

在 Linux 中，一个前台进程可以使用 Ctrl+C 进行终止，对于后台进程需要使用 kill 加

进程号的方式来终止，kill 命令是通过发送信号给目标进程来实现终止进程的功能。默认情况下，kill 命令发送的是编号为 15 的 SIGTERM 信号，这个信号可以被进程捕获，选择忽略或正常退出。目标进程如果没有自定义处理这个信号就会被终止。对于那些忽略 SIGTERM 信号的进程，可以指定编号为 9 的 SIGKILL 信号强行杀死进程，SIGKILL 信号不能被忽略也不能被捕获和自定义处理。

新建一个 signal.c 文件，自定义处理 SIGQUIT、SIGINT、SIGTERM 信号，如下面代码清单 7-10 所示。

代码清单 7-10　信号处理示例

```c
static void signal_handler(int signal_no) {
    if (signal_no == SIGQUIT) {
        printf("quit signal receive: %d\n", signal_no);
    } else if (signal_no == SIGTERM) {
        printf("term signal receive: %d\n", signal_no);
    } else if (signal_no == SIGINT) {
        printf("interrupt signal receive: %d\n", signal_no);
    }
}
int main() {
    signal(SIGQUIT, signal_handler);
    signal(SIGINT, signal_handler);
    signal(SIGTERM, signal_handler);
    for (int i = 0;; i++) {
        printf("%d\n", i);
        sleep(3);
    }
}
```

使用 gcc 编译上面的 signal.c 文件，然后执行生成的 signal 可执行文件，如下所示。

```
gcc signal.c -o signal
./signal
```

这种情况下在终端中输入 Ctrl+C，kill -3，kill -15 都没有办法杀掉这个进程，只能用 kill -9，如下所示。

```
0
^Cinterrupt signal receive: 2        // Ctrl+C
1
2
term signal receive: 15              // kill pid
3
4
5
quit signal receive: 3               // kill -3
6
7
```

```
8
[1]    46831 killed    ./signal  // kill -9 成功杀死进程
```

JVM 对 SIGQUIT 的默认行为是打印所有运行线程的堆栈信息，在类 UNIX 系统中，
可以通过使用命令 kill -3 pid 来发送 SIGQUIT 信号。运行上面的 MyTestMain，使用 jps 找
到这个 JVM 的进程 pid，执行 kill -3 pid，在终端就可以看到打印了所有线程的调用栈信息。

```
Full thread dump Java HotSpot(TM) 64-Bit Server VM (25.51-b03 mixed mode):

"Service Thread" #8 daemon prio=9 os_prio=31 tid=0x00007fe060821000 nid=0x4403
runnable [0x0000000000000000]
    java.lang.Thread.State: RUNNABLE
...
"Signal Dispatcher" #4 daemon prio=9 os_prio=31 tid=0x00007fe061008800 nid=0x3403
waiting on condition [0x0000000000000000]
    java.lang.Thread.State: RUNNABLE
"main" #1 prio=5 os_prio=31 tid=0x00007fe060003800 nid=0x1003 waiting on
condition [0x000070000d203000]
    java.lang.Thread.State: TIMED_WAITING (sleeping)
        at java.lang.Thread.sleep(Native Method)
        at java.lang.Thread.sleep(Thread.java:340)
        at java.util.concurrent.TimeUnit.sleep(TimeUnit.java:386)
        at MyTestMain.main(MyTestMain.java:10)
```

接下来我们来看 UNIX 域套接字（UNIX Domain Socket）的概念。使用 TCP 和 UDP 进
行 socket 通信是一种广为人知的 socket 使用方式，除了这种方式以外还有一种称为 UNIX
域套接字的方式，可以实现同一主机上的进程间通信。虽然使用 127.0.01 环回地址也可以
通过网络实现同一主机的进程间通信，但 UNIX 域套接字更可靠、效率更高。Docker 守护
进程（Docker daemon）使用了 UNIX 域套接字，容器中的进程可以通过它与 Docker 守护进
程进行通信。MySQL 同样提供了域套接字进行访问的方式。

在 UNIX 世界，一切皆文件，UNIX 域套接字也是一个文件，下面是在某文件夹下执行
ls -l 命令的输出结果。

```
ls -l
srwxrwxr-x. 1 ya ya       0 9 月   8 00:26 tmp.sock
drwxr-xr-x. 5 ya ya    4096 11 月  29 09:18 tmp
-rw-r--r--. 1 ya ya   14919 10 月  31 2017  test1.png
```

ls -l 命令输出的第一个字符表示文件的类型，"s" 表示这是一个 UNIX 域套接字，"d"
表示这个是一个文件夹，"-" 表示这是一个普通文件。

两个进程通过读写这个文件就实现了进程间的信息传递。文件的拥有者和权限决定了
谁可以读写这个套接字。

UNIX 域套接字与普通套接字的对比和区别是什么？

❑ UNIX 域套接字更加高效，它不用进行协议处理，不需要计算序列号，也不需要发送
　　确认报文，只需要读写数据即可。

❑ UNIX 域套接字是可靠的，不会丢失数据，普通套接字是为不可靠通信设计的。

❑ UNIX 域套接字的代码可以非常简单地修改为普通套接字。

下面是一个简单的 C 语言实现的域套接字的例子。为了简化代码，这里的代码省略了错误的处理，代码结构如下所示。

```
.
├── client.c
└── server.c
```

其中 server.c 充当 UNIX 域套接字服务器，启动后会在当前目录生成一个名为 tmp.sock 的 UNIX 域套接字文件，它读取客户端写入的内容并输出到终端。server.c 的代码如下面代码清单 7-11 所示。

代码清单 7-11　UNIX 域套接字服务端代码

```c
int main() {
    int fd = socket(AF_UNIX, SOCK_STREAM, 0);
    struct sockaddr_un addr;
    memset(&addr, 0, sizeof(addr));
    addr.sun_family = AF_UNIX;
    strcpy(addr.sun_path, "tmp.sock");
    int ret = bind(fd, (struct sockaddr *) &addr, sizeof(addr));
    listen(fd, 5)

    int accept_fd;
    char buf[100];
    while (1) {
        accept_fd = accept(fd, NULL, NULL)) == -1);
        while ((ret = read(accept_fd, buf, sizeof(buf))) > 0) {
            // 输出客户端传过来的数据
            printf("receive %u bytes: %s\n", ret, buf);
        }
    }
}
```

客户端 client.c 代码如下面代码清单 7-12 所示。

代码清单 7-12　UNIX 域套接字客户端代码

```c
int main() {
    int fd = socket(AF_UNIX, SOCK_STREAM, 0);
    struct sockaddr_un addr;
    memset(&addr, 0, sizeof(addr));
    addr.sun_family = AF_UNIX;
    strcpy(addr.sun_path, "tmp.sock");

    connect(fd, (struct sockaddr *) &addr, sizeof(addr));
```

```
    int rc;
    char buf[100];
    // 读取终端标准输入的内容，写入 UNIX 域套接字文件中
    while ((rc = read(STDIN_FILENO, buf, sizeof(buf))) > 0) {
        write(fd, buf, rc);
    }
}
```

在命令行中进行编译和执行，如下所示。

```
gcc server.c -o server
gcc client.c -o client
```

启动两个终端，分别启动 server 端和 client 端，如下所示。

```
./server
./client
```

通过 ls -l 命令可以看到当前目录生成了一个名为"tmp.sock"的文件。

```
ls -l
srwxrwxr-x. 1 ya ya    0 9月   8 00:08 tmp.sock
```

在 client 端输入"hello"，在 server 端就可以看到客户端写入的字符串了，如下所示。

```
./server
receive 6 bytes: hello
```

接下来介绍 JVM Attach API 的执行过程。使用 java 执行本节开头的 MyAttachMain，当指定一个不存在的 JVM 进程时，会出现如下的错误。

```
java -cp /path/to/your/tools.jar:. MyAttachMain 1234
Exception in thread "main" java.io.IOException: No such process
    at sun.tools.attach.LinuxVirtualMachine.sendQuitTo(Native Method)
    at sun.tools.attach.LinuxVirtualMachine.<init>(LinuxVirtualMachine.java:91)
    at sun.tools.attach.LinuxAttachProvider.attachVirtualMachine(LinuxAttachProv
ider.java:63)
    at com.sun.tools.attach.VirtualMachine.attach(VirtualMachine.java:208)
    at MyAttachMain.main(MyAttachMain.java:8)
```

可以看到 VirtualMachine.attach 最终调用了 sendQuitTo 方法，这是一个 native 方法，底层就是发送了 SIGQUIT 号给目标 JVM 进程。

前面信号部分我们介绍过，JVM 对 SIGQUIT 的默认行为是 dump 当前的线程堆栈，那为什么调用 VirtualMachine.attach 没有输出调用栈堆栈呢？

假设目标进程为 12345，Attach 的详细过程如下。

1）Attach 端先检查临时文件目录是否有 .java_pid12345 文件。

这个文件是一个 UNIX 域套接字文件，由 Attach 成功以后的目标 JVM 进程生成。如果

这个文件存在，说明正在 Attach 中，可以用这个 socket 进行下一步的通信。如果这个文件不存在则创建一个 .attach_pid12345 文件，这部分的伪代码如下所示。

```
String tmpdir = "/tmp";
File socketFile = new File(tmpdir,  ".java_pid" + pid);
if (!socketFile.exists()) {
    File attachFile = new File(tmpdir, ".attach_pid" + pid);
    createAttachFile(attachFile.getPath());
}
```

2）Attach 端检查发现如果没有 .java_pid12345 文件，就会创建 .attach_pid12345 文件，然后发送 SIGQUIT 信号给目标 JVM。接下来每隔 200ms 检查一次 socket 文件是否已经生成，如果生成则进行 socket 通信，5s 以后还没有生成则退出。

3）对于目标 JVM 进程而言，它的 Signal Dispatcher 线程收到 SIGQUIT 信号以后，会检查 .attach_pid12345 文件是否存在。

❑ 目标 JVM 如果发现 .attach_pid12345 不存在，则认为这不是一个 attach 操作，执行默认行为输出当前所有线程的堆栈。

❑ 目标 JVM 如果发现 .attach_pid12345 存在，则认为这是一个 attach 操作，会启动 Attach Listener 线程，负责处理 Attach 请求，同时创建名为 .java_pid12345 的 socket 文件。

源码中 /hotspot/src/share/vm/runtime/os.cpp 这一部分处理的逻辑如下面代码清单 7-13 所示。

代码清单 7-13　JVM 处理 SIGQUIT 信号逻辑

```
#define SIGBREAK SIGQUIT

static void signal_thread_entry(JavaThread* thread, TRAPS) {
  while (true) {
    int sig;
    {
    switch (sig) {
      case SIGBREAK: {
        // Check if the signal is a trigger to start the Attach Listener - in that
        // case don't print stack traces.
        if (!DisableAttachMechanism && AttachListener::is_init_trigger()) {
          continue;
        }
        ...
        // Print stack traces
      }
    }
```

　　AttachListener 的 is_init_trigger 方法在 .attach_pid12345 文件存在的情况下会新建 .java_pid12345 套接字文件，准备接收 Attach 端发送数据。

　　那 Attach 端和目标进程用 socket 传递了什么数据呢？可以通过 strace 命令看到 Attach 端究竟向 socket 中写了什么数据。执行命令，输出结果如下所示。

```
sudo strace -f java -cp /usr/local/jdk/lib/tools.jar:. MyAttachMain 12345  2>
strace.out

...
5841 [pid  3869] socket(AF_LOCAL, SOCK_STREAM, 0) = 5
5842 [pid  3869] connect(5, {sa_family=AF_LOCAL, sun_path="/tmp/.java_pid12345"},
110)    = 0
5843 [pid  3869] write(5, "1", 1)            = 1
5844 [pid  3869] write(5, "\0", 1)           = 1
5845 [pid  3869] write(5, "load", 4)         = 4
5846 [pid  3869] write(5, "\0", 1)           = 1
5847 [pid  3869] write(5, "instrument", 10) = 10
5848 [pid  3869] write(5, "\0", 1)           = 1
5849 [pid  3869] write(5, "false", 5)        = 5
5850 [pid  3869] write(5, "\0", 1)           = 1
5855 [pid  3869] write(5, "/home/ya/agent.jar"..., 18 <unfinished ...>
```

　　可以看到向 socket 写入的内容如下所示。

```
1
\0
load
\0
instrument
\0
false
\0
/home/ya/agent.jar
\0
```

　　数据之间用 \0 字符分隔，第一行的 1 表示协议版本，接下来是发送指令“load instrument false /home/ya/agent.jar”给目标 JVM，目标 JVM 收到这些数据以后就可以加载相应的 agent jar 包进行字节码的改写。

　　如果从 socket 的角度来看，VirtualMachine.attach 方法相当于三次握手建立连接，Virtual-Machine.loadAgent 则是握手成功之后发送数据，VirtualMachine.detach 相当于四次挥手断开连接。

　　这个过程如图 7-2 所示。

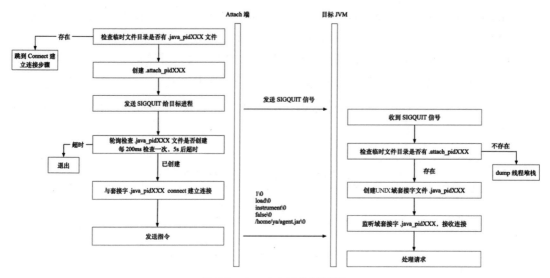

图 7-2 Attach API 执行过程

7.4 小结

本章介绍了 Java Instrumentation 相关的概念，重点介绍两种不同的 Instrumentation 方式，即 JVM 启动时加载的 premain 方法和启动后动态 Attach 的 agentmain 方法。文章最后分析了 Attach API 的底层实现原理。这一章的知识是后面 APM、软件破解章节的基础，希望你可以熟练掌握。下一章我们将介绍字节码相关的典型应用场景。

第 8 章 | *Chapter 8*

JSR 269 插件化注解处理原理

本章我们来开始介绍 JSR 269（Pluggable Annotation Processing API，插件化注解处理）相关的知识。因为比较重要，所以第 4 章没有展开这部分的内容，本章将详细讲解。大名鼎鼎的 Lombok 框架就是基于 JSR 269 来实现的，通过简单的注解减少了手动实现 get、set、toString 等方法，消除了大量的冗余代码。

通过阅读本章你会学到如下知识：

- ❏ JSR 269 的基本概念。
- ❏ 抽象语法树操作有关的核心类 Names、JCTree、TreeMaker 的使用。
- ❏ 自定义注解处理实现自动添加 get、set 方法。
- ❏ JSR 269 在 Lombok 和 ButterKnife 框架上的应用。

8.1 JSR 269 简介

注解（Annotation）第一次是在 JDK1.5 中被引入进来的，当时开发者只能在运行期处理注解。JDK1.6 引入了 JSR 269 规范，允许开发者在编译期间对注解进行处理，可以读取、修改、添加抽象语法树中的内容。只要有足够的想象力，利用 JSR269 可以完成很多 Java 语言不支持的特性，甚至创造新的语法糖。

回忆一下第 4 章的内容，javac 的编译过程如图 8-1 所示。

javac 的前两个阶段 parse 和 enter 生成了抽象语法树（AST），接下来进入 annotation process（注解处理）阶段，JSR 269 就发生在这个阶段。经过注解处理后输出一个修改过的 AST，交给下游阶段继续处理，直至生成最终的 class 文件。

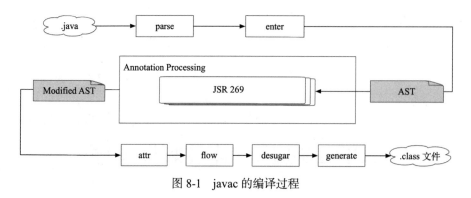

图 8-1 javac 的编译过程

实现注解处理器的第一步是继承 AbstractProcessor 类，实现它的 process 方法，如下面的代码清单 8-1 所示。

代码清单 8-1　自定义 AbstractProcessor

```
@SupportedAnnotationTypes("me.ya.anno.Data")
@SupportedSourceVersion(SourceVersion.RELEASE_8)
public class DataAnnoProcessor extends AbstractProcessor {

    private JavacTrees javacTrees;
    private TreeMaker treeMaker;
    private Names names;

    @Override
    public synchronized void init(ProcessingEnvironment processingEnv) {
        super.init(processingEnv);
        Context context = ((JavacProcessingEnvironment) processingEnv).
getContext();
        javacTrees = JavacTrees.instance(processingEnv);
        treeMaker = TreeMaker.instance(context);
        names = Names.instance(context);
    }

    @Override
    public boolean process(Set<? extends TypeElement> annotations,
RoundEnvironment roundEnv) {
    }
}
```

@SupportedSourceVersion(value = SourceVersion.RELEASE_8) 注解表示最高支持 JDK8 编译出来的类文件，@SupportedAnnotationTypes({"me.ya.annotation.MyBuilder"}) 注解表示只处理类全限定名为 me.ya.annotation.MyBuilder 的注解。

AbstractProcessor 类有两个核心方法 init 和 process。init 方法用来完成一些初始化的操作，比如初始化核心的 JavacTrees、TreeMaker、Names 等，这三个类在后面的代码中会频繁用到。process 方法用来做语法树的修改。

编译阶段的注解处理过程实际上就是操作抽象语法树的过程，接下来我们来操作抽象语法树有关的类。

8.2　抽象语法树操作 API

语法树核心操作的核心类是 Names、JCTree、TreeMaker。
- ❏ Names 类提供了访问标识符的方法
- ❏ JCTree 类是语法树元素的基类
- ❏ TreeMaker 类封装了创建语法树节点的方法

8.2.1　Names 介绍

Names 类提供了访问标识符 Name 的方法，它最常用的方法是 fromString，用来从一个字符串获取 Name 对象，它的方法定义如下所示。

```
public Name fromString(String s) {
    return table.fromString(s);
}
```

比如，获取 this 名字标识符可以使用如下的代码。

```
names.fromString("this")
```

8.2.2　JCTree 介绍

JCTree 是语法树元素的基类，实现了 Tree 接口，它有两个核心的字段 pos 和 type。其中，pos 表示当前节点在语法树中的位置，type 表示节点的类型。JCTree 的子类众多，常见的有 JCStatement、JCExpression、JCMethodDecl 和 JCModifiers，接下来详细介绍这几个类及其常用的子类。

1. JCStatement

JCStatement 类用来声明语句，常见的子类有 JCReturn、JCBlock、JCClassDecl、JCVariable-Decl、JCTry、JCIf 等。

JCReturn 类用来表示 return 语句，它的部分源码如下所示。

```
public static class JCReturn extends JCTree.JCStatement implements ReturnTree {
    public JCTree.JCExpression expr;
}
```

JCReturn 的 expr 字段是一个 JCExpression 类型的变量，表示 return 语句表达式内容。
JCBlock 类表示一个代码块，它的部分源代码如下所示。

```
public static class JCBlock extends JCTree.JCStatement implements BlockTree {
    public long flags;
    public List<JCTree.JCStatement> stats;
}
```

其中，flags 字段表示代码块的访问标记，stats 字段是一个 JCStatement 类型的列表，表示代码块内的所有语句。

JCClassDecl 类表示类定义语法树节点，它的部分源代码如下所示。

```
public static class JCClassDecl extends JCTree.JCStatement implements ClassTree {
    public JCTree.JCModifiers mods;
    public Name name;
    public List<JCTree.JCTypeParameter> typarams;
    public JCTree.JCExpression extending;
    public List<JCTree.JCExpression> implementing;
    public List<JCTree> defs;
    public ClassSymbol sym;
}
```

它的字段说明如下。

❑ mods 表示方法的访问修饰符，比如 public、static 等。

❑ name 表示类名。

❑ typarams 表示泛型参数列表。

❑ restype 表示返回类型。

❑ extending 表示继承的父类信息。

❑ implementing 表示实现的接口列表。

❑ defs 表示所有的变量和方法列表。

❑ sym 表示包名和类名。

JCVariableDecl 类用来表示变量语法树节点，它的定义如下所示。

```
public static class JCVariableDecl extends JCStatement implements VariableTree {
    public JCModifiers mods;
    public Name name;
    public JCExpression vartype;
    public JCExpression init;
    public VarSymbol sym;
    protected JCVariableDecl(JCModifiers mods,
                    Name name,
                    JCExpression vartype,
                    JCExpression init,
                    VarSymbol sym) {
        this.mods = mods;
        this.name = name;
        this.vartype = vartype;
        this.init = init;
```

```
        this.sym = sym;
    }
}
```

它的核心字段说明如下：

❏ mods：表示变量的访问修饰符，比如 public、final、static 等。

❏ name：表示变量名。

❏ vartype：表示变量类型。

❏ init 是 JCExpression 类型的变量，表示变量的初始化语句，有可能是- -个固定值，也可能是一个表达式。

JCTry 类表示 try-catch-finally 语句，JCTry 的源代码如下所示。

```
public static class JCTry extends JCStatement implements TryTree {
    public JCBlock body;
    public List<JCCatch> catchers;
    public JCBlock finalizer;
}
```

其中，body 表示 try 语句块；catchers 是 JCCatch 对象列表，表示多个 catch 语句块；finalizer 表示 finally 语句块。

JCIf 类表示 if-else 代码块，它的类定义如下所示。

```
public static class JCIf extends JCStatement implements IfTree {
    public JCExpression cond;
    public JCStatement thenpart;
    public JCStatement elsepart;
}
```

其中，cond 表示条件语句，thenpart 和 elsepart 分别表示 if 和 else 部分。

JCForLoop 类表示一个 for 循环语句，它的源代码如下所示。

```
public static class JCForLoop extends JCStatement implements ForLoopTree {
    public List<JCStatement> init;
    public JCExpression cond;
    public List<JCExpressionStatement> step;
    public JCStatement body;
}
```

一个典型的 for 循环语句格式如下所示。

```
for (init ; cond ; step) {
    body
}
```

其中，init 表示循环的初始化，cond 表示循环的条件判断，step 是每次循环后的操作表达式，body 是 for 循环的循环体。

2. JCExpression

JCExpression 类用来表示表达式语法树节点，常见的子类如下所示。

❑ JCAssign：赋值语句表达式。

❑ JCIdent：标识符表达式。

❑ JCBinary：二元运算符。

❑ JCLiteral：字面量运算符表达式。

JCAssign 用来表示赋值语句表达式，比如语句"x = 2"就是一个赋值语句。JCAssign 类的部分源代码如下所示。

```
public static class JCAssign extends JCTree.JCExpression implements
AssignmentTree {
    public JCTree.JCExpression lhs;
    public JCTree.JCExpression rhs;
    // ...
}
```

lhs 表示赋值语句的左边表达式，rhs 表示赋值语句的右边表达式。

JCIdent 用来表示标识符语法树节点，可以表示类、变量和方法，它的部分源码如下所示。

```
public static class JCIdent extends JCTree.JCExpression implements IdentifierTree
{
    public Name name;
    public Symbol sym;
}
```

其中 name 表示标识符的名字，sym 表示标识符的其他标记，比如表示类时，sym 表示类的包名和类名。

JCBinary 用来表示二元操作符，加、减、乘、除，以及与或运算都属于二元运算符，比如语句"1 + 2"就是一个二元操作符。JCBinary 简化过的部分源码如下所示。

```
public class JCBinary extends JCTree.JCExpression implements BinaryTree {
    private JCTree.Tag opcode;
    public JCTree.JCExpression lhs;
    public JCTree.JCExpression rhs;
    // ...
}
```

其中，opcode 表示二元操作符的运算符，lhs 表示二元操作符的左半部分，rhs 表示二元操作符的右半部分。opcode 是一个 JCTree.Tag 类型的变量，JCTree.Tag 是一个枚举类，常见的枚举类有下面这些。

```
public static enum Tag {
    // ...
    PLUS,  // +
```

```
        MINUS, // -
        MUL,   // *
        DIV,   // /
        MOD,   // %
        // ...
    }
```

JCLiteral 类用来表示字面量表达式，它的部分源码如下所示。

```
public static class JCLiteral extends JCTree.JCExpression implements LiteralTree {
    public TypeTag typetag;
    public Object value;
}
```

其中 typetag 字段表示常量的类型，value 字段表示常量的值。typetag 是一个 TypeTag 类型的变量，TypeTag 是一个枚举类，常见的枚举如下所示。

```
public enum TypeTag {
    BYTE(1, 125, true),
    CHAR(2, 122, true),
    SHORT(4, 124, true),
    LONG(16, 112, true),
    FLOAT(32, 96, true),
    INT(8, 120, true),
    DOUBLE(64, 64, true),
    BOOLEAN(0, 0, true),
    VOID,
    CLASS,
    // ...
}
```

3. JCMethodDecl

JCMethodDecl 类用来表示方法的定义，它的部分源码如下所示。

```
public static class JCMethodDecl extends JCTree implements MethodTree {
    public JCModifiers mods;
    public Name name;
    public JCExpression restype;
    public List<JCTypeParameter> typarams;
    public List<JCVariableDecl> params;
    public List<JCExpression> thrown;
    public JCBlock body;
    public JCExpression defaultValue; // for annotation types
    public MethodSymbol sym;
    ...
}
```

常用的字段解释如下。

❑ mods：表示方法的访问修饰符，比如 public、static、synchronized 等。

❏ name：表示方法名。

❏ restype：表示返回类型。

❏ typarams：表示方法泛型参数列表。

❏ params：表示方法参数列表。

❏ thrown：方法异常抛出列表。

❏ body：表示方法体。

4. JCModifiers

JCModifiers 类表示访问标记语法树节点，它的部分源码如下所示。

```
public static class JCModifiers {
    public long flags;
    public List<JCTree.JCAnnotation> annotations;
    // ...
}
```

flags 字段表示访问标记，可以由 com.sun.tools.javac.code.Flags 定义的常量来表示，多个 flag 可以组合使用，以下面的代码为例。

```
public static final int x = 1;
```

变量 x 的访问标记 flags 可以用 Flags.PUBLIC + Flags.STATIC + Flags.FINAL 值表示。

8.2.3　TreeMaker 介绍

TreeMaker 类封装了创建语法树节点的方法，是注解处理中最核心的类。前面 8.2.2 节介绍过，JCTree 包含一个 pos 字段表示当前语法树节点在抽象语法树中的位置，所以我们不能用 new 关键字来创建 JCTree，只能使用包含了语法树上下文的 TreeMaker 对象来构造 JCTree。它常用的方法有下面这些。

❏ TreeMaker.Modifiers 方法用于生成一个访问标记 JCModifiers。

❏ TreeMaker.Binary 方法用于生成二元操作符 JCBinary。

❏ TreeMaker.Ident 方法用于创建标识符语法树节点 JCIdent。

❏ TreeMaker.Select 方法用于创建一个字段或方法访问。

❏ TreeMaker.Return 方法用于创建 return 语句语法树节点 JCReturn。

❏ TreeMaker.Assign 方法用于生成赋值语句的语法树节点。

❏ TreeMaker.Block 方法用于生成语句块语法树节点 JCBlock。

❏ TreeMaker.Exec 创建执行这个语句的语法树节点返回一个 JCExpressionStatement 对象。

❏ TreeMaker.VarDef 方法用于生成变量语法树节点 JCVariableDecl。

❏ TreeMaker.MethodDef 方法用于生成方法语法树节点 JCMethodDecl。

接下来一一进行介绍。

1. TreeMaker.Modifiers

TreeMaker.Modifiers 方法用来生成一个访问标记 JCModifiers，它的方法定义如下所示。

```
public JCModifiers Modifiers(long flags) {
}
```

其中，flags 是一个 long 型值，表示访问标记的组合，以下面的变量 x 为例。

```
public static final int x = 1;
```

使用 TreeMaker.Modifiers 方法生成访问标记的代码如下所示。

```
JCTree.JCModifiers modifier = treeMaker.Modifiers(Flags.PUBLIC + Flags.STATIC +
Flags.FINAL);
```

2. TreeMaker.Binary

TreeMaker.Binary 方法用来生成二元操作符 JCBinary，它的方法定义如下。

```
public JCBinary Binary(
    int opcode,         // 二元操作符
    JCExpression lhs,   // 操作符左边表达式
    JCExpression rhs    // 操作符右边表达式
    ) {
}
```

以 "1 + 2" 为例，用 TreeMaker 来创建的代码如下所示。

```
JCTree.JCBinary addJCBinary = treeMaker.Binary(
    JCTree.Tag.PLUS,     // +
    treeMaker.Literal(1), // 1
    treeMaker.Literal(2)  // 2
);
```

其中 JCTree.Tag.PLUS 表示 "+" 操作符，treeMaker.Literal(1) 生成了一个整型常量 1 作为二元操作的左半部分，treeMaker.Literal(2) 生成了一个整型常量 2 作为二元操作的右半部分。

3. TreeMaker.Ident

TreeMaker.Ident 方法用来创建类、变量、方法的标识符语法树节点 JCIdent，它的方法定义如下所示。

```
public JCIdent Ident(Name name) {
}
```

以获取变量 x 的标识符为例，用 TreeMaker 来创建的代码如下所示。

```
Names names = Names.instance(context);
treeMaker.Ident(names.fromString("x"))
```

4. TreeMaker.Select

TreeMaker.Select 方法用于创建一个字段或方法访问 JCFieldAccess，它的方法定义如下所示。

```
public JCFieldAccess Select(
    JCExpression selected,  // . 号左边的表达式
    Name selector           // . 号右边的表达式
)
```

以语句"this.id"为例，用 TreeMaker 来创建的代码如下所示。

```
treeMaker.Select(
    treeMaker.Ident(names.fromString("this")), // this
    jcVariableDecl.getName()                    // id
)
```

5. TreeMaker.Return

TreeMaker.Return 方法用来创建 return 语句语法树节点 JCReturn，它的方法定义如下所示。

```
public JCReturn Return(JCExpression expr) {
}
```

其中 expr 参数是返回内容的表达式语句，以下面的代码为例。

```
return this.id;
```

用 TreeMaker 创建的代码如下所示。

```
Names names = Names.instance(context);
JCTree.JCReturn returnStatement = treeMaker.Return(
        treeMaker.Select(
treeMaker.Ident(names.fromString("this")),
                names.fromString("id")
        )
);
```

6. TreeMaker.Assign

TreeMaker.Assign 用来生成赋值语句的语法树节点 JCAssign，它的方法定义如下所示。

```
public JCAssign Assign(
    JCExpression lhs, // 等号左边表达式
    JCExpression rhs  // 等号右边表达式
    ) {
}
```

以"x = 0;"为例，对应的用 TreeMaker 创建的语句如下所示。

```
treeMaker.Assign(
```

```
        treeMaker.Ident(names.fromString("x")), // 等号左边 x
        treeMaker.Literal(0)                     // 等号右边 0
)
```

7. TreeMaker.Block

TreeMaker.Block 方法用于生成语句块语法树节点 JCBlock，可以用于方法体，它的定义如下所示。

```
public JCBlock Block(long flags, List<JCStatement> stats) {
}
```

它的第一个参数 flags 表示访问标记，第二个参数 stats 是一个 JCStatement 列表，表示多条语句，常见的用法如下所示。

```
JCStatement statement = // ...
ListBuffer<JCTree.JCStatement> statements = new ListBuffer<JCTree.JCStatement>().
append(statement);
JCTree.JCBlock body = treeMaker.Block(0, statements.toList());
```

8. TreeMaker.Exec

前面介绍的 TreeMaker.Assign 返回了一个 JCAssign 对象，一般使用时会对它包装一层 TreeMaker.Exec 方法调用，使其返回一个 JCExpressionStatement 类型的对象。TreeMaker.Exec 的方法定义如下所示。

```
public JCExpressionStatement Exec(JCExpression expr) {
}
```

还是以 "x = 0;" 语句为例，对应的用 TreeMaker 创建的代码如下所示。

```
JCTree.JCExpressionStatement statement =
    treeMaker.Exec(
        treeMaker.Assign(
            treeMaker.Ident(names.fromString("x")), // 等号左边表达式
            treeMaker.Literal(0)                     // 等号右边表达式
        )
);
```

9. TreeMaker.VarDef

TreeMaker.VarDef 方法用来生成变量语法树节点 JCVariableDecl，它的方法定义如下所示。

```
public JCVariableDecl VarDef(
    JCModifiers mods,      // 访问标记
    Name name,            // 变量名
    JCExpression vartype, // 变量类型
    JCExpression init     // 变量初始化表达式
)
```

以下面的 Java 语句为例。

```
private int x = 1;
```

可以用如下 TreeMaker 语句来创建。

```
JCTree.JCVariableDecl var = treeMaker.VarDef(
        treeMaker.Modifiers(Flags.PRIVATE), // JCModifiers
        names.fromString("x"),              // Name
        treeMaker.TypeIdent(TypeTag.INT),   // JCPrimitiveTypeTree
        treeMaker.Literal(1)                // JCLiteral
);
```

变量初始值除了可以是字面量、常量以外，还可以是一个初始化表达式，以下面代码为例。

```
final int x = 1 + 2;
final int y = flag ? -1 : 1;
```

变量 x 的初始化 init 为一个 JCBinary(1 + 2)，表示这是一个二元操作符表达式。变量 y 的初始化 init 为一个 JCConditional(flag ? -1 : 1)，表示这是一个条件语句。

10. TreeMaker.MethodDef

TreeMaker.MethodDef 用来创建一个方法语法树节点 JCMethodDecl，它的方法定义如下所示。

```
public JCMethodDecl MethodDef(
        JCModifiers mods,                   // 方法访问级别修饰符
        Name name,                          // 方法名
        JCExpression restype,               // 返回值类型
        List<JCTypeParameter> typarams,     // 泛型参数列表
        List<JCVariableDecl> params,        // 参数值列表
        List<JCExpression> thrown,          // 异常抛出列表
        JCBlock body,                       // 方法体
        JCExpression defaultValue)          // 默认值
```

下面 8.2.4 节的案例中会有 TreeMaker.MethodDef 定义方法的使用介绍，这里先不展开。
到这里基础的 API 介绍就告一段落，接下来我们来看自定义注解处理实战。

8.2.4 自定义注解处理实战

本节会演示一个实际的例子，使用 JSR 269 API 为类中的字段自动生成 get、set 方法。首先定义一个自定义注解类 Data，如下所示。

```
@Target({ElementType.TYPE})
@Retention(RetentionPolicy.SOURCE)
public @interface Data {
}
```

接下来新建一个 AbstractProcessor 的子类 DataAnnotationProcessor，实现 init 和 process

方法，如下面的代码清单 8-2 所示。

代码清单 8-2　自定义 AbstractProcessor

```java
@SupportedAnnotationTypes("me.ya.annotation.Data")
@SupportedSourceVersion(SourceVersion.RELEASE_8)
public class DataAnnotationProcessor extends AbstractProcessor {

    private JavacTrees javacTrees;
    private TreeMaker treeMaker;
    private Names names;
  @Override
    public synchronized void init(ProcessingEnvironment processingEnv) {
        super.init(processingEnv);
        Context context = ((JavacProcessingEnvironment) processingEnv).
getContext();
        javacTrees = JavacTrees.instance(processingEnv);
        treeMaker = TreeMaker.instance(context);
        names = Names.instance(context);
    }


    @Override
    public boolean process(Set<? extends TypeElement> annotations,
RoundEnvironment roundEnv) {
        Set<? extends Element> set = roundEnv.getElementsAnnotatedWith(Data.
class);
        for (Element element : set) {
            JCTree tree = javacTrees.getTree(element);
            tree.accept(new TreeTranslator() {
                @Override
                public void visitClassDef(JCTree.JCClassDecl jcClassDecl) {
                    jcClassDecl.defs.stream()
                            .filter(it -> it.getKind().equals(Tree.Kind.
VARIABLE)) // 只处理变量类型
                            .map(it -> (JCTree.JCVariableDecl) it)
// 强制转换为 JCVariableDecl 类型
                            .forEach(it -> {
                                jcClassDecl.defs = jcClassDecl.defs.
prepend(genGetterMethod(it));
                                jcClassDecl.defs = jcClassDecl.defs.
prepend(genSetterMethod(it));
                            });

                    super.visitClassDef(jcClassDecl);
                }
            });
        }
        return true;
    }
}
```

init 方法比较简单，主要作用是从 Context 中初始化 JavacTrees、TreeMaker、Names 等关键类。process 方法分为下面这几个步骤。

❑ 首先通过 RoundEnvironment.getElementsAnnotatedWith 方法获取被 Data 注解的类的集合，接下来开始逐个处理这些类。

❑ 通过 JavacTrees.getTree 获取当前处理类的抽象语法树。

❑ 调用 JCTree.accept 方法，传入一个 TreeTranslator 实例，覆写其中的 visitClassDef 方法，在遍历抽象语法树的过程中遇到相应的事件就会调用这个方法。

❑ 当 visitClassDef 方法被调用时，可以获取到 JCClassDecl 实例对象，可以遍历过滤出这个类的所有字段。

❑ 接下来遍历所有的字段列表，根据字段名和字段类型使用 TreeMaker 生成 get 和 set 方法。

对于字段 id，对应的 get 方法代码如下所示。

```
public int getId() {
    return this.id;
}
```

通过 TreeMaker.MethodDef 可以生成方法语法树节点，完整的代码如下面的代码清单8-3 所示。

代码清单 8-3　get 方法生成

```
private JCTree.JCMethodDecl genGetterMethod(JCTree.JCVariableDecl jcVariableDecl)
{
    // 生成语句 return this.xxx;
    JCTree.JCReturn returnStatement = treeMaker.Return(
            treeMaker.Select(
            treeMaker.Ident(names.fromString("this")),
                    jcVariableDecl.getName())
    );

    ListBuffer<JCTree.JCStatement> statements = new ListBuffer<JCTree.
JCStatement>().append(returnStatement);
    // public 方法访问级别修饰符
    JCTree.JCModifiers modifiers = treeMaker.Modifiers(Flags.PUBLIC);
    // 方法名 (getXxx)，根据字段名生成首字母大写的 get 方法
    Name getMethodName = getMethodName(jcVariableDecl.getName());
    // 返回值类型，get 方法的返回值类型与字段类型一样
    JCTree.JCExpression returnMethodType = jcVariableDecl.vartype;
    // 生成方法体
    JCTree.JCBlock body = treeMaker.Block(0, statements.toList());
    // 泛型参数列表
    List<JCTree.JCTypeParameter> methodGenericParamList = List.nil();
    // 参数值列表
    List<JCTree.JCVariableDecl> parameterList = List.nil();
    // 异常抛出列表
```

```
        List<JCTree.JCExpression> thrownCauseList = List.nil();

        // 生成方法定义语法树节点
        return treeMaker.MethodDef(
                modifiers,                   // 方法访问级别修饰符
                getMethodName,               // get 方法名
                returnMethodType,            // 返回值类型
                methodGenericParamList,      // 泛型参数列表
                parameterList,               // 参数值列表
                thrownCauseList,             // 异常抛出列表
                body,                        // 方法体
                null                         // 默认值
        );
    }
```

set 方法生成比 get 方法稍微复杂一点点，完整的代码如下面的代码清单 8-4 所示。

代码清单 8-4　set 方法生成

```
private JCTree.JCMethodDecl genSetterMethod(JCTree.JCVariableDecl jcVariableDecl)
{

    // this.xxx = xxx;
    JCTree.JCExpressionStatement statement =
            treeMaker.Exec(
                    treeMaker.Assign(
                            treeMaker.Select(
                                    treeMaker.Ident(names.fromString("this")),
                                    jcVariableDecl.getName()
                            ),                                  // lhs
                            treeMaker.Ident(jcVariableDecl.getName()) // rhs
                    )
            );
    ListBuffer<JCTree.JCStatement> statements = new ListBuffer<JCTree.
JCStatement>().append(statement);

    // set 方法参数
    JCTree.JCVariableDecl param = treeMaker.VarDef(
            treeMaker.Modifiers(Flags.PARAMETER, List.nil()), // 访问修饰符
            jcVariableDecl.name,                              // 变量名
            jcVariableDecl.vartype,                           // 变量类型
            null                                              // 变量初始值
    );

    // 方法访问修饰符 public
    JCTree.JCModifiers modifiers = treeMaker.Modifiers(Flags.PUBLIC);
    // 方法名 (setXxx)，根据字段名生成首字母大写的 set 方法
    Name setMethodName = setMethodName(jcVariableDecl.getName());
    // 返回值类型，void
    JCTree.JCExpression returnMethodType = treeMaker.Type(new Type.JCVoidType());
    // 生成方法体
```

```
    JCTree.JCBlock body = treeMaker.Block(0, statements.toList());
    // 泛型参数列表
    List<JCTree.JCTypeParameter> methodGenericParamList = List.nil();
    // 参数值列表
    List<JCTree.JCVariableDecl> parameterList = List.of(param);
    // 异常抛出列表
    List<JCTree.JCExpression> thrownCauseList = List.nil();

    // 生成方法定义语法树节点
    return treeMaker.MethodDef(
            modifiers,                // 方法访问级别修饰符
            setMethodName,            // set 方法名
            returnMethodType,         // 返回值类型
            methodGenericParamList,   // 泛型参数列表
            parameterList,            // 参数值列表
            thrownCauseList,          // 异常抛出列表
            body,                     // 方法体
            null                      // 默认值
    );
}
```

除了上面的逻辑，还有两个工具方法，根据字段名生成 get、set 方法名，如下所示。

```
private Name getMethodName(Name name) {
    String fieldName = name.toString();
    return names.fromString("get" + fieldName.substring(0, 1).toUpperCase() +
fieldName.substring(1, name.length()));
}

private Name setMethodName(Name name) {
    String fieldName = name.toString();
    return names.fromString("set" + fieldName.substring(0, 1).toUpperCase() +
fieldName.substring(1, name.length()));
}
```

接下来新建一个 User 测试类。

```
import me.ya.annotation.Data;

@Data
public class User {
    private int id;
    private String name;

    public static void main(String[] args) {
        User user = new User();
        user.setId(1118);
        user.setName("ya");
        System.out.println("id: " + user.getId() + "\tname: " + user.getName());
    }
}
```

这个时候还没有进行注解处理生成 get、set 方法，如果进行编译一定会出错，先使用 javac 编译注解类，如下所示。

```
javac -cp /your_jdk_path/lib/tools.jar src/main/java/me/ya/annotation/* -d ./out
```

接下来使用 -processor 选项编译 User.java，如下所示。

```
javac -cp ./out -d out -processor me.ya.annotation.DataAnnotationProcessor src/
main/java/User.java
```

这时会在 out 目录生成 User.class 文件，运行 java 可以得到预期的输出。

```
java User
id: 1118          name: ya
```

到这里 get、set 方法的生成就告一段落，读者可以自行模仿上面的写法继续实现 toString、hashCode 等方法。

掌握了插件化注解的基础内容后，接下来将以两个具体案例帮助大家加深理解。

8.3　JSR 269 在常用框架上的应用

编译期间修改和生成代码是很多框架都采用的一种技术。除了通过注解的方式，还有一些 ORM 框架、Protocol Buffers 数据类生成框架也是在编译期间生成代码，可以帮助开发人员减少很多手工重复的代码。下面我们来详细介绍 ButterKnife 和 Lombok 这两个在 Android 和 Java 平台使用得非常广泛的注解生成框架。

8.3.1　案例一：ButterKnife

ButterKnife 中文又名黄油刀，是一款非常知名的 Android 开发框架，可以减少大量烦琐的 findViewById 代码，且对运行时性能几乎无影响，广受好评。

1. ButterKnife 基本介绍

在不使用 ButterKnife 的情况下，开发者需要手写 findViewById、注册点击事件等，如下面的代码清单 8-5 所示。

代码清单 8-5　不使用 ButterKnife 的控件绑定代码

```
public class MyMainActivity extends Activity {
    EditText username = null;
    EditText password = null;

    void submit() {
        // TODO call server...
    }
    @Override
    protected void onCreate(@Nullable Bundle savedInstanceState) {
```

```
        super.onCreate(savedInstanceState);
        setContentView(R.layout.activity_main);
        username = findViewById(R.id.user);
        password = findViewById(R.id.pass);
        Button submit = findViewById(R.id.submit);
        submit.setOnClickListener(v -> submit());
    }
}
```

在使用 ButterKnife 框架以后，可以通过简单注解实现同样的功能，如代码清单 8-6 所示。

代码清单 8-6　使用 ButterKnife 的控件绑定代码

```
public class MyMainActivity extends Activity {
    @BindView(R.id.user)
    EditText username = null;
    @BindView(R.id.pass)
    EditText password = null;

    @OnClick(R.id.submit)
    void submit() {
        // TODO call server...
    }
    @Override
    protected void onCreate(@Nullable Bundle savedInstanceState) {
        super.onCreate(savedInstanceState);
        setContentView(R.layout.activity_main);
        ButterKnife.bind(this);
    }
}
```

可以看到使用 ButterKnife 的情况下，代码更加精简，可读性更好。接下来我们看看 ButterKnife 背后的实现原理。

2. ButterKnife 原理分析

使用 ButterKnife 几乎没有性能损失，它的底层实现不是通过运行时反射来实现的，而是通过在编译期间动态生成新的 ViewBinding 类。以上面的代码为例，它生成的 ViewBinding 代码如下面的代码清单 8-7 所示。

代码清单 8-7　ButterKnife 注解生成类示例代码

```
public class MyMainActivity_ViewBinding implements Unbinder {
    private MyMainActivity target;
    private View view7f050029;
    @UiThread
    public MyMainActivity_ViewBinding(MyMainActivity target) {
        this(target, target.getWindow().getDecorView());
    }
    @UiThread
    public MyMainActivity_ViewBinding(final MyMainActivity target, View source) {
```

```
        this.target = target;
        View view;
        target.username = Utils.findRequiredViewAsType(source, R.id.user, "field
'username'", EditText.class);
        target.password = Utils.findRequiredViewAsType(source, R.id.pass, "field
'password'", EditText.class);
        view = Utils.findRequiredView(source, R.id.submit, "method 'submit'");
        view7f050029 = view;
        view.setOnClickListener(new DebouncingOnClickListener() {
            @Override
            public void doClick(View p0) {
                target.submit();
            }
        });
    }
}
```

ButterKnife 框架处理的过程如下所示。

1）ButterKnife 利用 JSR 269 的特性在编译期间扫描 Java 代码中所有 ButterKnife 定义的注解，比如 @BindView、@OnClick 等。

2）当扫描的 Java 类包含相应的注解时，ButterKnifeProcessor 会生成一个名为 <className>$$ViewBinder 的 Java 类。这个 ViewBinder 类中实现了以前需要自己手动实现的 findViewById 和 view.setOnClickListener 等代码逻辑。

3）在 MyMainActivity 类运行时会调用 ButterKnife.bind(this) 方法，这个方法会初始化 MyMainActivity_ViewBinding 类完成资源的绑定。

接下来我们来看第二个案例 Lombok。

8.3.2　案例二：Lombok

Lombok 是一款 Java 插件，可以通过注解来消除业务代码中的冗余代码，不用开发者自己去写 get、set、hashCode、toString 等方法。Lombok 不是通过运行时反射来实现的，而是在编译期间就自动生成了对应的方法，效率比用反射高了不少。在没有使用 Kotlin 的情况下，Lombok 是一个不错的提高开发效率的工具。

1. Lombok 使用示例

Lombok 提供的注解类比较多，常用的注解如下所示。

❏ @Getter、@Setter：为字段生成 get 和 set 方法。

❏ @ToString：生成 toString 方法。

❏ @EqualsAndHashCode：生成 equals 和 hascode 方法。

❏ @NoArgsConstructor：生成无参构造器方法。

❏ @AllArgsConstructor：生成一个全参构造函数。

❏ @Slf4j、@Log4j：自动生成日志框架对象。

❑ @Data：为字段生成 get、set 方法，并生成 equals、hashCode、toString 方法。

❑ @NotNull：用在方法参数上，校验方法参数是否为 null，如果为 null 则抛出 NullPointerException 异常。

❑ @Builder：生成 builder 模式创建对象代码。

接下来挑选其中的 @Getter、@Setter、@ToString 注解来看看 Lombok 背后生成的代码是什么。

以下面的代码为例。

```
@Getter @Setter
private String x = "hello";
```

对编译后生成的字节码进行反编译，如下所示。

```
private String x = "hello";
public String getX() {
    return this.x;
}
public void setX(String x) {
    this.x = x;
}
```

再来看 @ToString 注解的用法，可以通过 exclude 属性忽略特定的字段，以下面的 LombokTest 类为例。

```
@ToString(exclude = "y")
public class LombokTest {
    private String x = "hello";
    private String y = "world";
    private String z = "!";
}
```

编译后等价于下面的代码。

```
public class LombokTest {
    private String x = "hello";
    private String y = "world";
    private String z = "!";
    public String toString() {
        return "LombokTest(x=" + this.x + ", z=" + this.z + ")";
    }
}
```

介绍完 Lombok 注解的基本使用后，接下来我们来讲解 Lombok 的实现原理。

2. Lombok 实现原理

javac 在编译过程中会扫描所有 jar 包 META-INF/services 目录下的 javax.annotation. processing.Processor 文件，Lombok jar 包 META-INF 目录文件结构如下。

```
.
├── META-INF
│   ├── MANIFEST.MF
│   ├── gradle
│   │   └── incremental.annotation.processors
│   └── services
│       ├── javax.annotation.processing.Processor
│       ├── lombok.core.LombokApp
```

在 javax.annotation.processing.Processor 文件中 Lombok 指定了注解处理类 lombok.launch. AnnotationProcessorHider$AnnotationProcessor。AnnotationProcessor 是 AnnotationProcessor-Hider 类的静态内部类,它继承了 AbstractProcessor,部分代码如下所示。

```java
class AnnotationProcessorHider {
    public static class AnnotationProcessor extends AbstractProcessor {
        private final AbstractProcessor instance = createWrappedInstance();

        @Override public void init(ProcessingEnvironment processingEnv) {}
        @Override public boolean process(Set<? extends TypeElement> annotations,
            RoundEnvironment roundEnv) {}

        private static AbstractProcessor createWrappedInstance() {
            ClassLoader cl = Main.getShadowClassLoader();
            Class<?> mc = cl.loadClass("lombok.core.AnnotationProcessor");
            return (AbstractProcessor)mc.getDeclaredConstructor().newInstance();
        }
    }
}
```

createWrappedInstance 方法内部新建了一个名为 ShadowClassLoader 的 ClassLoader, 这个 ClassLoader 会加载当前 Lombok jar 包中所有后缀为 .SCL.lombok 的文件。这些以 .SCL.lombok 结尾的文件是 class 文件,Lombok 为了避免污染项目的命名空间,将这些 class 文件隐藏了起来。这些文件中包含了很多负责注解处理的 handler 类,比如文件夹 ./ lombok/javac/handlers 下就有很多类似这样的 Handler 文件,如下所示。

```
.
├── lombok
│   ├── javac
│   │   ├── handlers
│   │   │   ├── HandleBuilder.SCL.lombok
│   │   │   ├── HandleData.SCL.lombok
│   │   │   ├── HandleEqualsAndHashCode.SCL.lombok
│   │   │   ├── HandleFieldDefaults.SCL.lombok
│   │   │   ├── HandleGetter.SCL.lombok
│   │   │   ├── HandleNonNull.SCL.lombok
│   │   │   ├── HandleSetter.SCL.lombok
│   │   │   ├── HandleSynchronized.SCL.lombok
```

这些 Handler 分别处理不同的注解类,比如 HandleSetter.SCL.lombok 处理 @Setter 注解,HandleEqualsAndHashCode.SCL.lombok 处理 @EqualsAndHashCode 注解。这些

Handler 继承了 lombok.javac.JavacAnnotationHandler 抽象类，实现了其 handle 方法，avac-AnnotationHandler 类的定义如下面代码清单 8-8 所示。

代码清单 8-8　JavacAnnotationHandler 源码

```
public abstract class JavacAnnotationHandler<T extends Annotation> {
    protected Trees trees;
    public abstract void handle(AnnotationValues<T> annotation, JCAnnotation
ast, JavacNode annotationNode);
    public void setTrees(Trees trees) {
        this.trees = trees;
    }
}
```

以 HandleEqualsAndHashCode 类为例，它的部分反编译源码如下所示。

```
public class HandleEqualsAndHashCode
        extends JavacAnnotationHandler<EqualsAndHashCode> {
    public void handle(AnnotationValues<EqualsAndHashCode> annotation, JCTree.
JCAnnotation ast, JavacNode annotationNode) {
        // ...
    }
}
```

总结上面的介绍，Lombok 实际上是通过 JSR 269 的 API，在编译期间的 Annotation Process 阶段根据不同的 Lombok 注解调用不同的 Handler 修改了抽象语法树，达到增强字节码的效果，过程如图 8-2 所示。

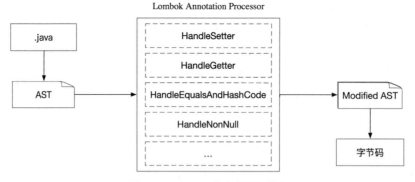

图 8-2　Lombok 注解处理过程

8.4　小结

本章介绍了插件化注解处理的内容，剖析了 Lombok、ButterKnife 工具的底层实现原理，用一个实际的代码案例演示了如何使用 JSR269 的 API。只要想象力够丰富，掌握了这个工具就可以做出很多有意思的东西。下一章开始我们将介绍字节码技术在常见框架上的应用。

第 9 章 *Chapter 9*

字节码的应用

字节码的应用非常广泛,代码生成、动态代理、性能优化、代码质量分析等很多场景都有字节码的影子。前面的章节中我们介绍了很多字节码相关的原理,本章我们将从实际的应用场景出发,来讲解字节码在一些中间件框架中是如何工作的,以帮助读者更好地理解和使用字节码。本章会介绍字节码在 cglib、Fastjson、Dubbo、JaCoCo、Mock 这些框架上的应用。

通过阅读本章你会学到如下的知识。

❏ 字节码在动态代理上的应用,如 cglib、Dubbo。

❏ ASM 字节码生成在 Fastjson 高效序列化、反序列化上的应用。

❏ JaCoCo 测试覆盖率统计的实现原理。

❏ Mock 工具背后的字节码原理。

9.1 cglib 动态代理原理分析

如果说 ASM 是字节码改写的标准,那么 cglib 则是动态代理事实上的标准。cglib 是一个强大的、高性能的代码生成库,被大量框架使用,比如下面这些。

❏ Spring:为 AOP 框架提供方法拦截。

❏ MyBatis:用来生成 Mapper 接口的动态代理实现类。

❏ Hibernate:用来生成持久化相关的类。

❏ Guice、EasyMock、jMock 等。

本节会分为 cglib 动态代理核心 API 介绍和实现原理两部分,接下来先来看看 cglib 核心 API 介绍。

9.1.1 cglib 核心 API 介绍

cglib 与动态代理有关的最核心的两个类是 MethodInterceptor 和 Enhancer，使用 cglib
实现动态代理的步骤如下所示。

❑ 实现 MethodInterceptor 接口的 intercept 方法，实现方法拦截逻辑。

❑ 调用 Enhancer.create 方法生成目标代理类的子类实例。

❑ 通过代理类实例调用目标方法。

以下面代码的 Person 类为例。

```java
public class Person {
    public void doJob(String jobName) {
        System.out.println("who is this class: " + getClass());
        System.out.println("doing job: " + jobName);
    }
    public void eat() {
    }
    public void sleep() {
    }
}
```

接下来通过 cglib 实现在方法调用前后分别记录调用日志，对应的实现代码如下所示。

```java
public static void main(String[] _args) {
    // 第一步: 实现 MethodInterceptor 的 intercept 方法
    MethodInterceptor interceptor = new MethodInterceptor() {
        @Override
        public Object intercept(Object obj, Method method, Object[] args,
MethodProxy methodProxy) throws Throwable {
            System.out.println(">>>>>before intercept");
            Object o = methodProxy.invokeSuper(obj, args);
            System.out.println(">>>>>end intercept");
            return o;
        }
    };
    // 第二步: 生成 Person 类的子类实例
    Person person = (Person) Enhancer.create(Person.class, interceptor);
    // 第三步: 通过代理类调用目标方法
    person.doJob("coding");
}
```

代码一开始新建了一个匿名内部类实现 MethodInterceptor 接口，在 intercept 方法的开
始和结束处增加日志打印，在开始和结束中间使用 methodProxy.invokeSuper 调用父类方
法。接下来调用 Enhancer.create 方法传入 Person.class 对象和 MethodInterceptor 对象，返
回 Person 子类对象。最后使用 person 子类对象调用目标方法。运行上面的代码，输出结果

如下。

```
>>>>>before intercept
who is this class: class Person$$EnhancerByCGLIB$$a1da8fe5
doing job: coding
>>>>>end intercept
```

MethodInterceptor 是一个接口，用来拦截方法调用，它的定义如下所示。

```
public interface MethodInterceptor extends Callback {
    public Object intercept(
        Object obj,
        java.lang.reflect.Method method,
        Object[] args,
        MethodProxy proxy) throws Throwable;
}
```

MethodInterceptor 接口只有一个 intercept 方法，所有的代理方法都会调用这个 intercept 方法，而不是原方法。这个方法的第一个参数 obj 是被代理的原对象，第二个参数 method 是当前拦截的方法，第三个参数是方法的参数集合，最后一个参数 proxy 是一个 MethodProxy 类型的变量，表示被调用方法的代理。调用 proxy 对象的 invokeSuper 方法相当于调用原有方法。MethodInterceptor 作为一个桥梁连接了目标对象和代理对象，如图 9-1 所示。

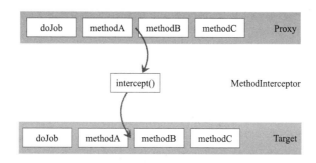

图 9-1　MethodInterceptor 方法拦截示意

cglib 代理的核心是 net.sf.cglib.proxy.Enhancer 类，它用于创建一个 cglib 代理，这个类有一个名为 create 的静态方法，方法定义如下。

```
public static Object create(
    Class type,
    Callback callback
)
```

该方法的第一个参数 type 指明要代理的对象类型，第二个参数 callback 是要拦截的具体实现，一般都会传入一个 MethodInterceptor 接口的实现。create 方法的返回值是一个 Object 类型的值，是目标代理类的子类对象。

9.1.2 cglib 原理分析

前面提到 cglib 动态代理是通过生成子类的方式来实现的，接下来我们看看生成的子类的庐山真面目。设置系统属性让 cglib 将生成的文件保存到磁盘中，如下所示。

```
System.setProperty(DebuggingClassWriter.DEBUG_LOCATION_PROPERTY, "/path/to/
cglib-debug-location");
```

重新执行上面的代码，会在指定目录中生成四个 class 文件，如下所示。

```
.
├── Person$$EnhancerByCGLIB$$3a721d2a.class
├── Person$$EnhancerByCGLIB$$a1da8fe5$$FastClassByCGLIB$$68b8ab3c.class
├── Person$$EnhancerByCGLIB$$a1da8fe5.class
├── Person$$FastClassByCGLIB$$8e488775.class
```

其中就包含 Person 的子类 Person$$EnhancerByCGLIB$$a1da8fe5.class，这个类反编译后的代码如下所示。

```
public class Person$$EnhancerByCGLIB$$a1da8fe5 extends Person implements Factory {
    public final void doJob(String jobName) {
        MethodInterceptor methodInterceptor = this.CGLIB$CALLBACK_0;
        methodInterceptor.intercept(this, CGLIB$doJob$0$Method, new Object[]
{jobName}, CGLIB$doJob$0$Proxy);
    }
    // ...
}
```

可以看到 cglib 生成了一个 Person 的子类 Person$$EnhancerByCGLIB$$a1da8fe5，覆写了 doJob 方法。此方法会调用 MethodInterceptor 的 intercept 方法，由 intercept 方法先输出 ">>>>>before intercept"，随后使用 invokeSuper 方法调用父类（也即真正的 Person 类）的 doJob 方法，最后输出 ">>>>>end intercept"。

JDK 动态代理使用反射机制来调用被拦截的方法，效率较低。cglib 使用了一种 FastClass 的机制来规避反射调用。它的原理是对被代理类的方法增加索引，通过索引值可以直接定位到具体的方法，以 Person 为例，cglib 为它生成的 FastClass 类如下所示。

```
public class Person$$FastClassByCGLIB$$8e488775 extends FastClass {
    // 根据方法方法签名生成方法索引
    public int getIndex(Signature signature) {
        String sig = signature.toString();
        switch (sig.hashCode()) {
            case -1385928386:
                if (sig.equals("sleep()V")) return 7;
                break;
            case -1310345955:
                if (sig.equals("eat()V")) return 8;
                break;
```

```
            case 936361485:
                if (sig.equals("doJob(Ljava/lang/String;)V")) return 18;
                break;
            // ...
        }
        return -1;
    }
    // 根据方法索引值、对象、方法参数调用对应的方法
    public Object invoke(int index, Object obj, Object[] args) {
        Person person = (Person) obj;
        switch (index) {
            // ...
            case 7:
                person.sleep();
                return null;
            case 8:
                person.eat();
                return null;
            case 18:
                person.doJob((String) args[0]);
                return null;
            // ...
        }
        return null;
    }
}
```

Person 对应的 FastClass 类为 doJob、eat、sleep 三个方法生成的索引值为 7、8、18，根据索引值就可以调用对应的方法。方法调用的代码如下所示。

```
Person person = // ...
Person$$FastClassByCGLIB$$8e488775 fastClassByCGLIB
    = new Person$$FastClassByCGLIB$$8e488775();
int index = fastClassByCGLIB.getIndex(new Signature("doJob", "(Ljava/lang/
String;)V"));
fastClassByCGLIB.invoke(index, person, new Object[]{"coding"});
```

在 MethodProxy 类的内部维护了被代理类和代理类的 FastClass 信息，代码如下所示。

```
public class MethodProxy {
    private volatile FastClassInfo fastClassInfo;
    private static class FastClassInfo {
        FastClass f1;
        FastClass f2;
        int i1;
        int i2;
    }
}
```

其中 f1 表示被代理类 Person 对应的 FastClass 对象，f2 表示 cglib 生成的 Person 子类

对应的 FastClass 对象，i1 表示当前调用方法在 f1 中的索引值，i2 表示当前调用方法在 f2 中的索引值。

可以看到 FastClass 的原理不过是针对具体的代理类生成了代理方法的索引值，在 invoke 方法通过 switch-case 语句找到对应的目标方法，让目标对象直接调用目标方法，规避了反射调用。

到这里，cglib 动态代理的原理介绍就告一段落，接下来我们来看字节码在 Fastjson 上的应用。

9.2　字节码在 Fastjson 上的应用

Fastjson 是阿里开源的一款 JSON 框架，是目前 Java 语言中最快的 JSON 库，比自称最快的 jackson 速度还要快。Fastjson 在很多细节做了极致的优化，比如下面这些。

❑ 实现了类似 StringBuilder 的工具类 SerializeWriter，减少了很多次数组越界检查，比 Java 内置的 StringBuilder 字符串拼接效率更好。

❑ 独创的提升 JSON 反序列化性能的快速匹配算法，是性能超越其他框架的关键。

❑ 在 SerializeWriter、JSONScanner 类中使用 ThreadLocal 来缓存 byte[]/char[]，减少了内存分配和 GC 次数。

❑ 使用 ASM 动态生成序列化、反序列化字节码，避免了反射的开销。

这个小节会重点介绍字节码相关的优化。Fastjson 内置了 ASM 库，基于 ASM 3.3.1 版本裁剪，只保留其必要的部分（代码不到 2000 行）。

以下面的 JSON 字符串为例。

```
{
  "id": "A10001",
  "name": "Arthur.Zhang",
  "score": 100
}
```

对应的 JavaBean 和测试代码如下所示。

```
public class MyTest {
    public static class MyBean {
        public String id;
        public String name;
        public Integer score;
    }
    public static void main(String[] args) throws IOException {
        String jsonStr = "{ \"id\": \"A10001\", \"name\": \"Arthur.Zhang\",
\"score\": 100 }";
        MyBean bean = JSON.parseObject(jsonStr, MyBean.class);
        System.out.println(bean);
        String beanJsonStr = JSON.toJSONString(bean);
```

```
        System.out.println(beanJsonStr);
    }
}
```

在 Fastjson 中反序列化的字节码生成是在 ASMDeserializerFactory 类中进行的，Fastjson 使用 ASM 为 MyBean 类生成了一个对应的反序列化类，里面硬编码了处理所有字段序列化的分支逻辑，不再需要反射来处理。这个反序列化类 class 文件对应的精简以后的 Java 代码如代码清单 9-1 所示。

代码清单 9-1　Fastjson 反序列化生成代码

```java
package com.alibaba.fastjson.parser.deserializer;
public class FastjsonASMDeserializer_1_MyBean  {
    // MyBean 类对应的三个字段名
    public char[] id_asm_prefix__ = "\"id\":".toCharArray();
    public char[] name_asm_prefix__ = "\"name\":".toCharArray();
    public char[] score_asm_prefix__ = "\"score\":".toCharArray();

    @Override
    public Object deserialze(DefaultJSONParser parser, Type type, Object
fieldName, int features) {
        JSONLexerBase lexer = (JSONLexerBase) parser.lexer;
        MyTest.MyBean localMyBean = new MyTest.MyBean();
        int k = 0;

        String id;
        String name;
        Integer score;
        // 从语法树中查找 id 字段
        id = lexer.scanFieldString(this.id_asm_prefix__);
        if (lexer.matchStat > 0) {
            k |= 0x1;
        }
        // 从语法树中查找 name 字段
        name = lexer.scanFieldString(this.name_asm_prefix__);
        if (lexer.matchStat > 0) {
            k |= 0x2;
        }
        // 从语法树中查找 score 字段
        score = lexer.scanFieldInt(this.score_asm_prefix__);
        if (lexer.matchStat > 0) {
            k |= 0x4;
        }
        // 给 id 字段赋值
        if ((k & 0x1) != 0) {
            localMyBean.id = id;
        }
        // 给 name 字段赋值
        if ((k & 0x2) != 0) {
            localMyBean.name = name;
```

```
        }
        // 给 score 字段赋值
        if ((k & 0x4) != 0) {
            localMyBean.score = score;
        }
        return localMyBean;
    }
}
```

经过这样的字节码生成，在运行过程中就不需要用反射调用设置 MyBean 的各个属性值了。

接下来我们来看看对于 Fastjson 是如何生成代码处理序列化操作的。它通过 com.alibaba.fastjson.serializer.ASMSerializerFactory 类生成 JavaBean 对应序列化类，对应于 MyBean 类的序列化类如下面的代码清单 9-2 所示。

代码清单 9-2　Fastjson 序列化生成代码

```
package com.alibaba.fastjson.serializer;
public class ASMSerializer_1_MyBean {
    public void write(JSONSerializer paramJSONSerializer, Object beanObj, Object paramObject2,
                        Type paramType, int paramInt) {
        MyTest.MyBean myBean = (MyTest.MyBean) beanObj;
        char c = '{';
        String key = "id";
        String value = myBean.id;
        SerializeWriter localSerializeWriter = //...;
        // MyBean 中 id 字段不为 null,
        if (value != null) {
            localSerializeWriter.writeFieldValueStringWithDoubleQuoteCheck(c,
key, value);
            c = ',';
        }
        key = "name";
        value = myBean.name;
        // MyBean 中 name 字段不为 null,
        if (value != null) {
            localSerializeWriter.writeFieldValueStringWithDoubleQuoteCheck(c,
key, value);
            c = ',';
        }
        key = "score";
        Integer scoreInteger = myBean.score;
        // MyBean 中 score 字段不为 null
        if (scoreInteger != null) {
            localSerializeWriter.write(c);
            localSerializeWriter.writeFieldNameDirect(key);
            paramJSONSerializer.writeWithFieldName(scoreInteger, key, this.
score_asm_fieldType, 0);
            c = ',';
```

```
        }
        if (c == '{') {
            localSerializeWriter.write('{');
        }
        // 写结束的 "}"
        localSerializeWriter.write('}');
    }
}
```

可以看到对于序列化, Fastjson 也是使用 ASM 为对应的 JavaBean 生成了一个对应的类, 规避了反射获取类字段的操作。

至此, 我们已经了解了 Fastjson 字节码相关的优化原理, 接下来我们来看阿里的另一个开源项目 Dubbo 中字节码的应用。

9.3　字节码在 Dubbo 上的应用

Dubbo 是阿里开源的一款高性能、轻量级 RPC 框架, 它提供了面向接口的远程方法调用、智能容错、负载均衡以及服务自动注册和发现的功能。在 Dubbo 中, Producer 和 Consumer 端使用 Provider 端提供的 Service 接口作为服务 API 的约定, 在 Consumer 端调用 Service 接口的方法时, 实际调用的是背后 Javassit 生成的动态代理。

Dubbo 提供了 Javassit 和 JDK 两种动态代理实现机制, 默认情况是选用 Javassit 来生成代理类。Dubbo 的作者提到, 使用 Javassit 来作为动态代理方案的主要考虑因素是性能。在他们的性能测试中, 性能 Javassit > cglib > JDK。

以下面的 UserService 接口为例。

```
public class UserService {
    String getNameById(int id) {
        return "name#" + id;
    }
}
```

运行后 Dubbo 会为 UserService 接口生成一个代理类, 代码如下所示。

```
public class proxy0 implements ClassGenerator$DC, EchoService, UserService
{
    public static Method[] methods;
    private InvocationHandler handler;

    public proxy0(final InvocationHandler handler) {
        this.handler = handler;
    }

    public proxy0() {
    }
```

```
    public String getNameById(final String s) {
        return (String)this.handler.invoke(this, proxy0.methods[0], new Object[] {
s });
    }

    public Object $echo(final Object o) {
        return this.handler.invoke(this, proxy0.methods[1], new Object[] { o });
    }
}
```

可以看到 Dubbo 使用 Javassist 生成了一个 proxy0 类（注意是小写），这个 proxy 类实现了定义的 UserService 接口的 getNameById 方法，这个方法通过 InvocationHandler 发起了 RPC 调用。Dubbo 通过动态代理调用接口方法的过程如图 9-2 所示。

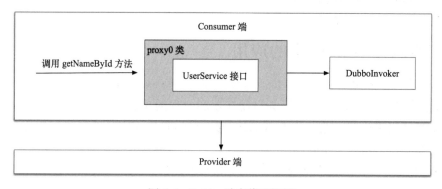

图 9-2   Dubbo 动态代理调用

proxy0 类同时实现了 EchoService 接口，用于回声测试检查服务是否可用，所有生成的动态代理服务类都会自动实现 EchoService，如果想监控一个服务是否正常，只需要调用 EchoService 的 $echo 方法即可，如下所示。

```
// 强制转型为 EchoService
EchoService echoService = (EchoService) userService;
// 回声测试可用性
String echoResult = (String) echoService.$echo("hello");
assert(echoResult.equals("hello"));
```

9.4   字节码在 JaCoCo 代码覆盖率上的应用

写过《代码整洁之道》的 Bob 大叔 Robert Martin 曾经说过："Untested Code is the Dark Matter of Software。"他把未经测试的代码比喻为宇宙中的暗物质，可见测试的重要性。代码覆盖率指的是程序中代码被测试覆盖的比例，通过代码覆盖率可以分析未覆盖部分的代码，从而衡量测试是否充分，完善测试用例。

JaCoCo 是一款深受欢迎的开源 Java 代码覆盖率工具，JaCoCo 这个名字是 Java Code

Coverage 的缩写，即 Java 代码覆盖率。它支持多种维度覆盖率统计，包括下面这些。

- 指令级（instructions）：字节码指令是 JaCoCo 最小的覆盖率计算单元，通过指令级覆盖率可以知道字节码指令是否被执行。
- 分支（branches）：分支覆盖率，常见的 if、switch 分支都属于这类。
- 圈复杂度（cyclomatic complexity）：圈复杂度是一种代码复杂度的衡量标准，也称为条件复杂度或循环复杂度，它可以用来衡量一个模块判定结构的复杂程度，也可理解为覆盖所有可能情况时使用的最少测试用例数。
- 行（lines）：代码行覆盖率表示一行代码是否被执行。
- 方法（non-abstract methods）：非抽象方法任一一条指令执行表示这个方法被覆盖。
- 类（classes）：每个类只要有一个方法被执行，就认为这个类被覆盖了。

下面以一个简单的例子讲解 JaCoCo 是如何使用字节码改写技术来实现覆盖率计算的，测试代码如下所示。

```
public class MyMain {
    public static void a() { }
    public static void b() { }
    public static void c() { }
    public static void d() { }
    public static boolean cond() {
        return new Random().nextBoolean();
    }
    public static void foo() {
        a();
        if (cond()) {
            b();
        } else {
            c();
        }
        d();
    }
}
public class MyTest {
    @Test
    public void test() {
        MyMain.foo();
    }
}
```

执行 JaCoCo 覆盖率统计会生成如图 9-3 所示的报表。

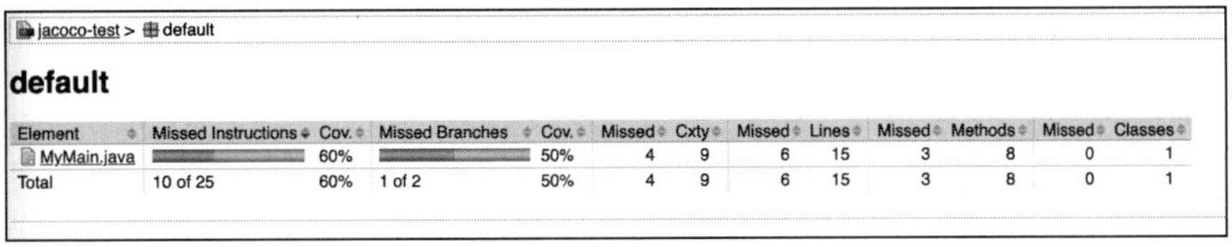
jacoco-test > default

default

Element	Missed Instructions	Cov.	Missed Branches	Cov.	Missed	Cxty	Missed	Lines	Missed	Methods	Missed	Classes
MyMain.java		60%		50%	4	9	6	15	3	8	0	1
Total	10 of 25	60%	1 of 2	50%	4	9	6	15	3	8	0	1

图 9-3　JaCoCo 测试覆盖率报表

从图 9-3 可以看到指令级覆盖率、分支覆盖率等统计信息。点进 MyMain 类的详细覆盖率报表，可以看到每行代码此次单元测试是否被执行到，如图 9-4 所示。

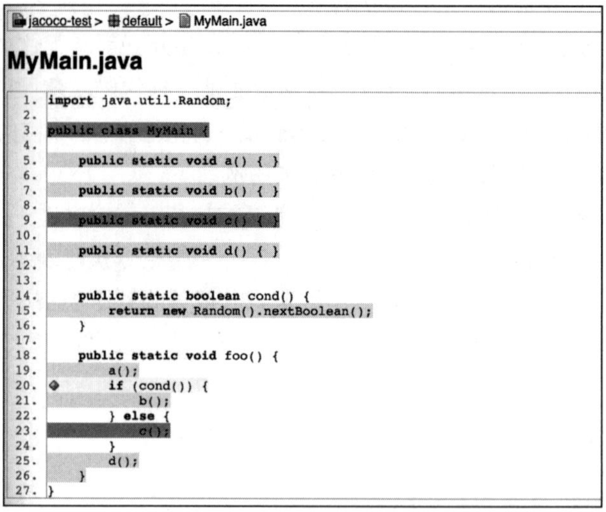

图 9-4　JaCoCo 测试覆盖率报表详情

从图 9-4 可以比较清晰地看出方法 c() 在本次测试中没有被调用。

了解清楚了 JaCoCo 的基本使用，接下来我们来看看 JaCoCo 底层是如何实现的。

JaCoCo 是通过字节码注入探针代码来实现测试覆盖率统计的，它有 Offline、On-The-Fly 这两种字节码插桩方式。

❏ Offline：在生成目标文件之前先对字节码文件进行插桩，然后执行插桩后的字节码文件生成覆盖率报告。

❏ On-The-Fly：通过指定 JVM 的启动参数 javaagent，使用 Agent 的 Jar 包来启动 Instrumentation 代理程序，在类加载前利用 ASM 对字节码文件进行修改，JVM 执行修改过的字节码文件生成测试覆盖率报告。相比于 Offline，这种方式无须提前进行字节码插桩。

通过上面的两种方式都可以在各个分支前后插入探针字节码，运行到探针处表示此处代码被执行覆盖。JaCoCo 在底层使用了一个名为 $jacocoInit 的 boolean 数组来存储探针（true 表示执行到，false 表示未执行到）。探针不会改变程序的行为，只是执行到某处就把此处的 bool 值赋值为 true。插入探针改写过后的 MyMain 类伪代码如下所示，为了方便阅读理解，代码做了部分精简。

```
public class MyMain {
    // boolean 探针数组
    private static transient boolean[] $jacocoInit;
 public MyMain() {
        $jacocoInit[0] = true; // 探针赋值
```

```
    }
    public static void a() {
        $jacocoInit()[1] = true; // 探针赋值
    }
    ...
    public static void foo() {
        a();
        $jacocoInit[6] = true; // 探针赋值
        if (cond()) {
            $jacocoInit[7] = true; // 探针赋值
            b();
            $jacocoInit[8] = true; // 探针赋值
        } else {
            c();
            $jacocoInit[9] = true; // 探针赋值
        }
        d();
        $jacocoInit[10] = true; // 探针赋值
    }
}
```

这个过程如图 9-5 所示。

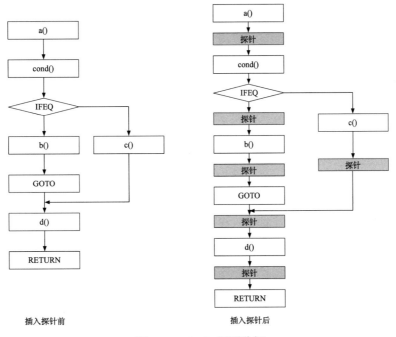

图 9-5 JaCoCo 原理分析

9.5 字节码在 Mock 上的应用

写单元测试的一大难题是待测试的方法有很多外部的依赖，比如数据库操作、HTTP

调用、系统环境变量等。要构造模拟外部依赖返回的不同结果，不仅耗费大量的时间而且不一定能实现。在这种情况下各种 Mock 工具应运而生，现在比较流行的 Mock 工具有 EasyMock、Mockito、PowerMock 等。

以 Mockito 为例，其在单元测试中的写法如下。

```
class UserService {
    String getNameById(int id) {
        return "name#" + id;
    }
}

public class MyTest {
    @Test
    public void testMe() throws IOException {
        UserService userServiceMock = mock(UserService.class);
        when(userServiceMock.getNameById(1118)).thenReturn("ya");
        String result = userServiceMock.getNameById(1118);
        Assert.assertEquals("ya", result);
    }
}
```

上面的代码底层实际是使用 ByteBuddy 字节码生成工具生成了一个代理类，继承了 UserService 类，拦截了 getNameById 方法，生成的 UserService 子类如下所示。

```
public class UserService$MockitoMock$759853975 extends UserService implements
MockAccess {
    String getNameById(final int n) {
        // 省略
    }
}
```

EasyMock 的实现原理与 Mockito 类似，只不过它是使用 cglib 来生成子类代理类。EasyMock 和 Mockito 这样的实现方式可以满足大部分的 mock 需求，但这种利用子类继承的方式无法实现静态、final、私有方法的 Mock。如果把 getNameById 方法改为 final 方法，上面的测试就无法进行。

PowerMock 的出现完美地解决了这个问题，PowerMock 扩展了 EasyMock 和 Mockito 的功能，使用自定义类加载器和 javassist 字节码操作来实现 Mock 静态方法、final 方法、私有方法的功能。

以下面的代码清单 9-3 为例。

代码清单 9-3　PowerMock 测试代码

```
public class Config {
    public static String getVersion() {
        return "1.0.0";
    }
}
```

```
@RunWith(PowerMockRunner.class)
@PrepareForTest({Config.class})
public class MyTest {
    @Test
    public void testStatic() throws IOException {
        PowerMockito.mockStatic(Config.class);
        when(Config.getVersion()).thenReturn("2.0.0-beta");
        Assert.assertEquals("2.0.0-beta", Config.getVersion());
    }
}
```

PowerMock 底层使用 Javassist 修改了 Config 类的字节码，并使用独立的类加载器 org.powermock.core.classloader.javassist.JavassistMockClassLoader 进行加载。生成的 Config 类如下面的代码所示。

```
public class Config implements PowerMockModified
{
    public static String getVersion() {
        final Object methodCall = MockGateway.methodCall(Desc.getClazz("Config"),
"getVersion", new Object[0], Desc.getParams("()"), "java.lang.String");
        if (methodCall != MockGateway.PROCEED) {
            return (String)methodCall;
        }
        return "1.0.0";
    }
}
```

调用 getVersion 方法时会先调用 MockGateway.methodCall 方法，如果方法命中则返回 mock 结果，实现了静态方法的 mock。利用这样的字节码改写技术，PowerMock 弥补了其他 mock 框架不能 mock 静态、私有、final 方法的缺陷。

9.6　小结

本章我们主要讲解了 ASM 字节码改写技术在 cglib、Fastjson、Dubbo、Jacoco、mock 框架上的应用，一起来回顾一下要点。

❑ cglib 使用 ASM 生成了目标代理类的一个子类，在子类中扩展父类方法，达到代理的功能，因此要求代理的类不能是 final 的。

❑ Fastjson 使用 ASM 生成了实例 Bean 反序列化类，彻底去掉了反射的开销，使性能更上一层楼。

❑ Dubbo 使用 Javassist 生成接口的代理类。

❑ Jacoco 使用 ASM 在代码分支中插入探针字节码实现覆盖率统计功能。

❑ Mockito 和 EasyMock 使用 ByteBuddy、cglib 生成子类的方式来实现 Mock 的功能，PowerMock 利用 Javassist 字节码可以实现静态、final、私有方法的 Mock。

下一章我们来介绍一个有意思的主题，软件破解与防破解。

Chapter 10 第 10 章

软件破解和防破解

本章我们来介绍 Java 软件反编译、破解、防破解和逆向工程相关的内容，主要分下面几个部分：

❏ 反编译工具的介绍

❏ 破解的常用方法

❏ 如何提高破解的门槛

❏ 混淆的常见方式

10.1 反编译

反编译是从 class 文件生成源代码，相当于 javac 的逆过程。反编译的工具有很多，常见的有 JD-GUI、fernflower、Luyten，这些工具能反编译大部分 class 文件，生成的源代码文件的可读性良好。大多数情况下我们没有必要反编译 class 文件，但是下面这些场景不得不运用反编译。

❏ 研究没有源码的 jar 包内部的实现原理。

❏ 源码意外丢失，只有编译过的 class 文件，希望能恢复。

❏ 查看临时生成的中间类，比如研究 Dubbo 生成的代理类，fastjson 生成的序列化、反序列化类等。

❏ 学习 Kotlin 等其他 JVM 系语言的语法糖原理。

如果 javac 编译时不加 -g 选项，源代码中的一些信息会丢失，比如局部变量名、方法参数名等，以下面的代码为例。

```java
public class MyFoo {
    public void foo(int id, String name) {
        String hello = "hello";
        System.out.println(hello);
    }
}
```

在 javac 编译不加 -g 选项的情况下，使用反编译工具输出的代码如下所示。

```java
public class MyFoo {
    public void foo(int paramInt, String paramString) {
        String str = "hello";
        System.out.println(str);
    }
}
```

可以看到在这种情况下，源代码中的方法参数名、局部变量名都已经被反编译工具临时的变量名替代。如果编译时加上 -g 选项，使用反编译工具输出的源代码如下所示，几乎与源代码一模一样。

```java
public class MyFoo {
    public void foo(int id, String name) {
        String hello = "hello";
        System.out.println(hello);
    }
}
```

如果代码经过混淆，反编译后的源代码阅读难度会增大不少，本章的后半部分我们会专门介绍混淆相关的内容。

10.2　软件破解

学习了前面几章字节码的知识，可以开始做一些有意思的事情，比如软件破解。笔者成功破解过很多 Java 系商业软件，不过仅仅是供自己学习，没有用于商业用途。通过学习软件破解方案，可以让我们更好地思考如何保护自己的软件产品。

Java 系软件破解有下面几种常见的方式。

1）解包、直接修改 class 文件：适用于非常简单，改动一些常量就可以完成的情况。

2）解包、通过 asm 工具修改 class 文件：适用于逻辑较为复杂的情况。

3）通过 -javaagent 启动参数，动态修改（无痛破解）：前面两种都属于破坏了原始的 class 文件，不属于无痛破解，如果待破解的软件升级了，需要重新修改打包，非常麻烦。采用 javaagent 字节码改写的方式，只用在命令行启动参数里加入一个参数即可。即使后续软件升级，只要软件加密和证书校验部分的逻辑没有修改，agent 的代码不用修改就可以完成破解，使用起来更加方便。

接下来讲解的待破解软件是我自己用 swing 写的一个小 demo，这个 jar 包可以在 GitHub 网站（https://github.com/arthur-zhang/jvm-bytecode-book-example）下载。

使用 java -jar 运行待破解软件的 crack-demo.jar 文件，会弹出证书已过期的提示框，如 图 10-1 所示。

图 10-1　License 过期提示框

接下来介绍两种不同的破解方式。

10.2.1　破解方式一：直接修改 class 文件

使用 JD-GUI 打开 jar 包，查看反编译的代码，核心的校验逻辑在 StartupChecks 类中，如下所示。

```java
public class StartupChecks {
  private static int getDayOfMonth() {
    return 7;
  }

  private static int getMonthOfYear() {
    return 0;
  }

  private static int getYear() {
    return 2019;
  }

  public static boolean canLoad() {
    validateLicensing();
    GregorianCalendar currentDate = new GregorianCalendar();
    GregorianCalendar expiryDate = getExiryDate();
    if (currentDate.after(expiryDate)) {
      return false;
    }
    return true;
  }

  private static void validateLicensing() {}

  public static GregorianCalendar getExiryDate() {
    return new GregorianCalendar(getYear(), getMonthOfYear(), getDayOfMonth());
  }
}
```

可以看到，这里判断 License 是否过期的方法比较简单，是用当前时间与过期时间做对比，如果当前时间大于过期时间，就返回 License 已过期。破解这个 demo 软件最简单的思路是把过期的年份 2019 修改为 2029 或未来更久远的年份。

jar 包本质上就是一个 zip 压缩包，用 unzip 命令将 jar 包解压到一个临时文件夹 tmp 中，对应的目录结构如下所示。

```
.
├── META-INF
│   ├── MANIFEST.MF
│   └── maven
│       └── LicenseCheckSwing
│           └── LicenseCheckSwing
│               ├── pom.properties
│               └── pom.xml
└── me
    └── ya
        └── swing
            ├── AppMain.class
            └── StartupChecks.class
```

使用十六进制文件编辑器打开 StartupChecks.class 文件，搜索 2019 对应的十六进制表示 (07E3)，如图 10-2 所示。

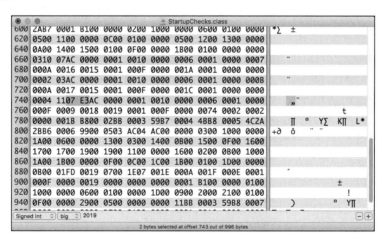

图 10-2　使用十六进制编辑器修改 StartupChecks.class 文件

将 07E3 修改为 2029(07ED)，然后保存文件。接下来使用 zip 命令将文件重新打包，如下所示。

```
zip -r ./crack-demo-v1.jar . *
```

使用 java 命令重新执行 jar 包，如下所示。

```
java -jar crack-demo-v1.jar
```

这时出现了 License 合法的提示框, 如图 10-3 所示。

图 10-3　软件破解成功页面

这种手动修改 class 文件的方式比较麻烦, 也只适用于比较简单的场景。接下来会介绍如何无痛破解, 不需要手动修改 class 文件重新打包。

10.2.2　破解方式二: javaagent 无痛破解

有了 javaagent、ASM 这些储备知识, 理解无痛破解这个主题就比较容易了。核心思路是通过 javaagent 和 ASM 来进行字节码改写, 在类加载之前修改字节码逻辑。本节继续以 crack-demo.jar 文件为例进行讲解。

根据前面反编译的结果, license 是否合法取决于 canLoad 方法的返回值, 返回 true 表示 license 合法, 返回 false 表示 license 非法。那么只要在 canLoad 方法开始处插入 "return true;" 语句, 让 canLoad 返回 true 即可, 注入后的代码如下所示。

```
public static boolean canLoad() {
    // 在这里强行插入 return true;
    return true;
    // 下面的语句不会执行
    validateLicensing();
    GregorianCalendar currentDate = new GregorianCalendar();
    GregorianCalendar expiryDate = getExiryDate();
    if (currentDate.after(expiryDate)) {
        return false;
    }
    return true;
}
```

"return true;" 语句对应的字节码语句如下所示。

```
ICONST_1
IRETURN
```

下面来看具体的代码, 首先实现一个自定义的 MethodVisitor, 在方法开始处插入

"return true;" 逻辑，代码如下所示。

```
public static class MyMethodVisitor extends AdviceAdapter {
    @Override
    protected void onMethodEnter() {
        // 强行插入 return true;
        mv.visitInsn(ICONST_1);
        mv.visitInsn(IRETURN);
    }
}
```

接下来实现一个自定义的 ClassVisitor，只处理 canLoad 方法，代码如下所示。

```
public static class MyClassVisitor extends ClassVisitor {
    @Override
    public MethodVisitor visitMethod(int access, String name, String desc,
String signature, String[] exceptions) {
        MethodVisitor mv = super.visitMethod(access, name, desc, signature,
exceptions);
        // 只注入 canLoad 方法
        if (name.equals("canLoad")) {
            return new MyMethodVisitor(mv, access, name, desc);
        }
        return mv;
    }
}
```

随后实现一个自定义的 ClassFileTransformer，在 transform 方法中进行字节码改写，代码如下所示。

```
public static class MyClassFileTransformer implements ClassFileTransformer {
    @Override
    ublic byte[] transform(ClassLoader loader, String className, Class<?>
classBeingRedefined, ProtectionDomain protectionDomain, byte[] classBytes) throws
IllegalClassFormatException {
        // 只注入 StartupChecks 类
        if (className.equals("me/ya/swing/StartupChecks")) {
            ClassReader cr = new ClassReader(classBytes);
            ClassWriter cw = new ClassWriter(cr, ClassWriter.COMPUTE_FRAMES);
            ClassVisitor cv = new MyClassVisitor(cw);
            cr.accept(cv, ClassReader.SKIP_FRAMES | ClassReader.SKIP_DEBUG);
            return cw.toByteArray();
        }
        return classBytes;
    }
}
```

执行 mvn clean package 编译生成 my-crack-agent.jar，执行 java -javaagent:/path/to/my-crack-agent.jar -jar crack-demo.jar，发现已经成功地绕过了 license 过期检查，弹出了 license 合法的提示框。

接下来我们来对比一下 canLoad 方法 ASM 改写前后的字节码，改写前的字节码如下所示。

```
public static boolean canLoad();
Code:
  stack=2, locals=2, args_size=0
     0: invokestatic  #2      // Method validateLicensing:()V
     3: new           #3      // class java/util/GregorianCalendar
     6: dup
     7: invokespecial #4      // Method java/util/GregorianCalendar."<init>":()V
     ...
```

改写后的字节码如下所示。

```
public static boolean canLoad();
Code:
  stack=1, locals=2, args_size=0
     0: iconst_1
     1: ireturn
     2: nop
     3: nop
     4: nop
     ...
```

可以看到改写后的 canLoad 方法在字节码开始处插入了"return true;"，旧指令被替换为无用的 nop 指令。

10.3 软件防破解

在上一节中，我们介绍了 Java 系软件破解的相关知识，学习破解的知识不是为了破解商业软件非法获利，而是让我们更加清楚应该如何保护自己的软件，提高破解的门槛。软件防破解有很多种方式，但都没有办法百分百保证不被破解，只能尽可能地提高软件被破解的门槛。接下来会介绍几种常用的方法。

10.3.1 自定义 ClassLoader

防止软件破解的一个常用方式是自定义类加载器，事先将核心类文件进行加密，在类加载之前使用自定义的类加载器解密类文件后再加载。大名鼎鼎的 YourKit 软件早期的版本就使用了这种方式，部分 class 文件加密后存储为后缀为 .class_ 的文件。类文件解密使用 JNI 来实现，如图 10-4 所示。

自定义 ClassLoader 加载加密 class 文件过程如图 10-5 所示。

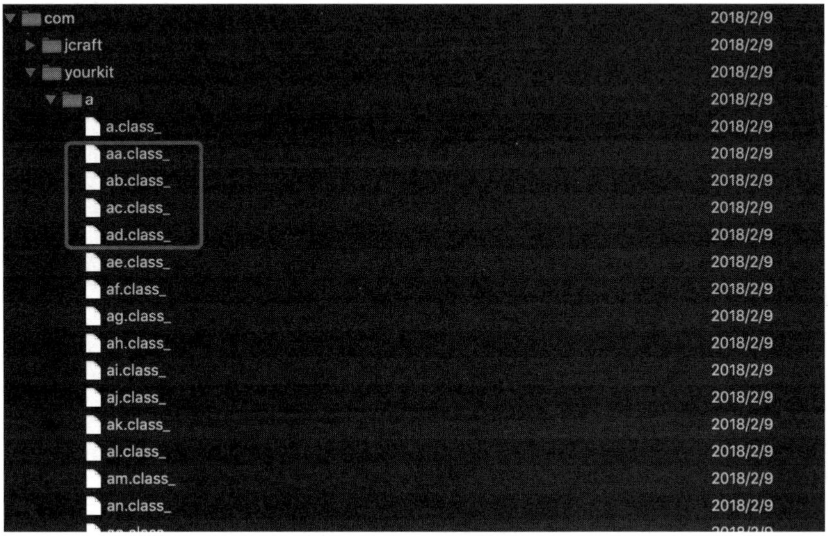

图 10-4　YourKit 类文件加密

图 10-5　自定义 ClassLoader 过程

下面用 XOR 加密解密的例子来演示自定义 ClassLoader 的用法。逻辑运算 XOR 表示异或运算，值相同则运算返回 false，不同则返回 true，如下所示。

```
1 ^ 1 // 0
0 ^ 0 // 0
1 ^ 0 // 1
0 ^ 1 // 1
```

XOR 运算有一个特性，即对一个值连续两次做 XOR 运算等于原值，以十六进制的"0xCA"为例，运算过程如下所示。

```
// 第一次 XOR
1100 1010 ^ 1111 1111 // 0011 0101
0011 0101 ^ 1111 1111 // 1100 1010
```

可以看到 0xCA 与 0xFF 经过两次 XOR 运算以后，得到原值 0xCA。介绍完加解密的运算后，接下来看实际的代码实现。

1）首先新建一个 MyService.java 文件，使用 javac 编译为 MyService.class 文件。

```
public class MyService {
```

```
    public MyService() {
        System.out.println("init MyService");
    }
}
```

2）将 MyService.class 文件进行一次 XOR 运算，保存为"MyService.class_"文件。

3）复制 MyService.class_ 文件并放到项目的 encrypt_classes 目录。

4）实现一个自定义 ClassLoader，代码如下所示。

```
public class MyCustomClassLoader extends ClassLoader {
    @Override
    protected Class<?> findClass(String name) {
        byte[] bytes = getClassFileBytesInDir(name);
        byte[] decodedBytes = decodeClassBytes(bytes);
        return defineClass(name, decodedBytes, 0, bytes.length);
    }
    // 读取加密 class 文件
    private static byte[] getClassFileBytesInDir(String className) {
        try {
            return FileUtils.readFileToByteArray(new File("encrypt_classes" +
"/" + className + ".class_"));
        } catch (IOException e) {
            e.printStackTrace();
        }
        throw new RuntimeException("");
    }
    // 解密 class 文件
    private static byte[] decodeClassBytes(byte[] bytes) {
        byte[] decodedBytes = new byte[bytes.length];
        for (int i = 0; i < bytes.length; i++) {
            decodedBytes[i] = (byte) (bytes[i] ^ 0xFF);
        }
        return decodedBytes;
    }
}
```

5）编写测试代码，生成 MyCustomClassLoader 的实例加载 MyService，执行它的构造方法，代码如下所示。

```
public static void main(String[] args) throws Exception {
    ClassLoader classLoader = new MyCustomClassLoader();
    Class clz = classLoader.loadClass("MyService");
    clz.newInstance();
}
```

1）～5）代码执行完后，输出如下日志。

```
init MyService
```

如果把文件解密中的异或语句去掉，会抛出如下的异常，提示 class 文件不合法，错误堆栈如下所示。

```
Exception in thread "main" java.lang.ClassFormatError: Incompatible magic value
889275713 in class file MyService
        at java.lang.ClassLoader.defineClass1(Native Method)
        at java.lang.ClassLoader.defineClass(ClassLoader.java:760)
        at java.lang.ClassLoader.defineClass(ClassLoader.java:642)
        at MyCustomClassLoader.findClass(MyCustomClassLoader.java:14)
        at java.lang.ClassLoader.loadClass(ClassLoader.java:424)
        at java.lang.ClassLoader.loadClass(ClassLoader.java:357)
        at MyCustomClassLoader.main(MyCustomClassLoader.java:38)
```

自定义 ClassLoader 可以提高直接获取字节码的难度，不过这个时候 ClassLoader 成为了新的突破口。即使被恶意用户破解了 ClassLoader 中加解密的逻辑，也可以很容易将加密过的 class 文件恢复。接下来我们介绍如何把加解密的逻辑隐藏到 JNI 层实现。

10.3.2　JNI 隐藏核心逻辑

为了提高破解 ClassLoader 的门槛，可以把类文件加解密的逻辑放在 C/C++ 中去实现，这个步骤可以在 Java 中使用 JNI 的方式调用 native 的库来完成。JNI 是 Java Native Interface（Java 本地接口）的缩写，是 JVM 提供的 Java 代码调用 native 模块的一种特性，通过 JNI 可以让 Java 和 C/C++ 代码互相调用。

接下来还是以上一个小节中的自定义 ClassLoader 为例，使用 C/C++ 代码替换类文件中 Java 的解密逻辑，分为下面这几个步骤。

1）首先在 MyCustomClassLoader 类声明一个静态的 native 方法，如下所示。

```java
public class MyCustomClassLoader extends ClassLoader {
    public static native byte[] decryptJni(byte[] bytes);
}
```

这个方法的入参 bytes 是一个加密过的类文件的 byte 数组，返回值是经过解密的类文件的 byte 数组。

2）接下来使用 javah -jni 生成 C/C++ 工程需要引用的方法定义头文件，如下所示。

```
javah -cp . -jni -o decrypt.h me.ya.classloader.MyCustomClassLoader
```

javah -jni 命令会根据 Java 源文件中定义的包名、类名、方法签名生成符合 JNI 规范的 decrypt.h 头文件，这个 .h 文件声明的方法如下所示。

```
JNIEXPORT jbyteArray JNICALL Java_me_ya_classloader_MyCustomClassLoader_
decryptJni
    (JNIEnv *, jclass, jbyteArray);
```

3）新建一个 decrypt.cpp 文件将 decrypt.h 头文件 include 进来，实现 decryptJni 逻辑，代码如下所示。

```cpp
#include "decrypt.h"
extern "C"
JNIEXPORT jbyteArray JNICALL
Java_me_ya_classloader_MyCustomClassLoader_decryptJni(JNIEnv *env, jclass clazz,
                                                      jbyteArray src_bytes) {
    jbyte *src = env->GetByteArrayElements(src_bytes, 0);
    // 获取 byte 数组的长度
    jsize src_Len = env->GetArrayLength(src_bytes);
    jbyte buf[src_Len];

    // 执行 XOR 运算
    for (int i = 0; i < src_Len; ++i) {
        buf[i] = src[i] ^ 0xFF;
    }

    env->ReleaseByteArrayElements(src_bytes, src, 0);
    jbyteArray result = env->NewByteArray(src_Len);
    env->SetByteArrayRegion(result, 0, src_Len, buf);
    return result;
}
```

4）接下来新建一个 Makefile 文件，使用 g++ 编译动态链接库，代码如下所示。

```makefile
CC = g++
JAVA_HOME = /usr/local/jdk

ifeq ($(shell uname), Darwin)
  LIBLINK    = -dynamiclib
  TARGET     = libdecrypt.dylib
  INCLUDEDIR := -I $(JAVA_HOME)/include/ -I $(JAVA_HOME)/include/darwin/
endif

ifeq ($(shell uname), Linux)
  LIBLINK    = -shared -fPIC
  TARGET     = libdecrypt.so
  INCLUDEDIR := -I $(JAVA_HOME)/include/ -I $(JAVA_HOME)/include/linux/
endif

all:
    $(CC) $(LIBLINK)  $(INCLUDEDIR) decrypt.cpp -o $(TARGET)

clean:
    rm $(TARGET)
```

在笔者的 Mac 电脑上执行 make 命令会生成一个名为 libdecrypt.dylib 的动态链接库文件，接下来就可以在 Java 项目中使用。在 Linux 平台上执行 make 命令生成的是 libdecrypt.so 文件。

5）使用 System.load 方法加载这个动态链接库，调用 decryptJni 方法实现类文件的解密，代码如下所示。

```
public class MyCustomClassLoader extends ClassLoader {
    static {
        System.load("/path/to/libdecrypt.dylib");
    }
    public static native byte[] decryptJni(byte[] bytes);

    @Override
    protected Class<?> findClass(String name) {
        byte[] bytes = getClassFileBytesInDir(name);
        byte[] decodedBytes = decryptJni(bytes);
        return defineClass(name, decodedBytes, 0, bytes.length);
    }
}
```

通过上面的代码就实现了将类文件解密的逻辑隐藏到 native 代码中。YourKit 早期的版本就是使用这种方案，将核心的 class 文件隐藏了起来。

这种方案也有一个明显的问题，由于大部分复杂逻辑已经被迁移到 native 代码中，自定义 ClassLoader 的代码会比较少，较容易阅读。如果恶意用户写一段解密代码，直接加载动态链接库还原未加密的 class 文件也比较简单。

接下来我们介绍一种新的基于 JVMTI 的加密解密方案。

10.3.3　基于 JVMTI 的加密方案

JVMTI 的全称是 JVM Tooling Interface，是 JVM 暴露出来的供用户扩展的接口集合。通过 JVMTI 可以实现性能监控、类文件转换、调试、热加载等强大功能。我们可以利用 JVMTI 的特性开发自己的基于 C/C++ 的 Agent，这个 Agent 实际上是一个动态链接库。

1. JVMTI 的基本使用

JVMTI 有两种启动方式：第一种是通过 -agentlib、-agentpath 启动参数跟随 java 进程启动，在 JVM 启动时加载动态链接库；第二种方式是使用 Attach API 的方式在 JVM 运行后的任意时刻动态载入。

可以认为 JVMTI 是 Java 虚拟机官方提供的后门。JVMTI 是基于事件驱动的，JVM 执行到特定的逻辑就会调用这些事件的回调接口，开发者可以注册自己感兴趣的 VM 事件，比如类文件加载 ClassFileLoadHook 事件等。

JVMTI 的核心方法是 Agent_OnLoad、Agent_OnAttach、Agent_UnLoad，它们的方法声明如下所示。

```
JNIEXPORT jint JNICALL
Agent_OnLoad(JavaVM *vm, char *options, void *reserved);

JNIEXPORT jint JNICALL
Agent_OnAttach(JavaVM* vm, char* options, void* reserved);
```

```
JNIEXPORT void JNICALL
Agent_OnUnload(JavaVM *vm);
```

其中，vm 参数是一个 JavaVM 类型的变量，表示当前的上下文，options 参数表示传入的参数，reserved 参数是保留参数，暂时可以不用了解。

当 Agent 是通过命令行启动参数的方式加载时，Agent_OnLoad 方法会被调用；当 Agent 是 JVM 启动后动态加载时，Agent_OnAttach 方法会被调用。Agent_OnUnload 方法在 Agent 卸载时被调用，可以在里面做一些资源释放的操作。

下面是一个监听类加载的 JVMTI agent 代码。

```
JNIEXPORT jint JNICALL
Agent_OnLoad(JavaVM *vm, char *options, void *reserved) {
    jvmtiEnv *jvmti_env;
    jvmtiError error;
    jvmtiEventCallbacks callbacks;
    // 获取 JVMTI environment
    jint ret = vm->GetEnv((void **) &jvmti_env, JVMTI_VERSION);
    if (ret != JNI_OK) {
        return ret;
    }
    // 设置类加载事件回调
    (void) memset(&callbacks, 0, sizeof(callbacks));
    callbacks.ClassFileLoadHook = &MyClassFileLoadHookHandler;
    error = jvmti_env->SetEventCallbacks(&callbacks, sizeof(callbacks));
    if (error != JVMTI_ERROR_NONE) {
        return error;
    }
    // 开启事件监听
    error = jvmti_env->SetEventNotificationMode(JVMTI_ENABLE, JVMTI_EVENT_CLASS_
FILE_LOAD_HOOK, NULL);
    if (error != JVMTI_ERROR_NONE) {
        return error;
    }
    return JNI_OK;
}
```

在 Agent_OnLoad 方法中，我们首先通过 JavaVM 的 GetEnv 方法做环境初始化，然后注册一个自定义的类加载回调方法 MyClassFileLoadHookHandler，随后调用 SetEvent-NotificationMode 方法开启事件 JVMTI_EVENT_CLASS_FILE_LOAD_HOOK 的监听。

自定义类加载事件回调 MyClassFileLoadHookHandler 代码如下所示。

```
void JNICALL
MyClassFileLoadHookHandler(
        jvmtiEnv *jvmti_env, // 表示 JVMTI 运行环境
        JNIEnv *jni_env, // 表示 JNI 运行环境
        jclass class_being_redefined, // 重定义或重转换的类
```

```
            jobject loader, // 类加载器
            const char *name, // 类的全限定名
            jobject protection_domain, // 载入类的 protection domain
            jint class_data_len, // 当前类数据缓冲区长度
            const unsigned char *class_data, // 当前类数据缓冲区
            jint *new_class_data_len, // 处理过的新类数据缓冲区长度
            unsigned char **new_class_data // 处理过的新类数据缓冲区
        ) {
        printf("loading class: %s\n", name);
    }
```

在 MyClassFileLoadHookHandler 方法内，我们只是用日志打印的方式输出了当前加载类的类名。

接下来新建一个 Makefile 文件编译生成动态链接库，代码如下所示。

```
CC = g++
JAVA_HOME = /usr/local/jdk

ifeq ($(shell uname), Darwin)
  LIBLINK    = -dynamiclib
  TARGET     = myagent.dylib
  INCLUDEDIR := -I $(JAVA_HOME)/include/ -I $(JAVA_HOME)/include/darwin/
endif

ifeq ($(shell uname), Linux)
  LIBLINK    = -shared -fPIC
  TARGET     = myagent.so
  INCLUDEDIR := -I $(JAVA_HOME)/include/ -I $(JAVA_HOME)/include/linux/
endif

all:
    $(CC) $(LIBLINK)  $(INCLUDEDIR) agent.cpp -o $(TARGET)

clean:
    rm $(TARGET)
```

在命令行中执行 make 命令会生成动态链接库 myagent.dylib 文件。接下来编写一段测试代码，如下所示。

```
package me.ya.jvmti.demo;

public class MyMain {
    public static void main(String[] args) {
        System.out.println("print from jvmti demo, version: " + Config.
getVersion());
    }
}


package me.ya.jvmti.demo;
```

```
public class Config {
    public static String getVersion() {
        return "1.0.0";
    }
}
```

使用 maven 将项目编译为 jar 包，然后使用 java 命令执行，如下所示。

```
java -agentpath:/path/to/myagent.dylib  target/jvmti-demo.jar

loading class: java/lang/Object
loading class: java/lang/String
loading class: java/io/Serializable
loading class: java/lang/Comparable
loading class: java/lang/CharSequence
...
loading class: me/ya/jvmti/demo/MyMain
loading class: me/ya/jvmti/demo/Config
print from jvmti demo, version: 1.0.0
loading class: java/lang/Shutdown
loading class: java/lang/Shutdown$Lock
```

可以看到 JVM 加载了 jar 包中的 MyMain 和 Config 类，随后执行了 MyMain 的 main 方法。

至此，我们就用 JVMTI 实现了一个简单的类文件加载事件监听，接下来看如何使用 JVMTI 实现加密功能。

2. 使用 JVMTI 实现加密功能

JVMTI 的加密原理是事先使用可逆的加密算法对 jar 包文件进行加密，在 JVM 启动时加载 Agent 动态链接库，监听 JVMTI 的类加载事件，在 Agent 中对类进行解密交给 JVM 继续加载。简单起见，下面继续以 XOR 算法作为加密的演示。

首先我们来实现对 jar 包 class 文件加密的功能。还是以上一个例子中的 jvmti-demo.jar 为例，加密的代码如代码清单 10-1 所示。

代码清单 10-1 jar 包加密代码

```
public class Encrypt {
    public static void main(String[] args) throws Exception {
        String jarPath = args[0];
        File srcFile = new File(jarPath);
        File dstFile = new File("encrypt.jar");

        JarOutputStream jarOutputStream = new JarOutputStream(new
FileOutputStream(dstFile));
        JarFile srcJarFile = new JarFile(srcFile);
        Enumeration<JarEntry> entries = srcJarFile.entries();
        while (entries.hasMoreElements()) {
            JarEntry entry = entries.nextElement();
```

```
            addFileToJar(jarOutputStream, srcJarFile, entry);
        }
        jarOutputStream.close();
        srcJarFile.close();
    }

    private static void addFileToJar(JarOutputStream jarOutputStream,
                              JarFile srcJarFile, JarEntry entry) throws
IOException {
        String name = entry.getName();
        jarOutputStream.putNextEntry(new JarEntry(name));
        byte[] bytes = IOUtils.toByteArray(srcJarFile.getInputStream(entry));
        // 只转换以 me/ya/ 包名开头的 class 文件
        if (name.startsWith("me/ya/") && name.endsWith(".class")) {
            System.out.println("encrypting " + name.replaceAll("/", "."));
            bytes = encrypt(bytes);
        }
        jarOutputStream.write(bytes);
        jarOutputStream.closeEntry();
    }

    private static byte[] encrypt(byte[] bytes) {
        byte[] decodedBytes = new byte[bytes.length];
        for (int i = 0; i < bytes.length; i++) {
            decodedBytes[i] = (byte) (bytes[i] ^ 0xFF);
        }
        return decodedBytes;
    }
}
```

这段代码读取 jar 包中的文件，将“me/ya/”包名开头的 class 文件进行 XOR 加密替换，生成一个名为 encrypt.jar 的 jar 包文件。因为 class 文件都已经被 XOR 加密，用反编译工具是无法反编译这个 jar 包的 class 文件的，如图 10-6 所示。

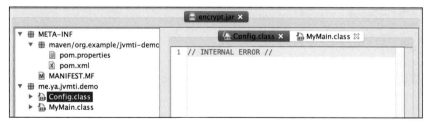

图 10-6　jar 包加密反编译结果

使用 java -jar 执行这个 jar 包会报 class 文件魔数不合法的异常，如下所示。

```
java -jar encrypt.jar
Exception in thread "main" java.lang.ClassFormatError: Incompatible magic value
889275713 in class file me/ya/jvmti/demo/MyMain
```

```
        at java.lang.ClassLoader.defineClass1(Native Method)
        at java.lang.ClassLoader.defineClass(ClassLoader.java:760)
        at java.security.SecureClassLoader.defineClass(SecureClassLoader.
java:142)
        at java.net.URLClassLoader.defineClass(URLClassLoader.java:467)
        at java.net.URLClassLoader.access$100(URLClassLoader.java:73)
        at java.net.URLClassLoader$1.run(URLClassLoader.java:368)
        at java.net.URLClassLoader$1.run(URLClassLoader.java:362)
        at java.security.AccessController.doPrivileged(Native Method)
        at java.net.URLClassLoader.findClass(URLClassLoader.java:361)
        at java.lang.ClassLoader.loadClass(ClassLoader.java:424)
        at sun.misc.Launcher$AppClassLoader.loadClass(Launcher.java:331)
        at java.lang.ClassLoader.loadClass(ClassLoader.java:357)
        at sun.launcher.LauncherHelper.checkAndLoadMain(LauncherHelper.java:495)
```

接下来我们来修改 JVMTI 的 Agent 代码，对包名以 "me/ya/" 开头的 class 文件做 XOR 运算，代码如下所示。

```
void JNICALL
MyClassFileLoadHookHandler(
        jvmtiEnv *jvmti_env,
        JNIEnv *jni_env,
        jclass class_being_redefined,
        jobject loader,
        const char *name,
        jobject protection_domain,
        jint class_data_len,
        const unsigned char *class_data,
        jint *new_class_data_len,
        unsigned char **new_class_data) {
    printf("loading class: %s\n", name);

    // 只处理包名以 "me/ya/" 开头的类
    if (strncmp(name, "me/ya/", 6) != 0) {
        return;
    }
    jvmtiError result;
    // 为修改后的类数据分配长度为 class_data_len 的内存
    result = jvmti_env->Allocate(class_data_len, new_class_data);
    if (result != JVMTI_ERROR_NONE) return;

    *new_class_data_len = class_data_len;

    unsigned char *output_class_data = *new_class_data;
    for (int i = 0; i < class_data_len; ++i) {
        output_class_data[i] = class_data[i] ^ 0xFF; // XOR 运算
    }
}
```

方法入参 new_class_data 表示修改后的新的类数据缓冲区；new_class_data_len 表示新的类数据缓冲区长度。如果不设置 new_class_data，就表示类文件没有被修改。如果 JVMTI 想要修改类文件，需要先使用 Allocate 方法给新的类数据缓冲区分配内存，同时将 new_class_data_len 设置为新的类数据缓冲区长度，随后修改新的类数据缓冲区的数据即可。

这里我们先判断要处理的类的包名是否以"me/ya/"开始，如果是则继续进行解密逻辑。接下来对加密过的 class 文件进行 XOR 运算将结果赋值给新分配的内存区域，实现了在 Agent 中解密 class 文件的效果。

执行 make 命令生成动态链接库 myagent.dylib，增加 JVM 启动参数运行加密过的 jar 包，可以看到这次正常运行了。

```
java -agentpath:/path/to/myagent.dylib -jar encrypt.jar

...
loading class: me/ya/jvmti/demo/MyMain
loading class: me/ya/jvmti/demo/Config
print from jvmti demo, version: 1.0.0
loading class: java/lang/Shutdown
loading class: java/lang/Shutdown$Lock
```

使用 JVMT 时我们不需要自己实现 ClassLoader，将逻辑完全放在 Agent 的动态链接库中实现可以比较好地保护字节码。

10.3.4　混淆

混淆的作用是将代码转换为功能上等价但是难以阅读和理解的形式，增加逆向工程的难度。对于面向终端用户的应用程序混淆尤其有必要，比如 Android APK、HTML 页面、JavaScript、桌面端软件等。Java 领域的混淆工具比较多，免费的有 ProGuard，付费的有 Zelix Klassmaster 等，其中最流行的混淆工具是 ProGuard，由比利时程序员 Eric Lafortune 在 2002 年发布。

对于 Java 而言，混淆常用的手段有：
❑ 替换名称
❑ 重构执行流
❑ 编码字符串
接下来逐一进行介绍。

1. 名称混淆

混淆最常见的做法是替换名称，把类名、方法名、字段名、引用混淆为难以读懂的字符串，以下面的代码为例。

```
public class User {
    public int id;
```

```
public String name;

public String findNameById(int id) {
    return "";
}
}
```

在混淆以后会变成如下代码，类名、字段属性、方法参数等都被替换为无意义的字符串。

```
public class c {
    public int a;
    public String b;

    public String a(final int n) {
        return "";
    }
}
```

还有一种思路是将大小写的字母"o"和数字零进行组合作为名称，示例如下。

```
public class MyTest {
    private String OoO0o0o000oo0o000o000;
    private int 000o00000o0o00o00o0oO;
    private int 000o00000o0o0o0o00o0oO;
    public void 00000o000000o00o000000() {
        00o0oo0o0000000000o0o0();
        if (0oO0o0o000o0o0000o000 != null) {
            000o00000o0o0o0o00o0oO = 100;
        } else {
            000o00000o0o0o0o00o0oO = 102;
        }
    }
    public void 00o0oo0o0000000000o0o0() {
    }
    public void 00o0oo0o0000000000o0o0() {
    }
    public void 00o0000o000o0000000o0o0() {
    }
}
```

名称混淆是混淆软件最基础的一种混淆方式，大部分免费和付费混淆工具都有支持，接下来我们来看看复杂一点的执行流混淆。

2. 执行流混淆

名称混淆只是将变量名重命名为没有意义的名字，并没有改变程序的执行流，现在比较流行的混淆工具会对代码的执行流进行功能等价的变更，插入大量的 label、break、goto 语句，使阅读难度大大增加，以下面的 FindLargest 类为例。

```
public class FindLargest {
    public static long max(final long... array) {
        // Validates input
        if (array == null || array.length == 0) {
            throw new RuntimeException("array is null or empty");
        }

        // Finds and returns max
        long max = array[0];
        for (int j = 1; j < array.length; j++) {
            if (array[j] > max) {
                max = array[j];
            }
        }
        return max;
    }
}
```

经过 Zelix Klassmaster 工具的执行流混淆以后，部分反编译代码如下所示。

```
public class a {
    public static int a;
    public static int b;
    private static final String c;
    public static long a(final long... array) {
        final int b = a.b;
        Label_0017: {
            try {
                if (array == null) {
                    break Label_0017;
                }
                final long[] array2 = array;
                final int n = array2.length;
                if (n == 0) {
                    break Label_0017;
                }
                break Label_0017;
            }
            catch (RuntimeException ex) {
                throw ex;
            }
            try {
                final long[] array2 = array;
                final int n = array2.length;
                if (n == 0) {
                    throw new RuntimeException(a.c);
                }
            }
            catch (RuntimeException ex2) {
                throw ex2;
            }
```

```
        }
        long n2 = array[0];
        int i = 1;
        long n3 = 0L;
        while (i < array.length) {
            Label_0065: {
                try {
                    n3 = array[i];
                    if (b != 0) {
                        return n3;
                    }
                    if (n3 <= n2) {
                        break Label_0065;
                    }
                }
                catch (RuntimeException ex3) {
                    throw ex3;
                }
                n2 = array[i];
            }
            ++i;
            if (b != 0) {
                int a = a.a;
                a.a = ++a;
                break;
            }
        }
        return n3;
    }
}
```

可以看到一段简单的查找数组元素最大值的代码经过执行流混淆以后变得非常复杂，如果代码本身有很多 for 循环、if 判断等语句，执行流混淆的效果会更好。

3. 字符串混淆

当破解者反编译应用得到源代码以后，一般会先进行全局的字符串搜索找到相关的类文件。源代码中窗口的标题、调试日志、异常抛出等地方都会保留程序内部执行的蛛丝马迹，因此有一些混淆工具会对字符串进行特殊的编码，比如下面的代码。

```
public class StringTest {
    public static void main(String[] args) {
        System.out.println("invalid license!");
    }
}
```

经过 Zelix Klassmaster 混淆工具处理以后，字符串被编码的结果如下所示。

```
public class b {
    private static final String a;
```

```java
public static void main(final String[] array) {
    System.out.println(b.a);
}

static {
    a = a(a("{77^E|F25(\\L{Qwx"));
}

private static char[] a(final String s) {
    final char[] charArray = s.toCharArray();
    if (charArray.length < 2) {
        final int n = 0;
        charArray[n] ^= '\"';
    }
    return charArray;
}

private static String a(final char[] array) {
    final int i = array.length;
    for (int n = 0; i > n; ++n) {
        final int n2 = n;
        final char c = array[n2];
        char c2 = '\0';
        switch (n % 7) {
            case 0: {
                c2 = '\u0012';
                break;
            }
            case 1: {
                c2 = 'Y';
                break;
            }
            case 2: {
                c2 = 'A';
                break;
            }
            case 3: {
                c2 = '?';
                break;
            }
            case 4: {
                c2 = ')';
                break;
            }
            case 5: {
                c2 = '\u0015';
                break;
            }
            default: {
                c2 = '\"';
```

```
                    break;
                }
            }
            array[n2] = (char) (c ^ c2);
        }
        return new String(array).intern();
    }
}
```

通过观察，上面的字符串编码实际上是一段 XOR 解密代码，伪代码如下。

```
for (j = 0; j < strlen(str); j++) {
    str[j] ^= key[j%7];
}
```

其中，key 是一个长度为 7 的 char 数组，对应代码中 switch-case 的值。根据 XOR 的特性，只需要重新 XOR 一次就可以把字符串 "{77^E|F25(\L{Qwx" 逆向回来，代码如下所示。

```
public static void main(String[] args) {
    String encryptString = "{77^E|F25(\\L{Qwx"; // 加密过的字符串
    char[] key = {'\u0012', 'Y', 'A', '?', ')', '\u0015', '\"'}; // XOR 的 key 数
组
    int keySize = key.length;
    for (int i = 0; i < encryptString.length(); i++) {
        char c = (char) (encryptString.charAt(i) ^ key[i % keySize]);
        System.out.print(c);
    }
}
```

执行上面的代码输出解密过的字符串 "invalid license!"。

10.4 小结

本章主要介绍了软件破解和防破解相关的主题，通过两个实际的案例演示了两种破解软件的方式，并且介绍了通过自定义 ClassLoader、JNI、JVMTI、混淆增加破解难度的方法。学习本章可以让我们更清楚如何保护自己的软件。接下来我们介绍全链路分布式跟踪与 APM 相关的内容。

第 11 章 *Chapter 11*

全链路分布式跟踪与 APM

从本章开始，我们进入一个新的领域，全链路分布式跟踪与 APM，会分为全链路分布式跟踪基本概念、OpenTracing、APM 基础概念以及无侵入字节码插桩实现这几个部分。

通过阅读本章你会学到如下知识。

❑ 分布式跟踪的基本原理、跨进程分布式跟踪的实现细节

❑ OpenTracing 的基本概念

❑ APM 字节码注入的使用

11.1 全链路分布式跟踪介绍

随着互联网技术的飞速发展，以前的单体架构应用越来越庞大、臃肿，难以维护，于是一个大的应用被拆解为若干个功能单一的微服务，各个微服务之间用接口协议来通信。微服务的出现带来了极大的便利，各个微服务之间可以独立开发部署、独立扩容缩容、使用不同的技术栈。

微服务看起来像一颗银弹，解决了复杂系统的诸多问题，美好的背后带来的是运维的极大挑战，以前通过简单的日志就可以看到服务问题出在哪里，现在日志散落在各个微服务服务中，排查问题时变得非常麻烦。

想象一个场景，某付费用户反馈年费续费功能无法使用，客服人员第一时间把问题反馈给了开发人员进行排查。前端说我这里没有报错，问问网关服务有没有问题吧。网关开发者说，我没发现什么问题，是不是请求没发过来。后台查了半天日志说，网关开发你那边是不是看错了，我这里收到请求了，只不过数据传递的不对。运维说，那个时间点服务进程没

挂，不过网卡流量跑满了，是不是数据库读写有问题。就这样，查了一个多小时，最终原因都还没查到。看起来很夸张，但这就是在没有全链路分布式追踪下问题排查的现状。

分布式跟踪的出现可以帮助开发者跟踪整个请求链路，快速梳理依赖关系，定位问题瓶颈。

11.1.1 什么是全链路分布式跟踪

2005 年 Google 发表了一篇论文⊖，详细阐述了他们内部分布式追踪系统 Dapper 的设计和实现，这篇论文可以认为是分布式跟踪理论的开山之作。每个请求都有对应的 Trace ID、Span ID、Parent ID，Trace ID 用来标识一次用户请求，所有链路上的子过程节点都共用这一个 Trace ID，Span ID 用来标识一次处理过程，Parent ID 用来标识处理过程的父节点。通过 Trace ID 将不同系统的孤立的调用串联在一起，同时通过 Span ID、Parent ID 表达节点的父子关系，如图 11-1 所示。

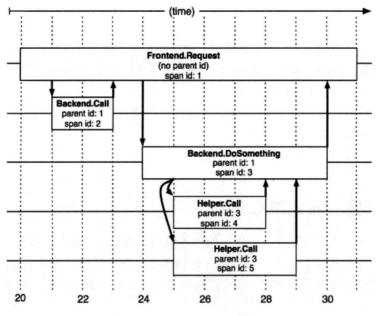

图 11-1　Google Dapper 模型

Dapper 论文促成了 Zipkin、Jaeger、Haystack、AppDash、Skywalking 这些开源实现的出现。再后来出现了原生计算基金会（Cloud Native Computing Foundation，CNCF）的 OpenTracing 的规范，定义了一套通用接口格式，现在主流的分布式追踪基本上都支持 OpenTracing。Jaeger 是 Uber 开源的 OpenTracing 实现，下面的文章会基于 Jaeger 和 OpenTracing 来进行讲解。

⊖ 论文更多详细内容可参见地址 https://research.google/pubs/pub36356/。

11.1.2　OpenTracing 基本术语

下面介绍几种常用的 OpenTracing 基本术语。

1. Tracer

Tracer 表示一次调用链，由多个 Span 组成。

2. Span

Span 表示一段处理阶段，可以是一个方法调用，一次 HTTP 请求，一次数据库操作。一个 Span 会包含下面这些状态值。

❏ Span 名，一般是函数名，或者某个关键操作的名字。

❏ SpanContext 上下文，包括 Trace ID、SpanID 等。

❏ 开始、结束时间戳。

❏ Span 之间的关系，父子关系（ChildOf）还是顺序执行关系（FollowsFrom）。

❏ 附加信息（日志等）。

3. SpanContext

SpanContext 包含 TraceID、SpanID、ParentID 等信息，当有嵌套调用、跨进程调用时，SpanContext 就可以用来表示调用的层级关系。

4. Sampling

在监控数据的收集过程中，人们一直在寻求一个平衡，收集得越完整、越丰富，能够分析的数据就越多，越能帮助更好地定位问题，掌控系统全貌，同时需要付出的是更多的存储空间、更大的应用性能损耗。就如同打印日志，log4j 等框架虽然有很多种日志级别，但是一般在生产环境中只会开启 INFO 级别以上的日志打印，舍弃 DEBUG 及更低级别的日志。

Google 的 Dapper 论文对采样率对延迟和吞吐量的影响做了分析，数据如表 11-1 所示。

表 11-1　采样率对延迟和吞吐量的影响

Sampling frequency	Avg Latency (% change)	Avg Throughput(% change)
1/1	16.3%	−1.48%
1/2	9.40%	−0.73%
1/4	6.38%	−0.30%
1/8	4.12%	−0.23%
1/16	2.12%	−0.08%
1/1024	−0.20%	−0.06%

在没有开启采样、全部采集的情况下，平均延迟上升了 16.3%，平均吞吐量降低了 1.48%。在采样率是 0.1%(1/1024) 时，平均延迟和吞吐量几乎无影响。根据不同需求采样的策略有多种，比如 100% 全采样、按特定概率采样、RateLimit 采样、自适应采样等。

11.1.3 分布式跟踪的实现和上下文传递

在笔者的公司，分布式跟踪系统是完全由自己实现的，包括 agent、数据处理、告警、统计等模块。为了方便理解和演示，下面均使用开源的 Jaeger 来做数据收集和展示，Jaeger 提供了一套 all-in-one 的 docker 镜像，启动起来即可。

```
docker run -d --name jaeger \
  -p 6831:6831/udp \
  -p 16686:16686 \
  -p 14268:14268 \
  jaegertracing/all-in-one:1.14
```

"-d"选项表示让 docker 在后台运行，"--name"选项用来设置 docker 容器的名称，"-p"选项用来声明对外开放的端口，这里我们把容器的 6831、16686、14268 端口分别映射到主机相应的端口上。

开放的第一个端口 6831 是 Jaeger 的 UDP 数据上报端口，通过这个端口可以用 UDP 的方式上报 Trace 的数据。

开放的第二个端口 16686 是 Jaeger 的后台数据展示服务端口，容器启动以后就可以在浏览器中通过 http://localhost:16686 访问了，如图 11-2 所示。

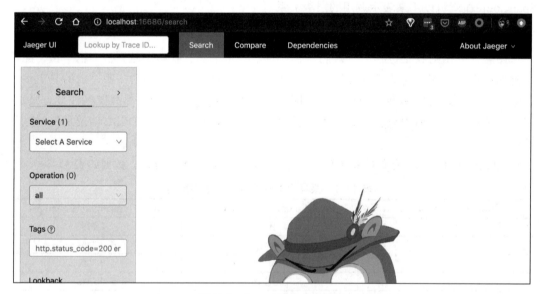

图 11-2　Jaeger 后台 UI 页面

开放的第三个端口是 14268，通过这个端口可以用 HTTP 方式上报 Trace 的数据。

在 OpenTracing 中每个应用需要初始化一个 Tracer 实例，它的核心构造参数是 serviceName、reporter 和 sampler 这三个。

❑ serviceName 表示应用名。

❑ reporter 指定调用 Span 通过何种方式上报到收集端，常见的有 HTTP、TCP、UDP
等方式。

❑ sampler：采样器，可以指定全采样、固定概率采样等。

以下面的代码为例。

```
RemoteReporter reporter
        = new RemoteReporter.Builder()
                .withSender(new UdpSender("localhost", 6831, 0))
                .build();
Tracer tracer
        = new JaegerTracer.Builder("main")
                .withReporter(reporter)
                .withSampler(new ConstSampler(true))
                .build();
GlobalTracer.registerIfAbsent(tracer);
```

这段代码构造了一个名为 main 的 Tracer，数据上报方式为 UDP，采样方式为全采样。

1. 方法级跟踪实现

方法级跟踪分布式跟踪的基础，原理是对方法体的内容增加 try-finally 包裹，以下面的
createUser 方法为例。

```
public void createUser(String userName) {
    System.out.println("save user");
    doDbOperation(userName);
}
```

在 createUser 方法的开始处新建一个 Span，并调用它的 start 方法开启一个 span，在方
法退出处调用 finish 语句，就可以完成方法级的跟踪实现，如下面的代码所示：

```
public void createUser(String userName) {
    Span span = tracer.buildSpan("createUser").start();
    try {
        System.out.println("create user");
        doDbOperation(userName);
    } finally {
        span.finish();
    }
}
```

运行上面的代码，就可以在 JaegerUI 页面上看到这次调用了，如图 11-3 所示。

2. 多函数调用链路跟踪实现原理

多函数调用的过程会比单函数调用复杂一点，假设有下面的嵌套调用 A → B → C，代
码如下所示。

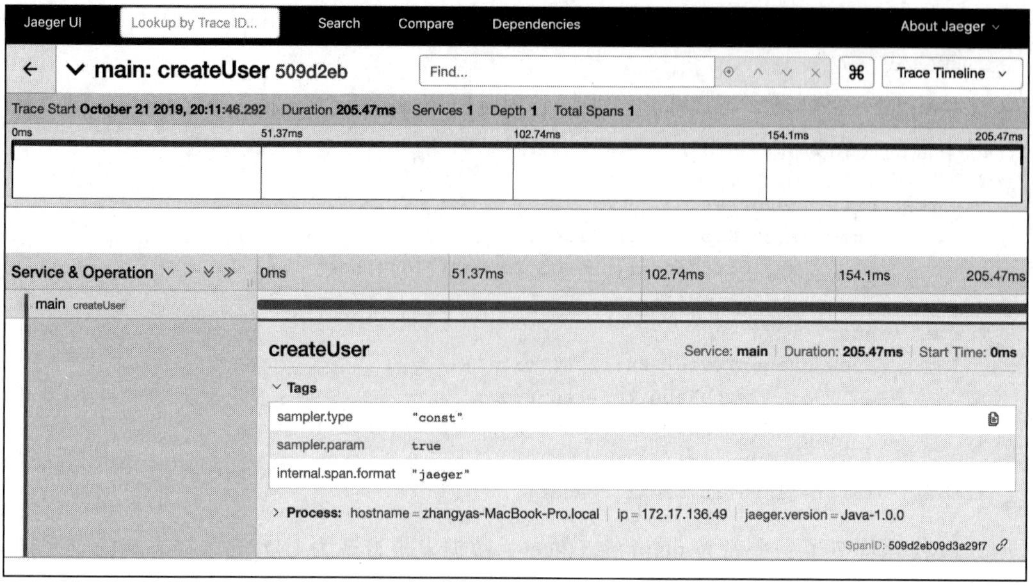

图 11-3 方法级跟踪实现

```
void A() {
    B();
}
void B() {
    System.out.println("B");
    sleep(200);
    C();
}
void C(){
}
```

以方法 B 为例，可以增加如下的代码：

```
void B() {
    Tracer tracer = GlobalTracer.get();
    Span span = tracer.buildSpan("B").start();
    try (Scope ignored = tracer.scopeManager().activate(span)) {
        System.out.println("B");
        sleep(200);
        C();
    } finally {
        span.finish();
    }
}
```

为了表现调用的父子关系，这里引入了 Scope 类，这个类的实现类是 ThreadLocal-ScopeManager，调用 activate 方法会将 Span 放入 ThreadLocal 中。在 start 下一级 Span 时，

如果发现 ThreadLocal 中有活跃的 Span，就会将活跃 Span 的 SpanContext 作为自己的父上下文，这样就可以形成调用的父子关系。本例中方法调用的层级关系如表 11-2 所示。

表 11-2 调用父子关系

方法	TraceID	SpanID	ParentID
C	af5f6c8a26076c9a	be34667614dd1a48	97ddd9fdba8fb2ef
B	af5f6c8a26076c9a	97ddd9fdba8fb2ef	af5f6c8a26076c9a
A	af5f6c8a26076c9a	af5f6c8a26076c9a	-

在 JaegerUI 可以显示调用的层级关系，如图 11-4 所示。

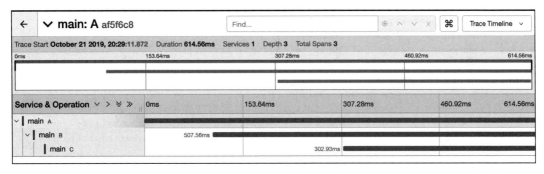

图 11-4 JaegerUI 调用层级关系

3. 扩进程调用链路跟踪

跨进程的调用链路跟踪需要将 SpanContext 传递给下一级，也就是要把 TraceID、SpanID 等传递到下一层调用。下面用服务 A 调用另外一个服务 B 的例子来说明扩进程链路跟踪是如何实现的。

在 A 服务中，foo 方法调用了 sendHttp 和 updateDB 两个方法，其中 sendHttp 方法用 OkHttp 库发送 HTTP 请求给 B 服务。A 服务的代码如下，为了代码简单起见，省略了异常处理、资源释放等逻辑。

```java
public void foo() {
    sendHttp();
    updateDB();
}

void updateDB() {
    System.out.println("updateDB");
    TimeUnit.MILLISECONDS.sleep(200);
}

void sendHttp() throws Exception {
    Request request
            = new Request.Builder()
                    .url("http://localhost:8080/hello")
```

```
                                .get()
                                .build();

    Response response = client.newCall(request).execute();
    String body = response.body().string();
    System.out.println(body);
}
```

为了能让服务 A 的 SpanContext 上下文传递到服务 B 中，在服务 A 发送 HTTP 请求前需要调用 addHeader 方法新增 X-B3-TraceId 和 X-B3-SpanId 等 HTTP 请求头，把当前 Span 的 TraceID 和 SpanID 传递到服务 B 中，代码如下所示。

```
public void sendHttp() throws Exception {
    Tracer tracer = GlobalTracer.get();
    Span span = tracer.buildSpan("sendHttp").start();
    try (Scope ignored = tracer.scopeManager().activate(span)) {
        Request request
                = new Request.Builder()
                        .url("http://localhost:8080/hello")
                        .addHeader("X-B3-TraceId", span.context().toTraceId())
                        .addHeader("X-B3-SpanId", span.context().toSpanId())
                        .addHeader("X-B3-Sampled", "1")
                        .get()
                        .build();

        Response response = client.newCall(request).execute();
        String body = response.body().string();
        System.out.println(body);
    } finally {
        span.finish();
    }
}
```

服务 B 收到请求以后，会先检查是否有这两个请求头，如果没有这两个请求头，说明它自己是最顶层的调用。如果有这两个 header 的情况下，会将请求头中的 TraceID 和 SpanID 提取出来重建出 SpanContext。

服务 B 的 /hello 接口的处理逻辑如下所示。

```
@RequestMapping("/hello")
public String index(@RequestHeader Map<String, String> headers) throws
InterruptedException {
    TimeUnit.MILLISECONDS.sleep(200);
    System.out.println("receive get request");
    return "Hello World";
}
```

OpenTracing 中的 Tracer 接口提供了 extract 方法，这个方法用来重建 SpanContext，具体代码如下所示。

```
@RequestMapping("/hello")
    public String index(@RequestHeader Map<String, String> headers, HttpServlet-
Request request) throws InterruptedException {
        Tracer tracer = GlobalTracer.get();
        Tracer.SpanBuilder spanBuilder = tracer.buildSpan("HTTP Request");
        SpanContext spanContext = tracer.extract(Format.Builtin.HTTP_HEADERS, new
TextMapAdapter(headers));
        if (spanContext != null) {
            spanBuilder.asChildOf(spanContext);
        }
        Span span = spanBuilder.start();
        try (Scope ignored = tracer.scopeManager().activate(span)) {
            TimeUnit.MILLISECONDS.sleep(200);
            System.out.println("receive get request");
            return "Hello World";
        } finally {
            span.finish();
        }
    }
```

运行 A 和 B 两个服务，就可以在 JaegerUI 中看到这次跨进程服务调用链路了，如图 11-5 所示。

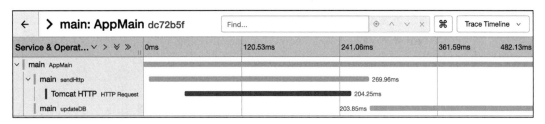

图 11-5　扩进程调用链路跟踪

跨进程调用传递 SpanContext 的过程如图 11-6 所示。

operationName	TraceID	SpanID	ParentID	
sendHttp	dc72b5f068d265ac	e3fba0aeabc9c55a	dc72b5f068d265ac	JVM 进程 1 (main)

新增 HTTP Header
X-B3-TraceId: dc72b5f068d265ac
X-B3-SpanId: e3fba0aeabc9c55a
X-B3-Sampled: 1

operationName	TraceID	SpanID	ParentID	
HTTP Request	dc72b5f068d265ac	ce929c09189cf5ad	e3fba0aeabc9c55a	JVM 进程 2 (Tomcat HTTP)

图 11-6　跨进程调用

同理，Dubbo 等 RPC 跨进程调用也是用类似的方式来传递 SpanContext，只是参数传递的方式略有不同。

11.2 见微知著之 APM

APM 是 Application Performance Managment 的缩写，字面意思是应用性能管理。近年来 APM 概念被越来越多的企业关注，APM 可以对企业的关键业务进行监控、诊断、分析和优化，提高应用的可靠性和质量，进而提高用户体验。接下来我们先来看看 APM 的基础概念。

11.2.1 APM 基本概念

以用户打开一个网页为例，影响用户体验的三大环节是前端渲染、网络传输和后端服务，每一个环节都可能有性能的问题，我们需要做的是将性能做到可度量化、指标化，如图 11-7 所示。

图 11-7　影响用户体验的三大环节

从用户角度而言，打开一个页面最希望看的是页面能马上出现，可以进行下一步的交互操作。我们可以通过浏览器获取关键的业务指标：页面加载时间、首屏时间、页面渲染时间等。在 chrome console 里输入 window.performance.timing 可以获取到本次访问各阶段详细的耗时，如图 11-8 所示。

图 11-8　浏览器各阶段耗时

接下来我们会重点来介绍服务端 APM 的原理以及如何通过 javaagent 自动注入探针代码实现无侵入 APM。

11.2.2　APM 的字节码注入实现

前面介绍的链路跟踪实现是手动添加探针代码，优点是灵活性较高，但是非常烦琐，代码可读性下降不少。字节码改写的威力这时候就显现出来了，下面介绍通过 ASM 字节码改写的方式自动插入探针代码。

1. 方法级注入

前面介绍过方法级的跟踪是使用 try-catch-finally 包裹代码块的方式，以注入 Jedis 的 get 方法为例，get 方法的定义如下所示。

```
public class Jedis {
    @Override
    public String get(final String key) {
        checkIsInMultiOrPipeline();
        client.get(key);
        return client.getBulkReply();
    }
}
```

代码注入要达到的效果如下所示。

```
public String get(final String key) {
    Span span = TracerUtils.startSpan(
            "Jedis",                                    // spanName
            this,                                       // this
            "redis/clients/jedis/Jedis",                // 类名
            "get",                                      // 方法名
            "(Ljava/lang/String;)Ljava/lang/String;",   // 方法签名
            new Object[]{key}                           // 方法入参
    );
    Scope scope = TracerUtils.activeSpan(span);
    try {
        checkIsInMultiOrPipeline();
        client.get(key);
        return client.getBulkReply();
    } catch (Exception e) {
        // 增加异常信息
        span.setTag("stacktrace", ExceptionUtils.getStackTrace(e));
        throw e;
    } finally {
        // 上报额外的附加信息
        Client client = this.getClient();
        span.setTag("host", client.getHost()); // 增加 redis 连接的 host
        span.setTag("port", client.getPort()); // 增加 redis 连接的 port
        span.setTag("cmd", "get" + " " + key); // 增加执行的 redis 命令
```

```
            span.finish();
            scope.close();
        }
    }
```

下面来介绍 ASM 字节码改写的具体实现，完整的代码见 https://github.com/arthur-zhang/jvm-bytecode-book-example。

1）新建一个 JedisAdapter 继承 AbstractAdapter，在 onMethodEnter、onMethodExit、visitMaxs 三个方法中添加注入的逻辑。

```
public class JedisAdapter extends AbstractAdapter {
    protected void onMethodEnter() {
    }
    protected void onMethodExit(int opcode) {
    }
    public void visitMaxs(int maxStack, int maxLocals) {
    }
}
```

这里新增了一个工具类 TracerUtils 简化方法调用，如下所示。

```
public class TracerUtils {
    public static Span startSpan(String adviceName, Object thisObj, String
className, String methodName, String methodDesc, Object... params) {
        // 根据参数做特定的处理
        return startSpan(adviceName);
    }
    public static Span startSpan(String spanName) {
        Span span = tracer.buildSpan(spanName).start();
        return span;
    }
}
```

2）接下来在 onMethodEnter 方法中做变量初始化和标记 try-catch 的开始位置，代码如下所示。

```
@Override
protected void onMethodEnter() {
    spanLocalIndex = newLocal(spanType);
    scopeLocalIndex = newLocal(scopeType);
    // 开始准备 startSpan 调用的参数
    push(getAdviceName()); // 第 1 个参数: adviceName
    loadThis();            // 第 2 个参数: this
    push(className);       // 第 3 个参数: className
    push(methodName);      // 第 4 个参数: methodName
    push(descriptor);      // 第 5 个参数: descriptor
    loadArgArray();        // 第 6 个参数: params
    // 调用 TracerUtils 的 startSpan 方法
    invokeStatic(tracerUtilsType, new Method("startSpan",
```

```
        spanType, new Type[]{
        Type.getType(String.class),
        Type.getType(Object.class),
        Type.getType(String.class),
        Type.getType(String.class),
        Type.getType(String.class),
        Type.getType(Object[].class),
    }));
    // 将栈顶 span 存储到局部变量表中
    storeLocal(spanLocalIndex);
    loadLocal(spanLocalIndex);
    // 调用 TracerUtils 的 activeSpan 方法
    invokeStatic(tracerUtilsType, new Method("activeSpan", scopeType, new Type[]
{spanType}));
    // 将栈顶 scope 存储到局部变量表中
    storeLocal(scopeLocalIndex);
    // 标记 try catch 块的开始位置
    mark(startLabel);
    super.onMethodEnter();
}
```

3）接下来在 onMethodExit 和 visitMaxs 两个方法中添加程序退出时的处理代码。onMethodExit 方法处理正常退出的情况，异常退出的逻辑在 visitMaxs 方法中处理，代码如下所示。

```
@Override
protected void onMethodExit(int opcode) {
    super.onMethodExit(opcode);
    // 处理正常退出的情况
    if (opcode != ATHROW) {
        exitMethod(false);
    }
}
@Override
public void visitMaxs(int maxStack, int maxLocals) {
    // 生成异常表
    Label endLabel = new Label();
    catchException(startLabel, endLabel, Type.getType(Exception.class));
    mark(endLabel);
    // 生成异常处理代码块
    exitMethod(true);
    throwException();
    super.visitMaxs(maxStack, maxLocals);
}

private void exitMethod(boolean isThrow) {
    if (isThrow) {
        // 如果是异常退出，将栈顶的异常复制一份
        dup();
    } else {
```

```
            // 如果是正常返回, 将 null 入到栈上
            visitInsn(Opcodes.ACONST_NULL);
        }
        // 调用自定义方法退出处理逻辑, 上报额外的信息
        methodExitCallback();
        // 调用 scope.close()
        loadLocal(scopeLocalIndex);
        invokeInterface(Type.getType(Scope.class), new Method("close", Type.VOID_
TYPE, new Type[]{}));
        // 调用 span.finish()
        loadLocal(spanLocalIndex);
        invokeInterface(spanType, new Method("finish", Type.VOID_TYPE, new Type[]
{}));
    }
```

methodExitCallback 方法的主要作用是调用 span.setTag 方法上报额外的上下文信息,
如异常堆栈、redis 连接信息、执行命令等, 详细的代码如下所示。

```
public void methodExitCallback() {
    loadThis();
    push(getName());
    loadArgArray();
    invokeStatic(Type.getType(JedisAdapter.class),
            new Method("methodExit", Type.VOID_TYPE, new Type[]{
                    Type.getType(Exception.class), Type.getType(Object.class),
                    Type.getType(String.class), Type.getType(Object[].class)
            }));
}


public static void methodExit(Exception e, Object thisObj, String methodName,
Object... args) {
    Span span = GlobalTracer.get().activeSpan();
    Client client = ((Jedis) thisObj).getClient();
    int port = client.getPort();
    String host = client.getHost();
    span.setTag("port", port);
    span.setTag("host", host);
    StringBuilder sb = new StringBuilder();
    sb.append(methodName);
    sb.append(" ");
    for (Object arg : args) {
        sb.append(arg);
    }
    span.setTag("cmd", sb.toString());
    if (e != null) {
        // 如果有异常, 则添加堆栈信息
        span.setTag("stacktrace", ExceptionUtils.getStackTrace(e));
    }
}
```

4）接下来新建一个测试方法，如下所示。

```java
@Test
public void testJedis() throws IOException {
    try (Jedis jedis = new Jedis("localhost", 6379)) {
        System.out.println(jedis.get("test:me"));
    }
    System.in.read();
}
```

编译 javaagent，在启动命令中添加 -javaagent:/path/to/javaagent.jar=appId:TestMain，运行测试方法就可以在 JaegerUI 中看到这次调用了，如图 11-9 所示。

图 11-9　Jedis 注入实现

同理可以实现 JDBC 的注入，接下来演示如何注入 MySQL 驱动的 com.mysql.jdbc. PreparedStatement 类。与 Jedis 注入唯一的不同点是上报的额外附加信息不一样，处理的逻辑如下所示。

```java
public void methodExitCallback() {
    // 栈顶是异常对象或者 null
    // 加载 this 对象到栈上
    loadThis();
    // 调用 methodExit 静态方法
    invokeStatic(Type.getType(this.getClass()), new Method(
            "methodExit",
            Type.VOID_TYPE,
            new Type[]{
                    Type.getType(Exception.class), Type.getType(Object.class)
            }
    ));
}
```

```java
public static void methodExit(Exception e, Object thisObj) {
    Span span = GlobalTracer.get().activeSpan();
    PreparedStatement pstm = (PreparedStatement) thisObj;
    // 添加执行的 SQL 信息
    span.setTag(Tags.DB_STATEMENT, pstm.toString());
    if (e != null) {
        // 如果有异常，则添加堆栈信息
        span.setTag("stacktrace", ExceptionUtils.getStackTrace(e));
    }
}
```

同上面写一个单元测试方法，如下所示。

```java
@Test
public void testJDBC() throws Exception {
    HikariConfig config = new HikariConfig();
    config.setJdbcUrl("jdbc:mysql://localhost:3306/test?useUnicode=true&characte
rEncoding=UTF-8&rewriteBatchedStatements=true");
    config.setUsername("root");
    config.setPassword("");
    HikariDataSource ds = new HikariDataSource(config);
    PreparedStatement pstm = ds.getConnection().prepareStatement("select * from
t1");
    ResultSet resultSet = pstm.executeQuery();
    while (resultSet.next()) {
        System.out.println(resultSet.getString("id"));
    }
    System.in.read();
}
```

在启动命令中添加 -javaagent:/path/to/javaagent.jar=appId:TestMain，运行测试方法就可以在 JaegerUI 中看到此次调用了，如图 11-10 所示。

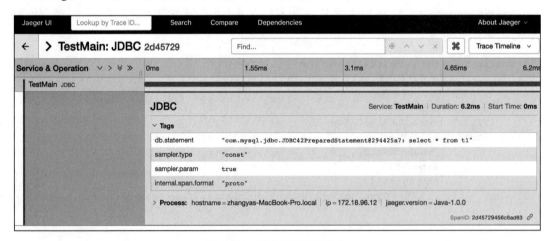

图 11-10　JDBC 字节码注入

前面介绍的两个例子都没有涉及抛出异常的情况，下面故意写一个语法有问题的 SQL，看下是否能上报异常堆栈信息。将 SQL 改为 "select * from from t1"，重新运行测试方法，在 JaegerUI 可以看到异常堆栈、SQL 都已经上报上来，如图 11-11 所示。

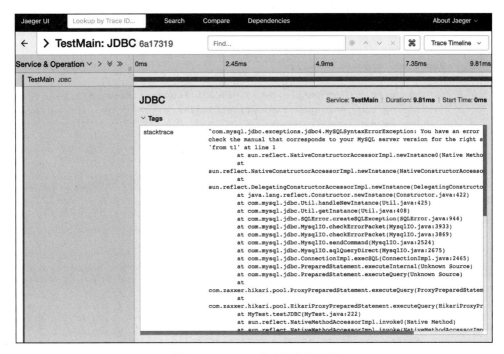

图 11-11　JDBC 抛出异常的场景

2. 跨进程调用注入

接下来我们来看跨进程调用的字节码注入如何实现。以项目 A 通过 HTTP 请求调用另外一个项目 B 为例，这两个项目都是 SpringBoot 项目。A 的请求处理 Controller 通过 OkHttp 库调用项目 B 的 Controller 接口。

项目 A 监听 9090 端口，它的 Controller 代码如下所示。

```
@RestController
@ComponentScan
public class MyController {
    @PostMapping("/v1/user/login")
    public String handleLogin() {
        // jedis 调用，代码同前面
        handleRedis();
        // JDBC 调用，代码同前面
        handleMySQL();
        // okhttp 调用项目 B
        okhttpTest();
        return "success";
```

```
    }

    public static void okhttpTest() {
        Request request
                = new Request.Builder()
                        .url("http://localhost:8080/hello")
                        .get()
                        .build();
        Response response = null;
        try {
            response = OkHttpUtils.get().newCall(request).execute();
            String body = response.body().string();
            System.out.println(body);
        } catch (IOException e) {
            e.printStackTrace();
        }
    }
}
```

项目 B 监听 8080 端口，它的 Controller 代码如下所示。

```
@ComponentScan
public class HelloWorldController {
    @RequestMapping("/hello")
    public String index() throws InterruptedException {
        TimeUnit.MILLISECONDS.sleep(200);
        try (Jedis jedis = new Jedis("localhost", 6379)) {
            System.out.println(jedis.get("test:hello:1234"));
        }
        System.out.println("receive get request");
        return "Hello World";
    }
}
```

这里我们选择 servlet 包中的 javax/servlet/http/HttpServlet 类做字节码注入，HTTP 请求处理都会经过它的 service 方法，最终派发到 SpringBoot 的 Controller 中，service 方法的定义如下所示。

```
protected void service(HttpServletRequest req, HttpServletResponse resp) {
}
```

同前面介绍的 JedisAdapter 和 PreparedStatementAdviceAdapter 一样，我们只需要实现自定义的 methodExitCallback 即可，在这个方法中上报请求 URL、HTTP 方法、返回状态码等信息，代码如下所示。

```
public static void methodExit(Exception e, Object thisObj, Object requestObj,
Object responseObj) {
    Span span = GlobalTracer.get().activeSpan();
    HttpServletRequest request = (HttpServletRequest) requestObj;
```

```
HttpServletResponse response = (HttpServletResponse) responseObj;
String url = request.getServletPath();
if (url == null) url = request.getRequestURI();
String method = request.getMethod();
int status = response.getStatus();
span.setTag(Tags.HTTP_METHOD, method);
span.setTag(Tags.HTTP_URL, url);
span.setTag(Tags.HTTP_STATUS, status);
if (e != null) {
    span.setTag("stacktrace", ExceptionUtils.getStackTrace(e));
}
}
```

添加 javaagent 启动服务 A 和 B，使用 curl 访问 A 服务的 /v1/user/login 接口，如下所示。

```
curl -X POST "http://localhost:9090/v1/user/login"
```

服务 A 和 B 的调用分别出现在 JaegerUI 中，但是没有显示它们有调用关系。服务 A 的
链路如图 11-12 所示。

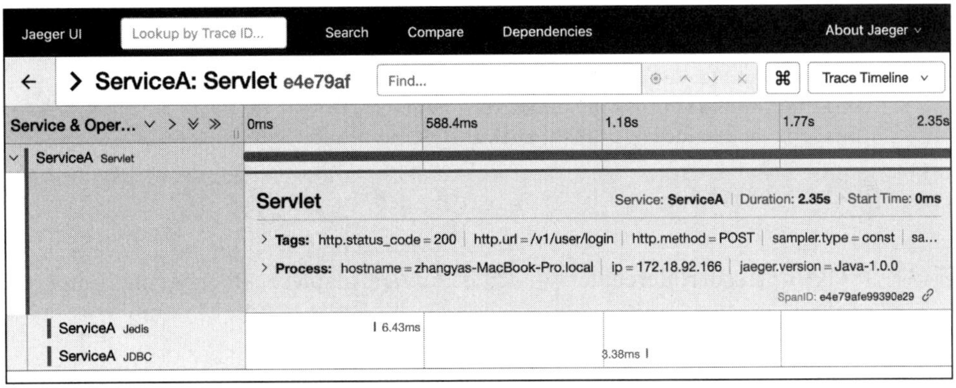

图 11-12　服务 A 的调用链路

服务 B 的链路如图 11-13 所示。

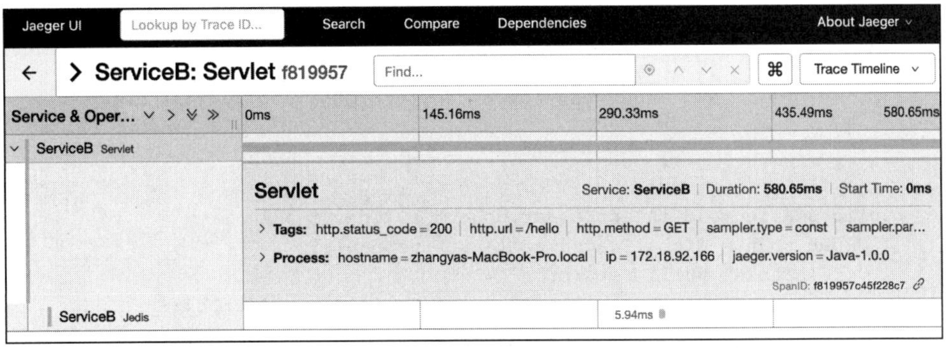

图 11-13　服务 B 的调用链路

两条链路没有能串起来的原因是服务 A 发送 HTTP 调用时没有把上下文 SpanContext 传递给服务 B，因此还需要注入 OkHttp 库，在发起 HTTP 请求时添加相关的请求头 Header。OkHttp 的请求构造在 okhttp3.Request 类中，它的构造器方法如下所示。

```java
public final class Request {
  Request(Builder builder) {
    this.url = builder.url;
    this.method = builder.method;
    this.headers = builder.headers.build();
    this.body = builder.body;
    this.tags = Util.immutableMap(builder.tags);
  }
}
```

接下来我们要做的就是注入这个构造器方法，调用 builder.addHeader 方法添加 TraceID 等请求头，效果如下所示。

```java
Request(Builder builder) {
    Span span = GlobalTracer.get().activeSpan();
    if (span != null) {
        SpanContext context = span.context();
        builder.addHeader("X-B3-TraceId", context.toTraceId());
        builder.addHeader("X-B3-SpanId", context.toSpanId());
        builder.addHeader("X-B3-Sampled", "1");
    }
    // ... 省略原有代码
}
```

新建一个 OkHttpHeaderInterceptor 类，继承 AdviceAdapter，在 onMethodEnter 方法中使用字节码注入上面的逻辑，部分代码如下所示。

```java
public class OkHttpHeaderInterceptor extends AdviceAdapter {
    @Override
    protected void onMethodEnter() {
        super.onMethodEnter();
        loadArg(0);
        invokeStatic(Type.getType(OkHttpHeaderInterceptor.class),
                new Method("injectHeader",
                        Type.VOID_TYPE,
                        new Type[]{Type.getType(Object.class)})
        );
    }

    public static void injectHeader(Object builderObj) {
        Span span = GlobalTracer.get().activeSpan();
        if (span == null) return;
        Request.Builder builder = (Request.Builder) builderObj;
        SpanContext context = span.context();
        if (context == null) return;
```

```
    builder.addHeader("X-B3-TraceId", context.toTraceId());
    builder.addHeader("X-B3-SpanId", context.toSpanId());
    builder.addHeader("X-B3-Sampled", "1");
    }
}
```

除此之外，还需要修改 ServletAdapter 的代码，增加从 Header 中重建 SpanContext 的逻辑，如果请求头中包含 X-B3-TraceId 等 header，则会重建 SpanContext，新开始的 Span 作为这个 SpanContext 的子调用，如下面的代码所示。

```
private static Span startServletSpan(String adviceName, Object requestObj) {
    HttpServletRequest servletRequest = (HttpServletRequest) requestObj;
    Tracer tracer = GlobalTracer.get();
    Map<String, String> headers = new HashMap<>();
    Enumeration<String> headerNames = servletRequest.getHeaderNames();
    while (headerNames.hasMoreElements()) {
        String headerName = headerNames.nextElement();
        headers.put(headerName, servletRequest.getHeader(headerName));
    }
    Tracer.SpanBuilder spanBuilder = tracer.buildSpan(adviceName);
    SpanContext spanContext = tracer.extract(Format.Builtin.HTTP_HEADERS, new
TextMapAdapter(headers));
    if (spanContext != null) {
        spanBuilder.asChildOf(spanContext);
    }
    return spanBuilder.start();
}
```

重新打包 javaagent，运行服务 A 和 服务 B，用 curl 再次请求，在 JaegerUI 中就可以看到两个跨 JVM 的调用链路在一条请求链路中串起来了，如图 11-14 所示。

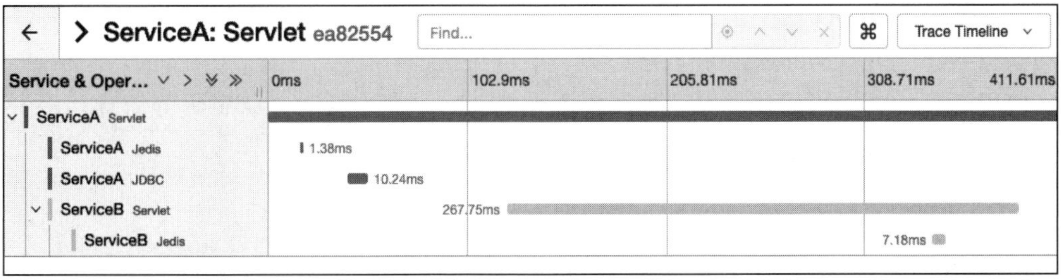

图 11-14　跨进程调用链路

如果是类似 Dubbo 的跨进程 RPC 调用，同样是采用这种思路。Dubbo 服务消费端远程调用是在 com.alibaba.dubbo.rpc.cluster.support.AbstractClusterInvoker 类的 invoke 方法中，invoke 方法代码如下所示。

```
public Result invoke(Invocation invocation) throws RpcException {
    return new RpcResult(doInvoke(proxy, invocation.getMethodName(), invocation.
```

```
getParameterTypes(), invocation.getArguments()));
    }
```

调用 Invocation 对象的 setAttachment 方法会给 RPC 调用增加类似于 HTTP 请求头的附加信息，因此把上面的 invoke 方法改写为如下的形式即可。

```
public Result invoke(Invocation invocation) throws RpcException {
    Span span = GlobalTracer.get().activeSpan();
    if (span != null) {
        SpanContext context = span.context();
        invocation.setAttachment("X-B3-TraceId", context.toTraceId());
        invocation.setAttachment("X-B3-SpanId", context.toSpanId());
        invocation.setAttachment("X-B3-Sampled", "1");
    }
    return new RpcResult(doInvoke(proxy, invocation.getMethodName(), invocation.
getParameterTypes(), invocation.getArguments()));
    }
```

在 Dubbo 的服务提供方，com.alibaba.dubbo.rpc.proxy.AbstractProxyInvoker.invoke 方法可以通过 invocation 对象的 getAttachment 方法得到此次 RPC 调用是否包含 SpanContext，如果包含则后续调用会作为这个 SpanContext 的子调用，与前面的 Servlet 原理类似，不再赘述。

11.2.3　其他平台的 APM 实现

关于其他平台的 APM 实现，这里简单介绍三种比较常用的平台。

1. OpenResty

OpenResty 是一个基于 Nginx 与 Lua 的高性能 Web 平台，其内部集成了大量精良的 Lua 库、第三方模块以及大多数的依赖项。用于方便地搭建能够处理超高并发、扩展性极高的动态 Web 应用、Web 服务和动态网关。

使用 OpenResty 可以比较灵活地实现添加 header，获取耗时、状态码等信息，用少量的代码就可以把 Nginx 加入 APM 链路中来。代码如下所示。

```
- 定义 Headers
local X_APM_TRACE_ID = "X-B3-TraceId"
local X_APM_SPAN_ID = 'X-B3-SpanId'
local X_APM_SPAN_NAME = 'Nginx'

-- 生成 Nginx Span Id
local ngx_span_id = string.gsub(uuid(), '-', '')

-- 从 Header 中，获取父 Span 信息
local ngx_span_parent = nil
if req_headers ~= nil then
    ngx_span_parent = req_headers[X_APM_SPAN_ID]
```

```
end

-- 向 Header 中，写入 Nginx Span 相关信息
local trace_id = req_headers[X_APM_TRACE_ID]
if trace_id == nil then
    trace_id = string.gsub(uuid(), '-', '')
    ngx.req.set_header(X_APM_TRACE_ID, trace_id)
end

ngx.req.set_header(X_APM_SPAN_ID, ngx_span_id)
ngx.req.set_header(X_APM_SPAN_NAME, X_APM_SPAN_NAME)
ngx.req.set_header(X_APM_SAMPLED, X_APM_SAMPLED)
```

2. Node.js APM

pandora.js 是 一个可管理、可度量、可追踪的 Node.js 应用管理器，通过最新 Node.js 的链路追踪技术，Pandora.js 对业界常用的模块进行埋点追踪，能够产出常见的 OpenTracing 格式的打点逻辑，可以让应用清晰地发现自己的瓶颈，从而进行性能优化。

3. Android APM

360 和微信都开源了其在 Android 上的 APM 解决方案，分别是 ArgusAPM 和 matrix。当前的监控范围包括：应用安装包大小、帧率变化、启动耗时、卡顿、慢方法、SQLite 操作、文件读写、内存泄漏等。下一章会有更加详细的 Android 端 APM 的介绍。

11.3　小结

本章我们介绍了 APM 的概况，分布式跟踪的基本原理，并用实际的代码演示了实现一个简单 APM 需要用到的技术细节。在下一章中，我们会开始介绍 Android 字节码和 Android 上的 APM。

Chapter 12 第 12 章

Android 字节码与 APM

从本章开始，我们介绍 Android 端字节码相关的内容。了解 Android 字节码的知识可以分为 dex 文件结构、dex 字节码、Gradle 插件编写、Android 端 APM 代码插桩的原理分析这几个部分。

通过阅读本章，你会学到如下知识。

❑ dex 文件的组成结构

❑ dex 文件与 class 文件的区别

❑ 条件分支、switch-case、try-catch 语句背后字节码指令

本书在介绍 Java 字节码之前详细剖析了 class 文件的内部组成结构，为了能更深入理解 Android 字节码，下面先来介绍 dex 文件的组成结构。

12.1　dex 文件结构

在命令行中可以编译生成 dex 文件，这个过程如图 12-1 所示。

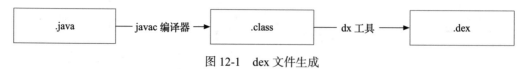

图 12-1　dex 文件生成

以下面的 DexFileTest.java 代码为例。

```
public class DexFileTest {
    private static final String x = "Hello, World!";
    private int y = 1024;
```

```
    public static boolean isEmpty(final String s) {
        return s == null ||s.length() == 0;
    }

    public static void main(String[] args) {
        System.out.println(x);
    }
}
```

生成 dex 文件分为下面这两步。

1）在该文件的同级目录使用 javac 编译这个 java 文件，如下所示。

```
javac DexFileTest.java
```

javac 命令执行后会在当前目录生成 DexFileTest.class 文件。

2）使用 build-tools 子目录下的 dx 工具将 .class 文件转为 dex 文件，命令如下所示。

```
dx --dex --output=dexhelloworld.dex --dump-to=dump.txt DexFileTest.class
```

执行上面的命令会在当前目录生成一个 dexhelloworld.dex 文件。至此，我们就将 Java 代码转为了 dex 文件格式。

dex 文件的格式与 class 文件格式差异较大，Java 中的一个 .java 文件编译后一般对应一个 class 文件，在 Android 中的所有源代码文件都会被编译进一个 dex 文件，所以 dex 文件一般都比较大。class 文件和 dex 文件的结构对比如图 12-2 所示。

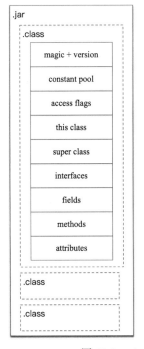
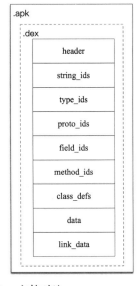

图 12-2　class 文件与 dex 文件对比

除此之外，class 文件采用大端字节序存储，dex 文件默认采用小端字节序存储。
dex 文件的结构体表示方式如下面代码所示。

```
struct dex {
  header      header_item;      // 文件头
  string_ids  string_id_item[]; // 字符串索引
  type_ids    type_id_item[];   // 类型索引
  proto_ids   proto_id_item[];  // 方法原型索引列表
  field_ids   field_id_item[];  // 字段索引
  method_ids  method_id_item[]; // 方法索引
  class_defs  class_def_item[]; // 类定义
  data        ubyte[];          // 数据区
  link_data   ubyte[]           // 链接数据区
}
```

接下来我们依次介绍这几个部分。

12.1.1　header

文件头部在整个 dex 文件中至关重要，它决定了组成 dex 文件的各区域布局，用结构
体的方式表示如下：

```
struct header {
  ubyte[8]            magic;
  int                 checksum;
  ubyte[20]           signature;
  uint                file_size;
  uint                header_size;
  uint                endian_tag;
  uint                link_size;
  uint                link_off;
  uint                map_off;
  uint                string_ids_size;
  uint                string_ids_off;
  uint                type_ids_size;
  uint                type_ids_off;
  uint                proto_ids_size;
  uint                proto_ids_off;
  uint                field_ids_size;
  uint                field_ids_off;
  uint                method_ids_size;
  uint                method_ids_off;
  uint                class_defs_size;
  uint                class_defs_off;
  uint                data_size;
  uint                data_off;
}
```

接下来逐一进行介绍。

1. 魔数（magic）

与 class 文件类似，dex 文件也有自己的魔数，dex 文件最开始的 8 个字节表示魔数，使用十六进制文件编辑器打开 .dex 文件可以看到 dex 文件的魔数，如图 12-3 所示。

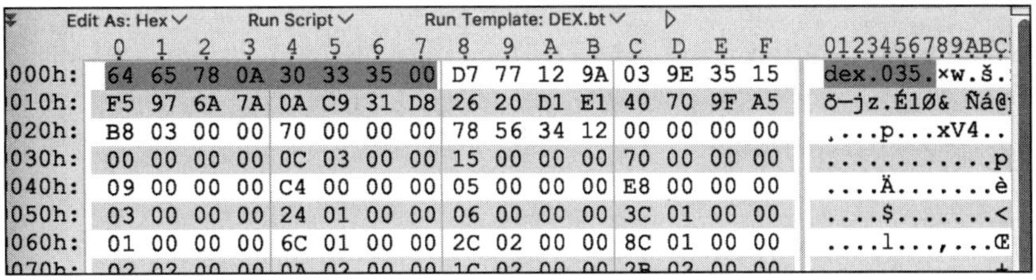

图 12-3　dex 文件魔数

前 4 个字节是"dex\n"，紧随其后的 4 个字节表示 dex 文件的版本号，示例文件的版本号是 035\0。

2. 校验和（checksum）

接下来的 4 个字节表示 dex 文件的校验码。提到文件的校验码一般都会想到 CRC32、SHA128 算法等，dex 文件用的是一个称为 Adler-32 的算法。Adler-32 算法由 Mark Adler 在 1995 提出，这个算法与 CRC32 一样，都是用于计算数据的校验和，防止数据被篡改。它的安全性比 CRC32 要弱，但是计算却要快很多，在 rsync 和 zlib 中都有应用。

3. 签名（signature）

接下来的 20 个字节表示 dex 文件的签名，由 SHA-1 算法生成，用于判断 dex 是否被篡改和校验合法性。计算的区域是除去魔数、校验码、签名以外的所有文件内容，也就是除文件头部 32 字节以外的所有数据。SHA-1 算法生成的哈希值由 20 个字节表示，不同的文件计算的哈希值冲突的可能性非常小。

4. 文件大小（file_size）

接下来的 4 个字节表示 dex 文件的长度，示例文件长度如图 12-4 所示。

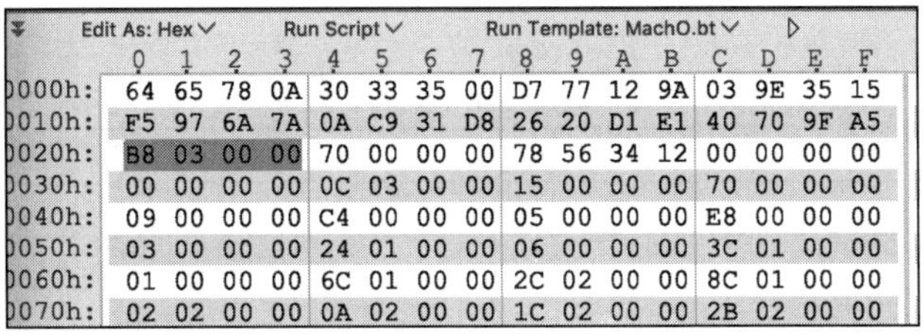

图 12-4　dex 文件长度

由于采用小端字节序来存储，低位字节在前，高位字节在后，因此示例 dex 文件的长度是 952，计算过程如下所示。

```
len = 0xB8 << 0 + 0x03 << 8 + 0x00 << 16 + 0x00 << 24 = 0x03B8 = 952
```

5. 文件头大小（header_size）

接下来的 4 个字节表示 header_size，表示 header 区域的长度，一般固定为 112(0x70)。

6. 大小端字节序（endian_tag）

表示文件内容字节序，默认值为 0x12345678，表示小端字节序，如果这个值为 0x78563412，则表示大端字节序。

7. 剩下的字段

文件头中剩下字段表示 string、type、field、method、class、data 区域的偏移量，方便快速读取对应区域的内容，示例中 dex 文件对应的映射表如表 12-1 所示。

表 12-1　dex 文件部分区域类型与偏移量映射表

type	SIZE	OFFSET
link_size	0	0
map_off	N/A	780(0x030C)
string_ids	21	112(0x70)
type_ids	9	196(0xC4)
proto_ids	5	232(0xE8)
field_ids	3	292(0x0124)
method_ids	6	316(0x013C)
class_defs	1	364(0x016C)
data	556	396(0x018C)

到这里为止，文件头的介绍就告一段落，接下来继续介绍 dex 剩下的几个组成结构。

12.1.2　string_ids

文件头后的第一块区域是 string_ids，偏移量为文件头的长度 112(0x70)，里面存储了 dex 文件中所有的字符串常量。前面的文件头显示字符串的个数为 21 个，所有的字符串常量见表 12-2。

表 12-2　string_ids 列表

数组下标	字符串值
0	<init>
1	DexFileTest.java
2	Hello, World!
3	I
4	LDexFileTest;
5	Ljava/io/PrintStream;
6	Ljava/lang/Object;

（续）

数组下标	字符串值
7	Ljava/lang/String;
8	Ljava/lang/System;
9	V
10	VL
11	Z
12	ZL
13	[Ljava/lang/String;
14	isEmpty
15	length
16	main
17	out
18	println
19	x
20	y

以数组的第一个元素为例，它的 offset 为 514(0x0202)，它的查找过程如图 12-5 所示。

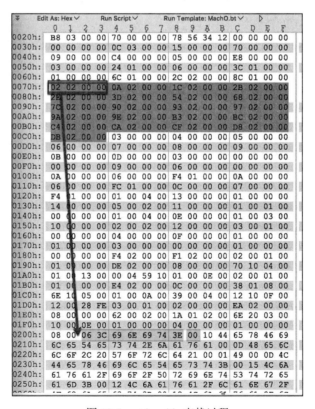

图 12-5　string_ids 查找过程

这个 offset 指向的数据块的第一个字节是 0x06，这里的 06 表示字符串的长度为 6，字符串的长度类型是 LEB128。LEB128 是 Little Endian Based 128 的缩写，是一种小端字节序、变长的编码格式，分为 unsigned LEB128 和 signed LEB128 两种类型。

int 类型长度是 32 位，小的 int 类型整数 0、1 等也要用 4 个字节来存储，比较浪费。如果采用 LEB128 格式来存储，0 和 1 用 1 个字节就可以存储了。使用 LEB128 编码可以减小 dex 文件的体积。

每个 LEB128 编码的值由 1 ~ 5 个字节表示，每个字节只有其中低 7 位有效，最高位表示此字节后面是否还有数据，1 表示数据还没结束，0 表示数据已结束。如果读到第 5 个字节最高位还为 1，则不是一个合法的 LEB128 编码。有符号的 LEB128(uleb128) 更复杂一点，这里不展开叙述。

接下来的 6 个字节表示字符串的实际内容 "<init>"，后跟一个空字符 "0" 表示字符串的结尾。如下所示。

```
3C 69 6E 69 74 3E 00
```

字符串的编码方式用的是第 1 章介绍过的 MUTF-8 编码。

12.1.3　type_ids

type_ids 区域存储了 dex 文件中所有类型相关的信息，在 dex 文件中的位置如图 12-6 所示。

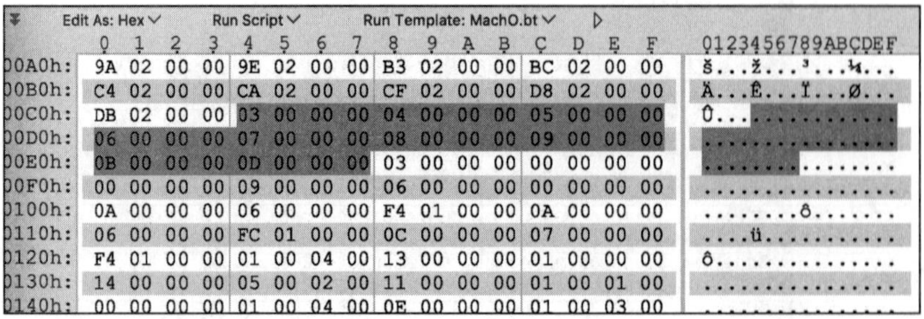

图 12-6　type_ids 区域

type_ids 每一项由 type_id_item 结构表示，如下所示。

```
struct type_id_item {
  uint descriptor_idx
}
```

descriptor_idx 是指向 string_ids 数组的下标值，本例中 type_ids 数组长度等于 9，这 9 个 descriptor_idx 的表示如下所示。

```
0x03 0x04 0x05 0x06 0x07 0x08 0x09 0x0B 0x0D
   3    4    5    6    7    8    9   11   13
```

通过查询 string_ids 数组可以得到 type_ids 数组所有的值，如表 12-3 所示。

表 12-3　type_ids 数组值

下标	类型
0	I
1	LDexFileTest;
2	Ljava/io/PrintStream;
3	Ljava/lang/Object;
4	Ljava/lang/String;
5	Ljava/lang/System;
6	V
7	Z
8	[Ljava/lang/String;

12.1.4　proto_ids

proto_ids 是一个数组，表示 dex 文件中所有的方法原型列表，这部分在 dex 中对应的区域如图 12-7 所示。

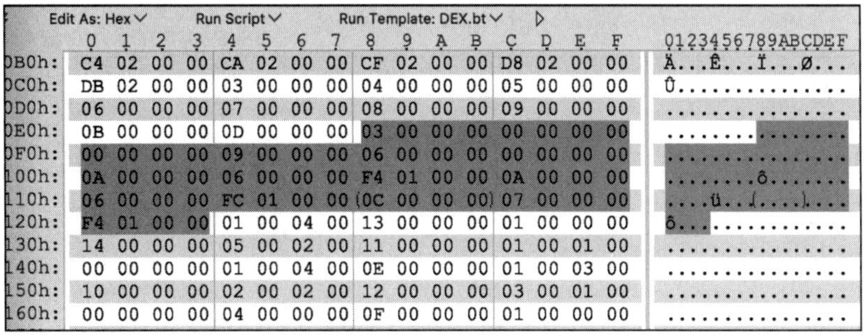

图 12-7　proto_ids 区域

数组每一项由 proto_id 结构表示，如下所示。

```
struct proto_id {
  uint shorty_idx;
  uint return_type_idx;
  uint parameters_off
}
```

return_type_idx 和 parameters_off 比较好理解，是方法的返回值类型和方法参数类型。第 1 个参数 shorty_idx 比较特殊，表示方法原型的简写形式（Shorty Descriptor），这种表示方式与 Java 方法描述符的表示方式不同，具体区别如下。

❏ 在 Java 中，方法的描述符用形如"（参数类型列表）返回值类型；"的方式表示，比如 String foo(int x) 的方法描述符为 (I)Ljava/lang/String;。

❏ 在 Android 中，方法的 ShortyDescriptor 的表示方式是"返回值类型 + 参数类型"，如果没有方法参数则只包含返回值类型即可。引用类型直接用字母"L"代替，而不用像 Java 那样用"L 全限定名 ;"的方式表示方法描述符。

表 12-4 是几个具体的例子。

表 12-4　方法原型简写与方法描述符对比

方法	方法原型简写	方法描述符
void foo1()	V	()V
String foo2()	L	()Ljava/lang/String;
String foo3(int x, String y)	LIL	(ILjava/lang/String;)Ljava/lang/String;
void foo4(int x, String y)	VIL	(ILjava/lang/String;)V

本例中的 dex 文件对应的 proto_ids 数组如表 12-5 所示。

表 12-5　proto_ids 数组

数组下标	方法原型简写	返回值类型	参数类型	对应方法
0	I	I	无	int java.lang.String.length()
1	V	V	无	void java.lang.Object.<init>() 和 void DexFileTest.<init>()
2	VL	V	Ljava/lang/String;	void java.io.PrintStream.println(java.lang.String)
3	VL	L	[Ljava/lang/String;	void DexFileTest.main(java.lang.String[])
4	ZL	Z	Ljava/lang/String;	boolean DexFileTest.isEmpty(java.lang.String)

12.1.5　field_ids

field_ids 是一个数组，存储所有字段信息，包括字段所在类的类名、变量名和类型。field_ids 在 dex 文件中对应的区域如图 12-8 所示。

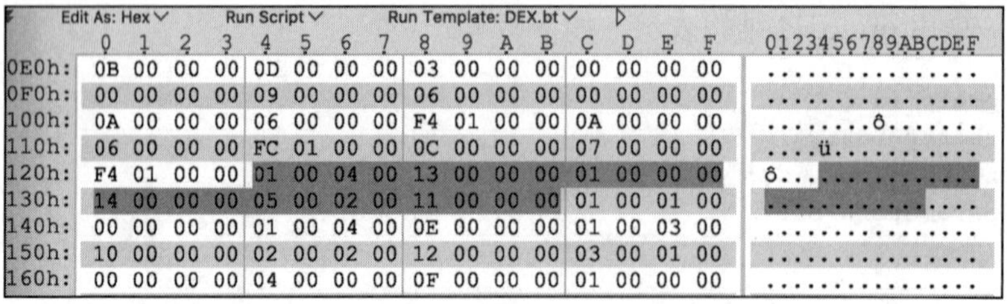

图 12-8　field_ids 区域

数组的每一项由 field_id_item 表示，分为下面这三部分。

```
struct field_id_item {
  ushort class_idx;
  ushort type_idx;
```

```
    uint name_idx
}
```

这三部分的释义如下。

❏ class_idx 是一个指向 type_ids 的索引，表示 field 所属的类。

❏ type_idx 是一个指向 type_ids 的索引，表示 field 的类型。

❏ name_idx 是一个指向 string_ids 的索引，表示 field 的名称。

本例中的 dex 文件包含三个字段，如表 12-6 所示。

表 12-6　dex 文件的字段信息

下标	类名	字段名	字段类型
0	DexFileTest	x	java.lang.String
1	DexFileTest	y	int
2	java.lang.System	out	java.io.PrintStream

12.1.6　method_ids

method_ids 是一个数组，表示所有方法所在类的类名、方法原型、方法名。本例中 method_ids 在 dex 文件中对应的区域如图 12-9 所示。

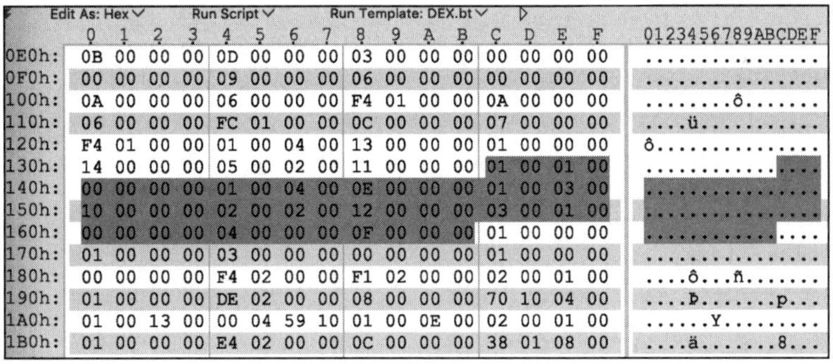

图 12-9　method_ids 区域

数组的每一项由如下的 method_id_item 结构来表示。

```
struct {
    ushort class_idx,
    ushort proto_idx,
    uint name_idx
}
```

它由下面这三部分组成。

❏ class_idx 是一个指向 type_ids 的索引，表示方法所属的类。

❏ proto_idx 指向 proto_ids 的索引，表示方法原型。

❏ name_idx 是一个指向 string_ids 的索引，表示方法的名称。

在示例 dex 中，method_ids 数组的长度为 6，方法列表如表 12-7 所示。

表 12-7 dex 文件方法列表

下标	类名	方法名	方法原型
0	DexFileTest	<init>	void ()
1	DexFileTest	isEmpty	boolean (java.lang.String)
2	DexFileTest	main	void (java.lang.String[])
3	java.io.PrintStream	println	void (java.lang.String)
4	java.lang.Object	<init>	void ()
5	java.lang.String	length	int ()

12.1.7　class_defs

class_defs 区域存储类的信息，本例中 class_defs 对应的区域如图 12-10 所示。

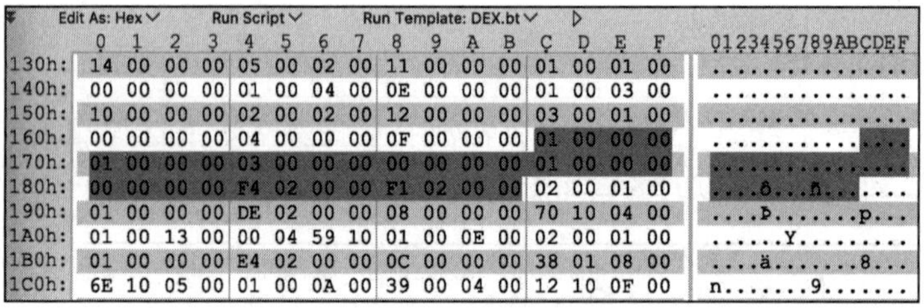

图 12-10　class_defs 区域

class_defs 的每一项由下面的 class_def_item 结构表示。

```
struct class_def_item {
    uint class_idx;
    uint access_flags;
    uint superclass_idx;
    uint interfaces_off;
    uint source_file_idx;
    uint annotations_off;
    uint class_data_off;
    uint static_values_off
}
```

每个字段的释义如下。

❑ class_idx：一个指向 type_ids 的索引，表示 class 的类型，这里的 class_idx 等于 1(0x01)，对应 type_ids 数组下标为 1 的类型，这里为 "DexFileTest"。

❑ access_flags：表示类的访问修饰符，比如 public、static、final 等，这里的 access_flags 等于 0x01，表示类的访问标记是 public。

❑ superclass_idx：表示父类类型，与 class_idx 一样，superclass_idx 是一个指向 type_ids 的索引，这里等于 3(0x03)，对应 type_ids 数组下标为 3 的类型，这里为 "Ljava/

lang/Object;"。

❏ interfaces_off：表示实现接口的数据区域偏移量，这里的 class 没有实现任何接口，这个值等于 0。

❏ source_file_idx：表示源文件的信息，是一个指向 string_ids 的索引，这里等于 1，对应 string_ids 数组下标为 1 的字符串"DexFileTest.java"。

❏ annotations_off：表示注解数据区域的偏移量，如果此类没有注解，则该值为 0。

❏ class_data_off：值是一个指向 data 区域的偏移量，这里等于 756(0x02F4)，存储类更加详细的信息，结构由 class_data_item 来表示，接下来会有更加详细的介绍。

❏ static_values_off：表示静态变量初始值的偏移量，指向 data 区域。

class_data_item

class_data_item 存放着 class 用到的各种数据，本例中对应的数据如图 12-11 所示。

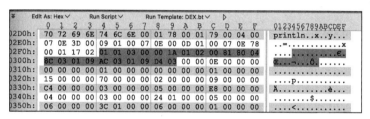

图 12-11　class_data_item 数据区域

它的结构如下所示。

```
struct class_data_item {
    uleb128 static_fields_size;
    uleb128 instance_fields_size;
    uleb128 direct_method_size;
    uleb128 virtual_method_size;
    encoded_field[static_fields_size]      static_fields;
    encoded_field[instance_fields_size]    instance_fields;
    encoded_method[direct_fields_size]     direct_methods;
    encoded_method[virtual_fields_size]    virtual_methods
}
```

前 4 个字段释义如下。

❏ static_fields 表示类静态字段列表，每个元素类型为 encoded_field，本例中 static_fields_size 等于 1(0x01)，表示静态 field 的数量为 1。这个静态 field 是 String 类型的 x。

❏ instance_fields 表示非静态成员变量的列表，每个元素类型为 encoded_field，本例中 instance_fields_size 等于 1(0x01)，这个非静态成员 field 是 int 类型的 y。

❏ direct_methods 表示非虚方法的列表，每个元素类型为 encoded_method，本例中非虚方法的个数为 3 个，这三个方法分别是默认构造器 <init>、isEmpty 和 main 方法。

❏ virtual_methods 表示虚方法的列表，每个元素类型为 encoded_method，这里虚方法的数量为 0。

接下来的 encoded_field 和 encoded_method 字段结构很相似，这里重点介绍 encoded_method，它的结构如下所示。

```
struct encoded_method {
    uleb128 method_idx_diff;
    uleb128 access_flags;
    uleb128 code_off;
}
```

其中，method_idx_diff 是一个指向 method_ids 列表的索引，access_flags 表示方法的访问修饰符，code_off 是一个指向 data 区的偏移量，由 code_item 类型表示，它的组成结构比较复杂，如下所示。

```
struct code_item {
    ushort registers_size;
    ushort ins_size;
    ushort outs_size;
    ushort tries_size;
    uint   debug_info_off;
    uint   insns_size;
    ushort[insns_size]    insns;
    ushort                padding;
    try_item[tries_size] tries;
    encoded_catch_handler_list handlers
}
```

code_item 包含了方法的具体实现细节，接下来以 isEmpty 方法为例来说明各部分区域的含义，isEmpty 方法在 dex 文件对应的区域如图 12-12 所示。

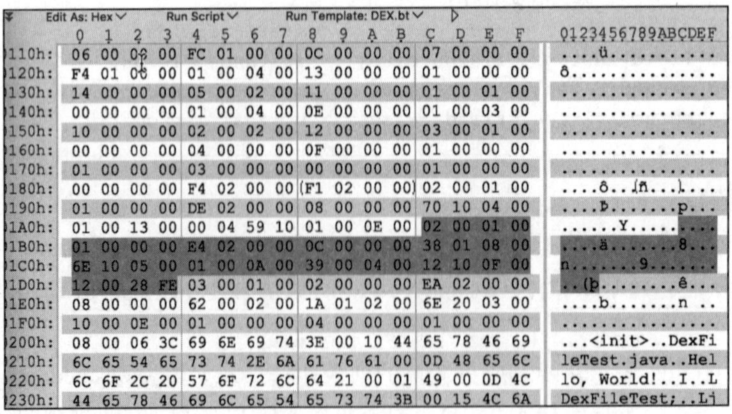

图 12-12　isEmpty 方法在 dex 文件的数据区域

code_item 各部分结构释义如下。

- registers_size：表示方法需要用到寄存器个数，这里的值为 0x0002，该方法所需的寄存器个数为 2。
- ins_size：方法入参所占空间大小，这里值为 0x0001。
- outs_size：方法内部调用其他方法传参需要占用的空间大小，这里值为 0x0001。
- tries_size：表示方法 try_item 的个数，因为代码中没有 try 语句，这里的值等于 0。
- debug_info_off：方法调试信息（行号、局部变量信息）的偏移量，这里的值为 740(0x02E4)。
- insns_size：表示方法指令码数组的长度，这里的值为 12(0x0C)。
- insns：表示方法指令码数组，下面会详细介绍。
- padding：指令对齐，可选。
- tries、handlers：用于表示方法内部 try、catch 语句块的相关信息，这里都为空。

insns 指令码的数组内容如下所示。

```
38 01 08 00 6E 10 05 00 01 00 0A 00 39 00 04 00 12 10 0F 00 12 00 28 FE
```

翻译成字节码指令如下所示。

```
1 0001bc: 3801 0800          |0000: if-eqz v1, 0008 // +0008
2 0001c0: 6e10 0500 0100     |0002: invoke-virtual {v1}, Ljava/lang/String;.
length:()I // method@0005
3 0001c6: 0a00               |0005: move-result v0
4 0001c8: 3900 0400          |0006: if-nez v0, 000a // +0004
5 0001cc: 1210               |0008: const/4 v0, #int 1 // #1
6 0001ce: 0f00               |0009: return v0
7 0001d0: 1200               |000a: const/4 v0, #int 0 // #0
8 0001d2: 28fe               |000b: goto 0009 // -0002
```

下面来进行逐行解释。

- 第 1 行："if-eqz v1, 0008"，v1 寄存器存储的是入参。这行指令的含义是，如果 v1 寄存器的值为 null，则跳转到 0008 处（第 5 行）继续执行。值得注意的是，dex 字节码把判断对象是否等于 null 翻译为 if-eqz 或者 if-nez，这与 Java 字节码区别较大。
- 第 2 行：使用 invoke-virtual 指令调用 v1 寄存器对应对象 s 的 length 方法。
- 第 3 行：调用 move-result 指令将上一个命令的返回值存储到寄存器 v0 中，这个寄存器被当作返回值。
- 第 4 行：调用 if-nez 指令判断寄存器 v0 的值是否不等于 0，如果不等于 0，则跳转到 000a 处（第 7 行）继续执行。
- 第 5 行：用 const 指令把整数常量 1 赋值给寄存器 v0。
- 第 6 行：方法返回。
- 第 7 行：用 const 指令把整数常量 0 赋值给寄存器 v0。
- 第 8 行：跳转到第 6 行继续执行。

12.1.8 data

data 是数据区，存储了 dex 文件大部分重要的数据内容，上面介绍的很多数据结构都通过 offset 偏移量指向 data 区域的某个位置。

12.1.9 link_data

link_data 表示静态链接文件中使用的数据，这里不展开介绍。

12.2 Android 字节码

了解了 dex 文件结构，接下来我们来看 Android 字节码，首先会介绍字节码是什么，随后会通过几个实际的例子深入分析 Android 字节码的特点。

12.2.1 Android 字节码概述

Java 虚拟机（比如 HotSpot）是基于栈的虚拟机，而 Android 虚拟机则是基于寄存器的，这两种架构各有优劣。

- ❑ 基于栈的虚拟机：程序运行时需要频繁入栈、出栈，实现同样的功能需要的指令数量会更多。
- ❑ 基于寄存器的虚拟机：数据的访问通过寄存器可以直接访问，速度更快。这种方式下，指令必须指定源和目标寄存器，指令会更大。ARM 架构决定了 dex 字节码可用的寄存器个数最多可以有 64k 个。

下面通过一个简单的例子来对比 Java 字节码和 dex 字节码的区别，测试代码如下所示。

```
public int foo(int x, int y) {
    int z = x + y;
    return 2 * z;
}
```

对应的 Java 字节码如下所示。

```
public int foo(int, int);
descriptor: (II)I
flags: ACC_PUBLIC
Code:
  stack=2, locals=4, args_size=3
      0: iload_1
      1: iload_2
      2: iadd
      3: istore_3
      4: iconst_2
      5: iload_3
      6: imul
      7: ireturn
```

对应的 dex 字节码如下所示。

```
[000108] DexByteCodeTest.foo:(II)I
0000: add-int v0, v2, v3
0002: mul-int/lit8 v0, v0, #int 2 // #02
0004: return v0
```

对比 Java 字节码的 8 条指令，dex 字节码指令只有 3 条。不同的是 dex 字节码包含了 4 个寄存器 v0、v1、v2、v3，其中 v0 表示返回值，v1 表示 this，v2 表示入参 x，v3 表示入参 y。

接下来逐行解释上面的字节码。

❑ add-int v0, v2, v3：将 v2 和 v3 相加并将结果保存到 v0 中，这一步是计算 x+y，并将结果保存到 v0 寄存器中。

❑ mul-int/lit8 v0, v0, #int 2：将 v0 的值与 2 相乘并将结果放到寄存器 v0 中。

❑ return v0：将此存器 v0 当作返回值结果返回。

以 foo(5, 9) 方法调用为例，字节码指令执行过程如图 12-13 所示。

v0	-
v1	this
v2	5
v3	9

初始状态

第一条指令

第二条指令

图 12-13　dex 字节码指令执行过程

dex 字节码的指令风格类似于汇编语言，汇编语言有 Intel 和 AT&T 两种语法风格，dex 指令格式倾向于 Intel 风格，将目标操作数放在最前面，赋值方向从右往左，以 add-int 指令为例，运算赋值过程如下所示。

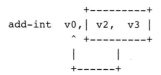

```
                   +---------+
add-int   v0,| v2,  v3 |
              ^ +---------+
              |      |
              +------+
```

其中，v0 是目标寄存器，v2 和 v3 是 add 操作的两个源寄存器。

12.2.2　常见的字节码指令介绍

接下来我们来介绍条件跳转、循环语句、switch-case、try-catch 相关的字节码指令。

1. 条件跳转指令

这里用一个简单的 if-else 语句来介绍字节码的条件跳转指令，代码如下所示。

```
public int foo(int x) {
    if (x >= 0) {
        return x;
    } else {
        return -x;
    }
}
```

foo 方法对应的字节码如下。

```
[000108] DexByteCodeTest.foo:(I)I
0000: if-ltz v1, 0003 // +0003
0002: return v1
0003: neg-int v1, v1
0004: goto 0002 // -0002
```

下面来逐行解释上面的指令。

- 第 1 行：if-ltz 的指令格式为 " if-ltz vx,target"，表示如果 vx 的值小于 0 则跳转到 target 处。这一行指令是将寄存器 v1 与 0 做比较，如果 v1 小于 0 则跳转到 0003 处继续执行。
- 第 2 行：调用 return 指令返回 v1 寄存器的值。
- 第 3 行，处理 v0 小于 0 的条件分支，neg-int 指令的格式为 " neg-int v1,v0"，将 -v0 的值存储到寄存器 v1 中，这里 " neg-int v1, v1" 表示将 -v1 的值赋值给 v1。
- 第 4 行：跳转到 0002 处执行。

与条件跳转指令相关的指令还有 if-eq、if-ne、if-lez 等十几个指令，这里不再赘述。

2. 循环实现

前面的 Java 字节码知识我们介绍过，循环语句不过是 if 判断加跳转来实现的，Android 字节码这里也不例外，以下面的代码为例。

```
public static int foo() {
    int sum = 0;
    for (int i = 0; i < 10; i++) {
        sum += i;
    }
    return sum;
}
```

对应的字节码如下所示。

```
[000104] DexByteCodeTest.foo:()I
0000: const/4 v1, #int 0 // #0
0001: move v0, v1
0002: move v2, v1
0003: const/16 v1, #int 10 // #a
0005: if-ge v0, v1, 000d // +0008
0007: add-int v1, v2, v0
```

```
0009: add-int/lit8 v0, v0, #int 1 // #01
000b: move v2, v1
000c: goto 0003 // -0009
000d: return v2
```

对上面的字节码逐行解释如下。

❑ 0000：将 v1 寄存器赋值为 0，这个寄存器在不同的场景中有不同的用途。

❑ 0001、0002：将 v0、v2 寄存器赋值为 0，v0 对应循环变量 i 值，v2 对应累加值 sum。

❑ 0003：将 v1 寄存器赋值为 10，当作循环变量的最大值。

❑ 0005：执行循环条件判断，如果 v0 大于等于 v1 则跳转到 000d 处执行。

❑ 0007：执行循环体，将 v0 和 v2 相加赋值给 v1，也即执行 sum + i。

❑ 0009：对循环变量 v0 做加 1 操作。

❑ 000b：将 v1 对应的值赋值给 v2，也就是给 sum 赋值。

❑ 000c：跳转到 0003 处继续执行，给 v1 赋值为 10，开始下一轮的循环。

❑ 000d：将 v2 寄存器的值当作结果返回。

3. switch 实现

在 Java 字节码中，switch 底层实现会根据 case 的稀疏程度，分别使用 tableswitch、lookupswitch 指令来实现。在 dex 字节码中也是一样，根据 case 值稀疏的程度采用 packed-switch 和 sparse-switch 这两个指令来实现。

先来看 case 值比较紧凑的情况，测试代码如下所示。

```java
public class DexByteCodeTest {
    static int chooseNear(int i) {
        switch (i) {
            case 100:
                return 0;
            case 101:
                return 1;
            case 104:
                return 4;
            default:
                return -1;
        }
    }
}
```

chooseNear 方法对应的字节码如下所示。

```
[000108] DexByteCodeTest.chooseNear:(I)I
0000: packed-switch v1, 0000000c // +0000000c
0003: const/4 v0, #int -1 // #ff  # default 分支
0004: return v0
0005: const/4 v0, #int 0 // #0    # 对应 case 100
0006: goto 0004 // -0002
```

```
0007: const/4 v0, #int 1 // #1      # 对应 case 101
0008: goto 0004 // -0004
0009: const/4 v0, #int 4 // #4      # 对应 case 104
000a: goto 0004 // -0006
000b: nop // spacer
000c: packed-switch-payload // for switch @   0000
```

可以看到 switch-case 被编译为 packed-switch 指令来实现，packed-switch 指令的格式表示如下。

```
packed-switch vx, table
```

其中 table 是一个指向 packed-switch-payload 结构的偏移量，结构如下所示。

```
struct packed_switch_payload {
  ushort ident;
  ushort size;
  int    first_key;
  int[]  targets;
}
```

对应本例中的 dex 文件，packed_switch_payload 对应的区域如图 12-14 所示。

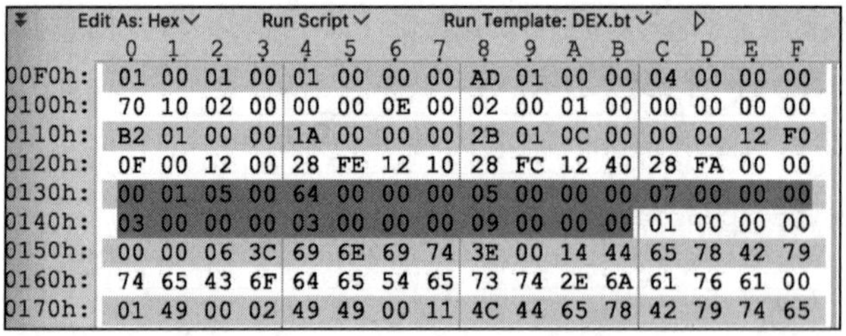

图 12-14　packed_switch_payload 区域

其中，ident 的值固定为 0x0100，接下来的 size 表示 case 的数量，本例中等于 5，first_key 表示初始 case 的值，本例中等于 100，targets 是一个数组，表示所有 case 的选项值，如下所示。

```
00 01        // indent = 0x0100
05 00        // size = 5
64 00 00 00 // first_key: 100(0x74)
05 00 00 00 // target[0] = 0x05, 对应 case 100
07 00 00 00 // target[1] = 0x07, 对应 case 101
03 00 00 00 // target[2] = 0x03, 对应 case 102
03 00 00 00 // target[3] = 0x03, 对应 case 103
09 00 00 00 // target[4] = 0x09, 对应 case 104
```

可以看到同 Java 字节码类似，在 case 的值比较紧凑的情况下（中间有少量断层或者没有断层），会采用 packed-switch 指令来实现 switch-case，在有断层的情况下会生成一些虚假的 case 帮忙补齐连续，这样可以实现 O(1) 时间复杂度的查找。

下面再来看一个 case 值比较稀疏的情况，测试代码如下。

```
static int chooseFar(int i) {
    switch (i) {
        case 1: return 1;
        case 10: return 10;
        case 100: return 100;
        default: return -1;
    }
}
```

对应的字节码如下所示。

```
[000108] DexByteCodeTest.chooseFar:(I)I
0000: sparse-switch v1, 0000000e // +0000000e
0003: const/4 v0, #int -1 // #ff      # default 分支
0004: return v0
0005: const/4 v0, #int 1 // #1        # case 1 分支
0006: goto 0004 // -0002
0007: const/16 v0, #int 10 // #a      # case 10 分支
0009: goto 0004 // -0005
000a: const/16 v0, #int 100 // #64  # case 100 分支
000c: goto 0004 // -0008
000d: nop // spacer
000e: sparse-switch-data (14 units)
```

可以看到，这里已经变为由 sparse-switch 指令来实现，它的指令格式如下。

```
sparse-switch vx, table
```

table 是一个指向 sparse-switch-data 结构的偏移量，它的结构如下。

```
struct sparse_switch_payload {
  ushort ident;
  ushort size;
  int[] keys;
  int[] targets;
};
```

这 4 个字段释义如下。

❑ indent 固定为 0x0200。

❑ size 表示 case 的数量，这里等于 3。

❑ keys 表示按升序排列的 case 的值数组，这里为 1，10，20。

❑ targets 表示每个 case 对应的指令偏移量，这里为 0x05, 0x07, 0x0A，分别表示 case 1, case 10, case 100 分支，如下所示。

```
00 02        // indent = 0x0200
```

```
03 00        // size = 3
01 00 00 00 // keys[0] = 1
0A 00 00 00 // keys[1] = 10
64 00 00 00 // keys[3] = 100
05 00 00 00 // targets[0] = 0x05
07 00 00 00 // targets[1] = 0x07
0A 00 00 00 // targets[2] = 0x0A
```

4. try-catch 实现分析

在 Java 中，try-catch 语句是通过异常表来实现的，在前面介绍的 dex 文件结构中并没有出现异常表，那它是如何处理 try-catch 语句的呢？以下面的代码为例。

```
public static void foo() {
    try {
        tryItOut1();
    } catch (MyException1 e) {
        handleException(e);
    } catch (MyException2 e) {
        handleException2(e);
    }
}
```

对应的字节码如下。

```
[154] DexByteCodeTest.foo:()V
  0000: invoke-static {}, DexByteCodeTest.tryItOut1:()V
        // method@0004
  0003: return-void
  0004: move-exception v0
  0005: invoke-static {v0}, DexByteCodeTest.handleExcept
        ion:(LMyException1;)V // method@0002
  0008: goto 0003 // -0005
  0009: move-exception v0
  000a: invoke-static {v0}, DexByteCodeTest.handleExcept
        ion2:(LMyException2;)V // method@0003
  000d: goto 0003 // -000a
  tries:
    try 0000..0003
    catch MyException1 -> 0004,
      MyException2 -> 0009
  handlers:
    size: 0001
    0001: catch MyException1 -> 0004,
      MyException2 -> 0009
```

接下来逐行解释上面的字节码。

❑ 第 0000 行：调用静态方法 tryItOut1()，如果有异常抛出，就去 tries 数组中依次遍历查找是否有匹配的异常，如果无异常则继续执行。

❑ 第 0003 行：调用 return 方法返回。

❑ 第 0004 行：对应 MyException1 异常处理流程，move-exception 指令格式为"move-exception vx"，将抛出的异常对象引用赋值给寄存器 vx。

❑ 第 0005 行：调用 handleException 静态方法。

❑ 第 0008 行：跳转到 0003 行，退出方法。

❑ 第 0009 行：对应 MyException2 异常处理流程。

❑ 第 000a 行：调用 handleException2 静态方法。

❑ 第 000d 行：跳转到 0003 行，退出方法。

回忆前面介绍的 dex 文件结构部分，方法的 code_item 结构包含 1 个 tries 数组。tries 数组的作用类似于异常表，每一项由下面的 try_item 结构表示。

```
struct try_item {
  uint    start_addr;
  ushort insn_count;
  ushort handler_off;
};
```

其中，start_addr 表示指令开始地址，insn_count 表示这个 try 语句覆盖的字节码数量，通过 start_addr 就可以知道 try 语句块的起始区域。handler_off 表示异常处理 handler 的偏移量，指向 encoded_catch_handler_list 结构的数据，encoded_catch_handler_list 结构如下所示。

```
struct encoded_catch_handler_list {
    uleb128 size;
    encoded_catch_handler[handlers_size]
}
```

本例中 size 等于 2，表示有两个 catch 的 handler，分别对应 MyException1 和 MyException2。

从上面分析可以得知，dex 字节码维护了一个 tries 数组，作用相当于 Java 字节码的异常表，当出现异常时去这个数组遍历查找，如果命中则跳转到相应的 handler 进行处理，如果遍历完数组依然没有命中，则继续往上抛出。

至此，dex 文件结构和字节码部分的介绍就告一段落，下面来介绍如何编写 Gradle 插件来对字节码做注入改写。

12.3　Gradle 插件编写

这个小节的内容是介绍如何编写 Gradle 插件，为后面的字节码改写做铺垫。

12.3.1　自定义 Gradle 插件

编写插件的最快方式是把插件写在 build.gradle 中，下面的插件代码会输出"Hello,

World!"。

```
class HelloWorldPlugin implements Plugin<Project>{
    @Override
    void apply(Project project){
        project.task('hello'){
            doLast {
                println "Hello, World!"
            }
        }
    }
}
apply plugin: HelloWorldPlugin
```

在命令行中执行 gradle hello，就可以看到终端中输出的"Hello, World!"了，如下所示。

```
> Task :app:hello
Hello, World!
```

接下来我们来看如何在独立的工程中编写 Gradle 插件，这样就可以把插件发布到本地或者 maven 中央仓库，方便第三方集成。

12.3.2 独立的 Gradle 插件项目

构建独立的 Gradle 插件项目需要在 main 目录新建 resources/META-INF/gradle-plugins/apmplugin.properties 文件，这个文件必须存在才能让插件被项目识别。这个 .properties 文件的文件名是 app 在 build.gradle 中引入时使用的名字，比如 apply plugin: 'apmplugin'。这个 .properties 文件的作用是指明插件的入口文件，内容如下所示。

```
implementation-class=me.ya.apm.plugin.ApmPlugin
```

ApmPlugin 类的示例代码如下所示。

```
package me.ya.apm.plugin

class ApmPlugin : Plugin<Project> {
    override fun apply(project: Project) {
        println("apply apm plugin")
    }
}
```

为了能让其他项目访问到这个 plugin，需要将项目打包到 maven 仓库，这里选择了本地 maven 仓库，在 build.gradle 中新增下面这段配置，这样执行 uploadArchives 任务时，就可以将打包好的 plugin 生成到本地的一个路径中。

```
def versionName = "1.0.0-SNAPSHOT"
group "me.ya.apm.plugin"
```

```
version versionName

uploadArchives {
    repositories {
        mavenDeployer {
            repository(url: "file://${rootProject.projectDir}/maven")
        }
    }
}
```

这样另外的 app 项目就可以在它的 build.gradle 中引用这个插件了，如下所示。

```
buildscript {
    repositories {
        maven {
            url "file:///path/to/your/plugin-project-maven/"
        }
    }
    dependencies {
        classpath 'me.ya.apm.plugin:plugin:1.0.0-SNAPSHOT'
    }
}

apply plugin: 'apmplugin'
```

编译 app 项目，可以在编译过程中看到 plugin 的输出日志，如下所示。

```
> Configure project :app
apply apm plugin

> Task :app:preBuild UP-TO-DATE
...
```

12.4　Android 字节码注入原理

了解了 Gradle 插件的编写方法，接下来就可以使用 Gradle 插件在编译期对类进行改写了。接下来的内容会分为 Transform API 和字节码注入的实现两部分进行介绍。

12.4.1　Transform API 介绍

从 1.5.0-beta1 版本开始 Gradle 插件引入了 Transform API，允许第三方插件在 class 文件被转为 dex 文件之前对 class 文件进行处理。每个 Transform 都是一个 Gradle 的 task，多个 Transform 可以串联起来，上一个 Transform 的输出作为下一个 Transform 的输入，如图 12-15 所示。

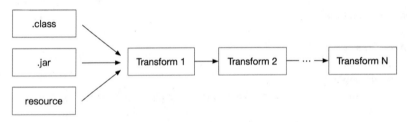

图 12-15 Transform API 介绍

使用 Transform API 比较简单，只需要继承 Transform 类即可，如下所示。

```
class AsmClassTransform : Transform() {
    override fun getName() = "my_apm_asm"
    override fun getInputTypes() = TransformManager.CONTENT_CLASS
    override fun isIncremental() = false
    override fun getScopes(): MutableSet<in QualifiedContent.Scope> =
TransformManager.SCOPE_FULL_PROJECT

    override fun transform(transformInvocation: TransformInvocation) {
    // 实现 transform 逻辑
}
```

下面来解释一下各个方法的含义。

（1）getName

getName 用来指定 Transform 任务的名字，便于区分不同的 Transform 任务。

（2）getInputTypes

getInputTypes 方法用于指定 Transform 要处理的文件类型，一般我们处理的都是 class 文件，这里返回 CONTENT_CLASS 即可，表示处理编译后的 class 文件。

（3）getScopes

getScopes 方法表示 Transform 的作用域，这里的 SCOPE_FULL_PROJECT 表示处理整个工程的 class 文件，包括子项目和外部依赖。

（4）isIncremental

isIncremental 方法表示是否支持增量编译。

（5）transform

transform 方法是整个类的核心，它获取输入的 class 文件，对 class 文件进行修改，最后输出修改后的 class 文件。

下面写一个自定义的 Transform，以便让我们对 Transform 有更具体的认识，代码如下所示。

```
override
fun transform(transformInvocation: TransformInvocation) {
    transformInvocation.inputs.forEach { input ->
        // 遍历文件夹
```

```
input.directoryInputs.forEach { dirInput ->
    // 在这里可以修改字节码
    // ...
    // 获取输出路径
    val outputLocationDir = transformInvocation.outputProvider.
getContentLocation(
            dirInput.name,
            dirInput.contentTypes,
            dirInput.scopes,
            Format.DIRECTORY)
    // 把 input 文件夹复制到 output 文件夹, 以便下一级 Transform 处理
    FileUtils.copyDirectory(dirInput.file, outputLocationDir)
}

// 遍历 jar 包
input.jarInputs.forEach { jarInput ->
    // 在这里可以修改字节码
    // ...
    // 生成唯一的文件名
    val uniqueJarName = getUniqueJarName(jarInput.file)
    // 获取输出路径
    val transformOutputLocation = transformInvocation.outputProvider.
getContentLocation(
            uniqueJarName, jarInput.contentTypes, jarInput.scopes,
Format.JAR)
    // 把 input jar 包复制到 output 路径, 以便下一级 Transform 处理
    FileUtils.copyFile(jarInput.file, transformOutputLocation)
}
    }
}
```

到目前为止还没有对 class 文件做任何处理, 只是简单地将输入的文件复制到输出目录, 以便下一级 Transform 可以处理。在这一步会拿到的 class 文件, 可以用 ASM、Javassist 等字节码操作工具对 class 文件做任意修改, 插入 trace 代码、增加打印等。

12.4.2　字节码注入代码实现

下面来演示用 Gradle 插件注入 Activity 的 onCreate 方法, 在方法开始处插入日志输出 "enter OnCreate", 分为下面这几步。

1) 新建自定义类继承 ClassVisitor 和 MethodVisitor 类, 在 onCreate 方法中插入打印, 代码如下。

```
class MyClassVisitor(classVisitor: ClassVisitor) : ClassVisitor(ASM7, classVisitor) {
    override fun visitMethod(
        access: Int, name: String?, descriptor: String?, signature: String?,
        exceptions: Array<out String>?
    ): MethodVisitor {
        val mv = super.visitMethod(access, name, descriptor, signature, exceptions)
```

```
        if (name == "onCreate") {
            return MyMethodVisitor(mv, access, name, descriptor)
        }
        return mv;
    }
}

class MyMethodVisitor(methodVisitor: MethodVisitor?, access: Int, name: String?,
descriptor: String?) :
        AdviceAdapter(ASM7, methodVisitor, access, name, descriptor) {
    override fun onMethodEnter() {
        super.onMethodEnter()
        mv.visitFieldInsn(GETSTATIC, "java/lang/System", "out", "Ljava/io/
PrintStream;")
        mv.visitLdcInsn("enter $name")
        mv.visitMethodInsn(INVOKEVIRTUAL, "java/io/PrintStream", "println",
"(Ljava/lang/String;)V", false)
    }
}
```

2）读取 class 文件，用 ASM 进行修改并写回到原文件中，代码如下。

```
private fun transformClass(inputFile: File) {
    // 读取文件内容为 byte 数组
    val inputBytes = FileUtils.readFileToByteArray(inputFile)
    val classWriter = ClassWriter(ClassWriter.COMPUTE_MAXS)
    val adapter = MyClassVisitor(classWriter)
    val cr = ClassReader(inputBytes)
    cr.accept(adapter, ClassReader.EXPAND_FRAMES)
    // 生成修改过的 byte 数组
    val outputBytes = classWriter.toByteArray()
    // 将生成的 byte 数组文件写入文件
    FileUtils.writeByteArrayToFile(inputFile, outputBytes)
}
```

3）新建 AsmClassTransform 类继承 Transform，在 transform 方法中遍历处理目录中的
类文件，代码如下。

```
transformInvocation.inputs.forEach { input ->
    input.directoryInputs.forEach { dirInput ->
        val outputLocationDir = transformInvocation.outputProvider.
getContentLocation(
                dirInput.name, dirInput.contentTypes, dirInput.scopes, Format.
DIRECTORY)
        FileUtils.forceMkdir(outputLocationDir)
        val dirInputFile = dirInput.file;
        FileUtils.listFiles(dirInputFile, null, true).forEach { file ->
            val outputFile = File(file.absolutePath.replace(dirInput.file.
absolutePath, outputLocationDir.absolutePath))
            if (file.isDirectory) {
```

```
                return@forEach
            }
            if (isWeavableClass(file.name)) {
                val className = getClassName(file.absolutePath.
replace(dirInputFile.absolutePath + File.separator, ""))
                if (shouldTransformClass(className)) {
                    transformClass(file)
                }
            }
            FileUtils.copyFile(file, outputFile)
        }
        // 以下省略 jar 包处理
    }
}
```

4）在 Plugin 的 apply 方法中注册 Transform，代码如下。

```
class ApmPlugin : Plugin<Project> {
    override fun apply(project: Project) {
        println("apply apm plugin >>>>>>>>>>>>>>")
        val appExtension = project.extensions.findByType(AppExtension::class.
java)
        appExtension?.registerTransform(AsmClassTransform())
    }
}
```

5）编译运行 app 就可以在 logcat 中看到输出的"enter onCreate"字符串，如下所示。

```
2019-10-29 15:37:23.231 27050-27050/me.ya.apm.demo I/System.out: enter onCreate
```

这里只是演示了一个最简单的注入打印日志的例子，读者可以根据自己的需要对任意想要的方法和第三方库进行注入，比如给 OkHttp 自动添加全局 Interceptor 和 Eventlistener，监控所有的 UI 线程的执行耗时，统计卡顿等。

12.5　小结

本章主要对 Android 的 dex 文件格式进行了介绍，与第 1 章介绍 class 文件格式做了对比，随后对 Android 字节码指令格式进行了简单介绍，最后介绍了如何使用 Gradle 插件在编译期修改字节码实现注入逻辑。